计算机科学先进技术译丛

JavaScript 超入门

（原书第2版）

[日] 狩野祐東 著
卢 涛 译

机械工业出版社
CHINA MACHINE PRESS

这是一本简单易懂又很实用的 JavaScript 入门书。从第 1 章的简介开始到第 3 章的 JavaScript 语法和基本功能，本书将带领读者了解什么是编程，什么是 JavaScript，它与 HTML 和 CSS 的关系以及它的一些基本功能。读者看到的将不是生硬的概念和逻辑，而是一个个活灵活现的应用示例。从第 4 章到第 6 章，本书通过更多的在网页开发中可能会运用到的示例（如倒数计时器的实现、售票系统的空位查询等），对数据处理、DOM 操作、Cookie、网页显示效果、jQuery 等做了进一步的介绍和解释。对于初学者来说，循序渐进的示例讲解将是个不错的体验。本书的最后一章将所有内容汇总，实现了一个天气预报的页面设计和创建。相信读者在完成所有的学习后，能更加自信地进入下一阶段的学习。

本书适合初学 JavaScript 的读者阅读。

图书在版编目(CIP)数据

JavaScript 超入门：原书第 2 版 /（日）狩野祐東著；卢涛译．—北京：机械工业出版社，2021.9
（计算机科学先进技术译丛）
ISBN 978-7-111-68973-7

Ⅰ.①J… Ⅱ.①狩…②卢… Ⅲ.①JAVA 语言-程序设计 Ⅳ.①TP312.8

中国版本图书馆 CIP 数据核字（2021）第 166029 号

机械工业出版社（北京市百万庄大街 22 号 邮政编码 100037）
策划编辑：杨 源 责任编辑：杨 源
责任校对：徐红语 责任印制：常天培
北京机工印刷厂印刷
2021 年 9 月第 1 版第 1 次印刷
184mm×260mm · 18.75 印张 · 430 千字
0001—1500 册
标准书号：ISBN 978-7-111-68973-7
定价：118.00 元

电话服务	网络服务
客服电话：010-88361066	机 工 官 网：www.cmpbook.com
010-88379833	机 工 官 博：weibo.com/cmp1952
010-68326294	金 书 网：www.golden-book.com
封底无防伪标均为盗版	机工教育服务网：www.cmpedu.com

前 言

众所周知，创建网站必然会用到 HTML 和 CSS。如果只是想创建一个简单的网站，就算不知道 JavaScript 是什么，或者不会编写 JavaScript，也是可以实现的，因为简单网站的创建只要有 HTML 和 CSS 的知识就可以实现。

但是，如果想要添加幻灯片格式的内容或针对移动设备的网页浏览模式添加相应的功能菜单，没有 JavaScript 的协助是没有办法完成的。不仅如此，就连“网站访问分析”这样的对网站访问进行统计分析的工具，通常也是用 JavaScript 编写的。JavaScript 这门编程语言非常流行，以至于很难找到不使用 JavaScript 的网站。

要想打造一个有吸引力的网站，JavaScript 已经成为一种必不可少的工具。本书将通过动手实践的形式来带领读者完成 JavaScript 的学习。由于是从零基础开始讲解，所以即使没有编程经验的人也可以放心阅读本书。

虽然说是从零基础开始，但内容却是充实的。本书最后一个要实现的目标是学会如何获取 GPS 位置信息。试想一下完成任务的那一时刻……是不是感觉很有成就感？以后就可以利用学习成果来实现很多复杂的功能。通过本书的学习，读者会发现自己已然从一个新手变成 JavaScript 的老手，这就是学习本书的目标。

而我就是为了帮助读者实现这个目标而编写了这本书。为了能更加容易地实现这个目标，我基于以下两点做了考量。首先，为了让读者能顺利完成本书的阅读和学习，不至于因为对学习内容摸不着头脑而半途而废，我对书中介绍的例子给出足够简洁明了的说明与解释。其次，准备了多种多样的实用且易于理解的代码示例。我对本书中这两点考量的实现程度已经很满意了。

本书以“什么是编程？可以使用 JavaScript 做什么？”作为说明的起点。如果读者完全没有编程经验，建议从第 1 章开始阅读。如果已经有经验，可以跳过第 1 章，之后的章节也可以挑选自己感兴趣的部分进行阅读。

希望读者能与我一起享受并度过一段愉快的学习时光。我衷心希望这本书能对读者有所帮助。

在编写本书的过程中，获得了许多人的帮助。比如制作代码示例的阿部敏宽、狩野沙耶香，作为编写助手的青砥爱子，还有统筹全书的编辑友保建太，在此对他们一并表示感谢和敬意。

谨以此书献给告诉我“船到桥头自然直”这个道理的儿子，怜叶。

狩野祐東

目　录

第 1 章　导　论

在学习 JavaScript 编程之前，先让我们理清一下思路。 在这一章，我们会对 JavaScript 的特征、功能、应用场景做一个全面的介绍和了解。

除此之外，还会对编程的基本思考方法，学习 JavaScript 编程时需要用到的 HTML 和 CSS 的基本术语，以及本书实践中所用到的模板有所触及。

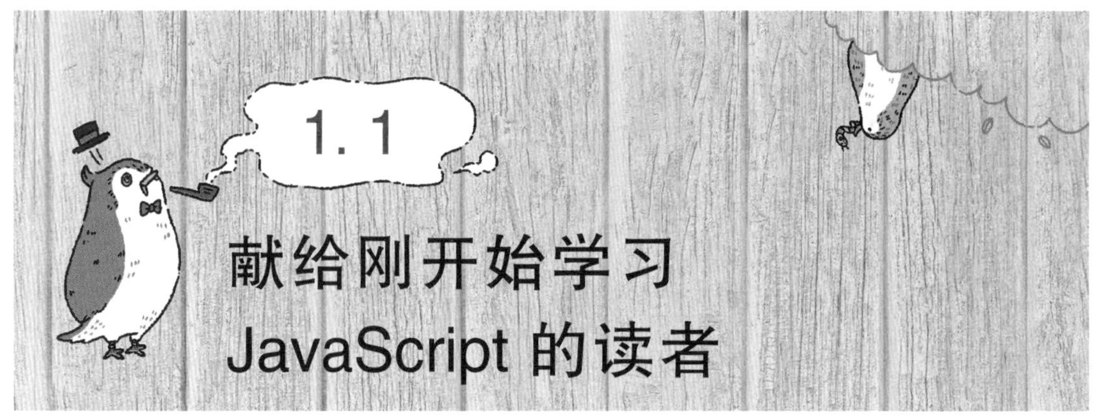

1.1 献给刚开始学习 JavaScript 的读者

JavaScript 是一门非常受欢迎的编程语言。

JavaScript 诞生于 1995 年，原本是操作浏览器和 HTML 页面的编程语言。诞生后 10 年左右，由于浏览器之间的兼容性很低，JavaScript 的使用仍未普及。但是自从被称为“Ajax”的 Web 数据交互技术出现后，JavaScript 的人气就爆发了。现在 JavaScript 已经广泛使用，“在新开设的网站上，没有不使用 JavaScript 的吧”这样的想法也已经稀松平常。

当今的网站越来越复杂化和智能化，多数网站已经不再是仅仅由 HTML，CSS 和图像组成的静态页面了，它们都具有动画效果或者实时显示搜索结果的功能。当然每个具有这种功能的网站必定包含了用 JavaScript 编写的程序。像我们平时使用过的网站，例如 Google Maps、Twitter 或者 Facebook，都存在可以称为“JavaScript 代码群组”的 JavaScript 程序。不仅如此，在常规网站上经常看到的“下拉列表”，切换图像用的“幻灯片放映”，以及页面显示中有动画效果的部分，也都是使用 JavaScript 制作的。网站中 JavaScript 的使用随处可见。

Fig 像 Twitter、Facebook、Instagram 这样无限滚动的页面也是由 JavaScript 制作的

Fig 下拉列表也是用 JavaScript 制作的

JavaScript 并不可怕

有人会说，“HTML 和 CSS 学起来并不算难，可 JavaScript 是编程语言，我能学会吗?”确实，与 HTML 和 CSS 相比，JavaScript 作为一门编程语言可能会让读者产生畏难的心理。

但实际上，JavaScript 和 HTML 以及 CSS 一样可以说是“入门门槛很低”的编程语言。没有必要准备特殊的开发环境，该编程语言的使用也是免费的。另外，由于 JavaScript 已经得到了广泛的普及，所以也不用担心“浪费时间学习了一个毫无用处的东西”。同时又因为 JavaScript 是为“操作网页”而生的编程语言，所以 JavaScript 程序的执行结果会显示在我们平时使用的浏览器上，其执行结果具有简单易懂的优点。总而言之，JavaScript 是一门适合编程初学者的语言。

本书的目标读者

本书推荐给以下人士。

- ▶ 想学习 JavaScript 的人。
- ▶ JavaScript 的初学者以及编程的初学者。
- ▶ 以前尝试过学习 JavaScript，但是遇到了挫折而放弃了的人。

阅读本书的前提是知道 HTML 和 CSS 并且拥有一定程度的书写能力。话虽如此，并不要求读者对 HTML 和 CSS 有多么高深的知识和专业水平。正如在后面会解释的那样，

JavaScript 是一门主要用于处理 HTML 和 CSS 的编程语言。因此对 HTML 和 CSS 的知识掌握，在编写或理解已经编写的 JavaScript 程序的学习过程中是必需的。

需要的准备

用 JavaScript 编写程序不需要准备特别的开发环境。只要有一台装有浏览器和文本编辑器的计算机（无论是 Windows 还是 Mac），就可以开始学习了。

本书的目标

从下一节开始将进入本书的主要内容，在此之前想和大家分享一下本书的目标。本书的目标如下：

- 可以阅读 JavaScript 编写的程序。
- 可以修改现有的程序来制作新的程序。
- 可以在需要的时候从零开始编写 JavaScript 程序。

在阅读本书的时候，有一点需要注意的地方。虽然本书尽量不使用专业术语进行说明，但也有不得不使用专业术语的情况。当遇到专业术语的时候，不要慌张，把它当作一个固有知识点来看待就好了。当然，使用陌生的专业术语时，本书也会给出详尽的解释。

另外，本书中列举的示例代码主要是为了方便对 JavaScript 语法和思考方式的理解，以易懂为优先目的而制作的。因此，很少有直接复制、粘贴后就能在实际生产中使用的代码。正所谓“欲速则不达”，通过本书的学习，只要抓住 JavaScript 的基础要点，理解其思考方式，就可以在实际网站设计中灵活运用知识。

1.2 什么是 JavaScript?

首先我们看一下什么是 JavaScript。JavaScript 是一门用于操作浏览器的编程语言。

不同于 **HTML 和 CSS**，JavaScript 负责对浏览器进行更为动态的操作（可以用来创建动态更新的内容，控制多媒体，制作图像动画等。）。

 “操作浏览器”是怎么一回事？

JavaScript 是一种可以在通用浏览器（例如 Chrome、Firefox、Edge、Safari 等）中执行的编程语言。如果用 JavaScript 预先编写了程序，那么浏览器就会按照程序的指令来执行相应的处理任务。

在考虑 JavaScript 对浏览器进行的操作之前，让我们先来思考一下网页浏览器的功能吧。

浏览器最重要的功能是显示网页。网页是由 HTML、CSS、图像等要素制作而成的。HTML 是一种标记语言，用来描述页面内容（要显示的文字和图像）；CSS 是一种样式规则语言，用来向 HTML 提供样式信息，决定网页布局和设计。

Fig HTML 中描述了页面内容，CSS 则向网页内容提供了布局的样式

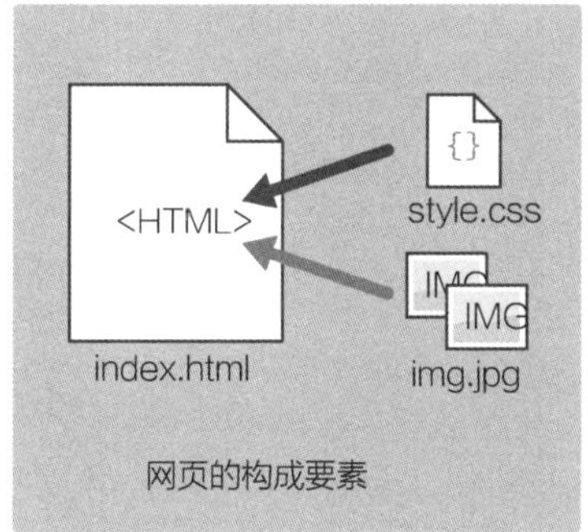

关于 HTML 和 CSS，有一个平时可能不太会注意的重要特征。那就是一旦浏览器完成页面读取后，它们将不再发生变化。也就是说，只要不进入下一个页面，浏览器基本上会一直显示相同的内容。当然有的网页会采用配合窗口宽度而进行伸缩的布局，也有的

网页根据屏幕尺寸而做大幅度变更的弹性布局，即便是构建这些网页的 HTML 和 CSS，一旦浏览器读取内容后，就不会发生变化。HTML 和 CSS 这种一旦被读取就不再发生改变的数据，称为静态数据。

使用 JavaScript 可以将 HTML 和 CSS 这些静态数据进行实时变更，从而修改网页部分内容，或者得到对显示内容进行幻灯片式的切换效果。

Fig 通过 JavaScript，可以修改 HTML 和 CSS

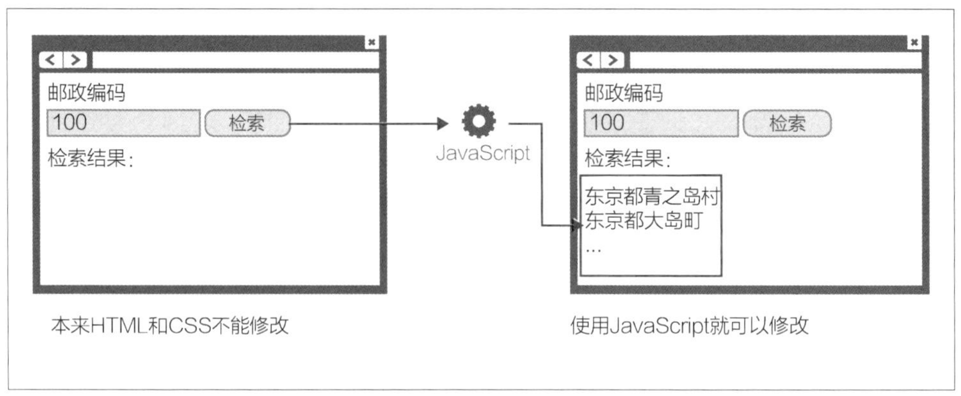

修改 HTML 和 CSS 的具体例子

让我们来看看实际修改 HTML 和 CSS 的例子吧。修改大致分为以下 4 种类型。

类型 1　修改被标签括起来的文本（内容）

如下图所示，可以修改被标签括起来的文本（内容）。

Fig 通过 JavaScript 修改<p>标签中的文本（内容）

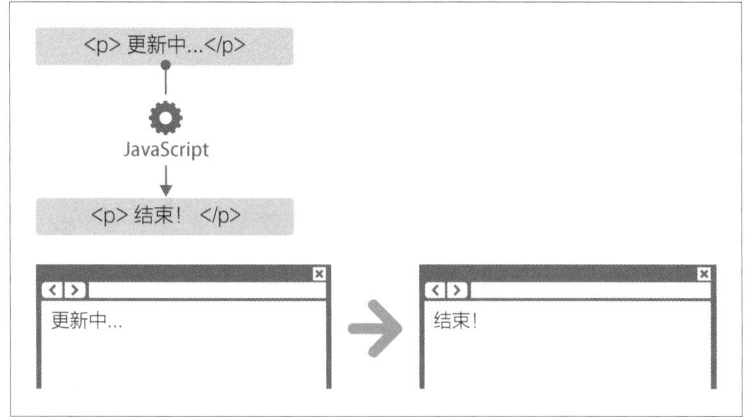

类型 2　添加/删除 HTML 元素

在某个 HTML 元素（标签的内容）中添加新的元素，或删除已有的元素。例如可以在项目符号列表<ul>中添加<li>元素，也可以删除已有的<li>元素。

Fig 通过 JavaScript 添加了<li>元素

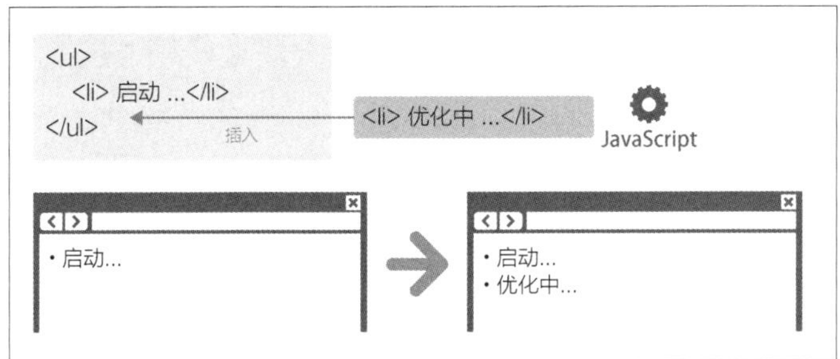

类型 3 修改标签的属性值

Class 属性、id 属性、href 属性、src 属性等都是 HTML 标签的属性，通过 JavaScript 可以修改这些属性的值。

Fig 通过 JavaScript 修改 src 属性的值

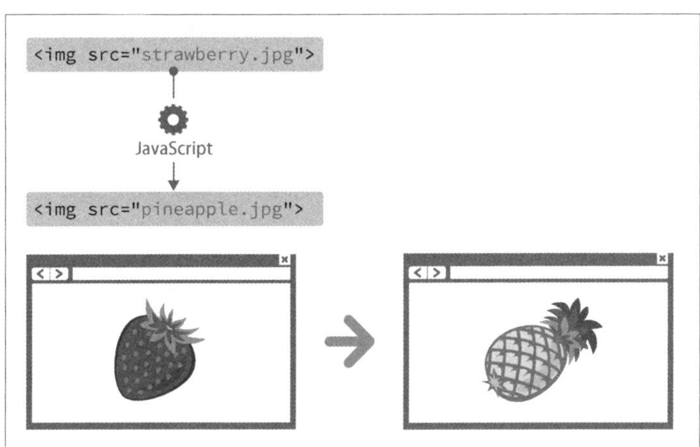

至此为止的 3 种类型的修改操作都是针对 HTML 的。JavaScript 还可以修改 CSS 的值。

类型 4 修改 CSS 的值

通过修改 CSS 的值，可以达到修改文本的字体颜色和背景图像等目的。

Fig 通过 JavaScript 修改<body>的背景色

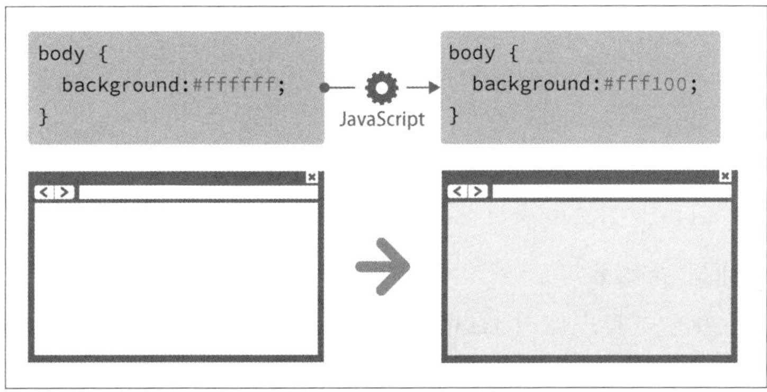

接下来的这个知识点非常重要，就是通过以上4种类型的修改操作被变更的内容，会立即在浏览器上得到反映。而且这种反映无须对浏览器页面进行整体刷新，页面只在有变更的地方进行刷新（局部刷新），所以节省了等待页面刷新的时间。这个特性，使得我们可以制作的已经不仅仅是一个“网页”，而更像一个“应用程序”。

修改 HTML 和 CSS 以外的其他操作

目前为止，我们知道即便是被读取（加载）后就不会改变的 HTML 和 CSS，也可以使用 JavaScript 对其进行修改。除此之外，JavaScript 还有很多其他操作功能。下面将介绍几个关于其他操作的例子。

浏览网站的时候，有时浏览器会弹出一个被称为“对话框”的窗口。这个对话框也是使用 JavaScript 来实现的。

Fig 对话框

像修改 HTML 和 CSS，或是显示对话框，属于使用 JavaScript 在 Web 页面上输出或显示某种信息的“输出”处理。

与此相反，也可以用 JavaScript 从 HTML 中读取信息。例如使用 JavaScript，可以读取表单中输入的内容或者被某个标签括起来的文本。这些操作可以说是从网页获取信息的“输入”处理。

Fig 读取表单中输入的内容

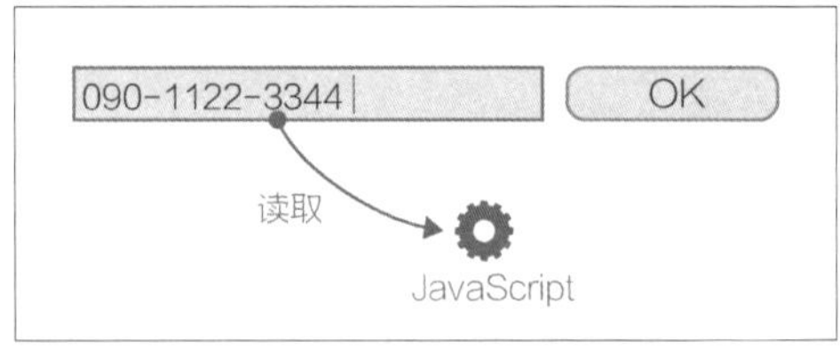

在这里总结一下介绍的内容。JavaScript 的最基本且最重要的作用有以下两点。

- ▶ 修改在浏览器上显示的 HTML 和 CSS 的内容。
- ▶ 从浏览器上显示的 HTML 和 CSS 中读取信息。

请记住这两个作用，因为它们非常重要。

本书将学习通过 JavaScript，多方式实现修改 HTML 和 CSS，改变网页页面内容，增加网页动态效果的方法。让我们一边编写程序，一边体验 JavaScript 的功能吧。

ES2015（ES6）：下一代 JavaScript 的标准

2015 年，JavaScript 的标准被大幅度修改，称为“ECMAScript2015”（通称 ES2015 或 ES6）[⊖]。在当时的修订中，维持了向下兼容的同时，为了能应对大规模开发，该标准大幅扩展了相关语法和功能。从那以后，每年都会有新标准发布。

最近，使用 ES6 以后的标准中导入的新语法、功能来编写程序的情况也增加了。为了迎合这一潮流，本书介绍的示例程序均是以 ES6 以后的标准规格编写而成的。

HTML 和 CSS 的基本术语

正如之前看到的那样，不论是用 JavaScript 修改 HTML 和 CSS 内容，还是通过它反过来读取信息，这两者之间是有着相互密切的关系的。因此，在编写 JavaScript 程序的时候，有必要好好了解一下 HTML 的构造。

下面总结了一些今后经常出现的 HTML 标签以及 CSS 各部分的名称和相关术语。

- HTML 标签的格式和各部分的名称

HTML 将文字和图像等内容以标签的形式进行整理并规范。标签有很多种，我们需要根据标签内容的含义来区分使用。学习 JavaScript 时，标签是很重要的，读者可参考下图来了解标签各部分的名称和作用。

Fig HTML 标签的格式和各部分的名称

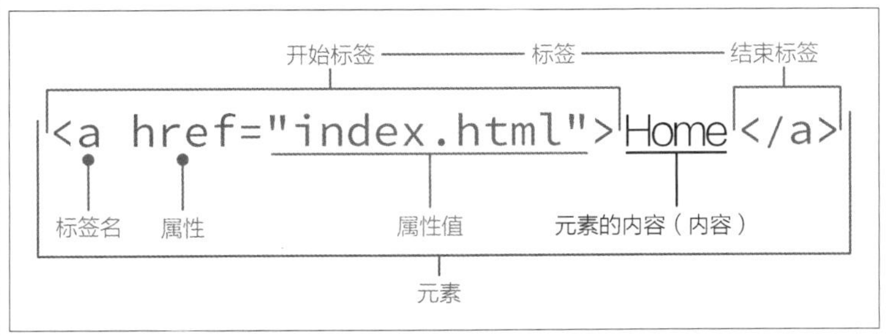

被小于号（<）和大于号（>）括起来的部分就是标签。通常以开始标签和结束标签将元素内容括起来的形式存在的。我们在说“标签”的时候，是指开始标签和结束标签的组合，但其中并不包含元素内容。当需要包含元素内容的时候，我们把它们合在

⊖ “ECMAScript”是 JavaScript 的正式名称。由于到 2015 年为止的标准是“版本 5”，所以新的 JavaScript 标准被称为“ES6”。

一起称为“元素”。

使用 JavaScript 操作 HTML，实际上就是在对元素内容和标签的属性进行修改，或者用程序生成某个元素并将其插入到其他元素，或者将已有的元素从 HTML 中删除等一系列编辑动作进行处理的过程。

- 空元素

有些标签是没有结束标签的。这些标签被称为“空元素”。代表性的空元素是<img>标签和<input>标签。

- 元素之间的关系

HTML 文档由多个元素构成。某些元素中可能包含其他元素，这些元素之间有层级关系。这里介绍表示元素之间的层级关系的基本用语。

- 父元素和子元素

以某个元素为起点，它上面一层的元素称为某元素的“父元素”，它下面一层的元素称为某元素的“子元素”。

Fig 父元素和子元素的关系

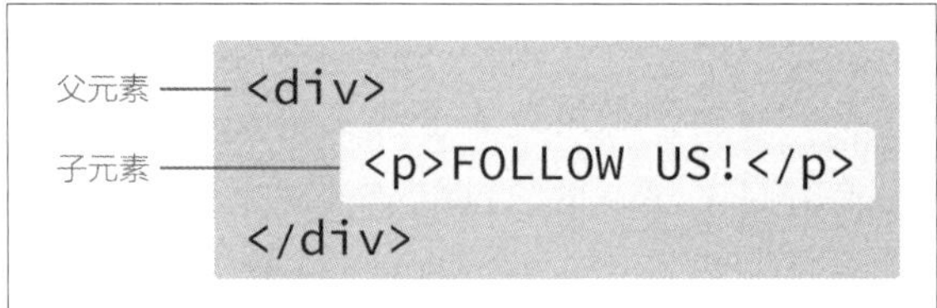

- 祖先元素和后代元素

父元素和子元素是指以某个元素为起点，处在它上面和下面一层关系的元素。祖先元素则是指从某个元素出发，处在它上面一层以上的元素。后代元素是指处在它下面一层以下的元素。

Fig 祖先元素和后代元素的关系

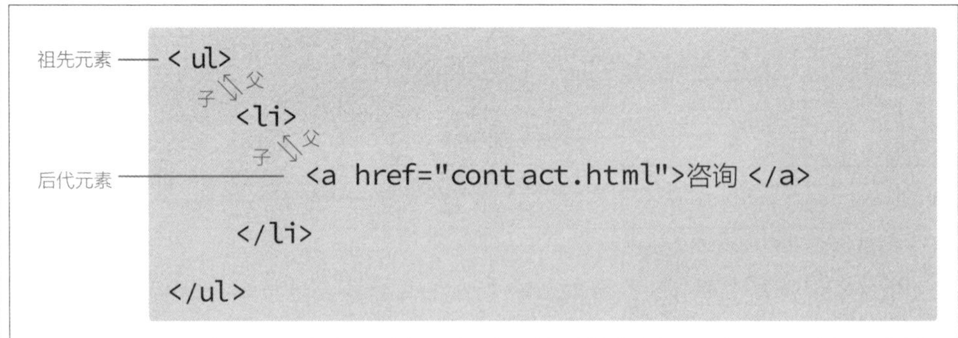

- 兄弟元素

有共同父元素的元素称为兄弟元素。兄弟元素中，先出现的元素为兄元素，后出现的元素为弟元素。

Fig 兄弟元素、兄元素、弟元素的关系

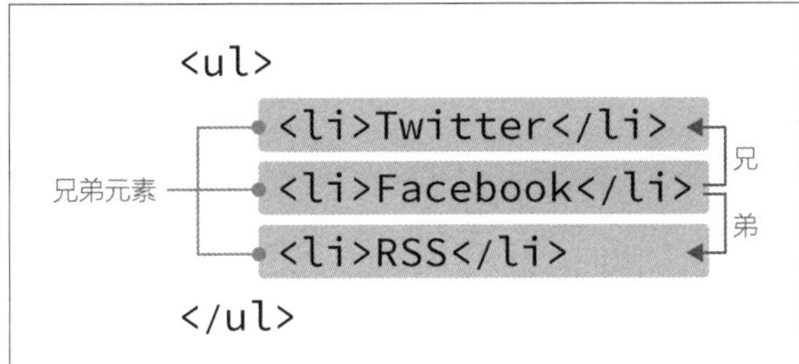

用 JavaScript 修改 HTML/CSS 的时候，例如单击某个<a>标签（a 元素）时，可以实现修改该父要素的 CSS，变更其背景色等操作。因此，掌握 HTML 的层级关系是非常重要的。表示层级关系的用语在本书的程序解说中也会出现，可以留意一下。

- CSS 的格式和各部分的名称

与 HTML 相比，CSS 会简单一些，重要的用语也不多。大部分使用 JavaScript 操作 CSS 的场景是修改属性值的情况。在学习 JavaScript 时，只要记住选择器、属性、属性值就足够了。

Fig CSS 的格式和各部分的名称

```
p {
    background-color: #0000FF;
}
```

选择器：p
属性：background-color
值（属性值）：#0000FF

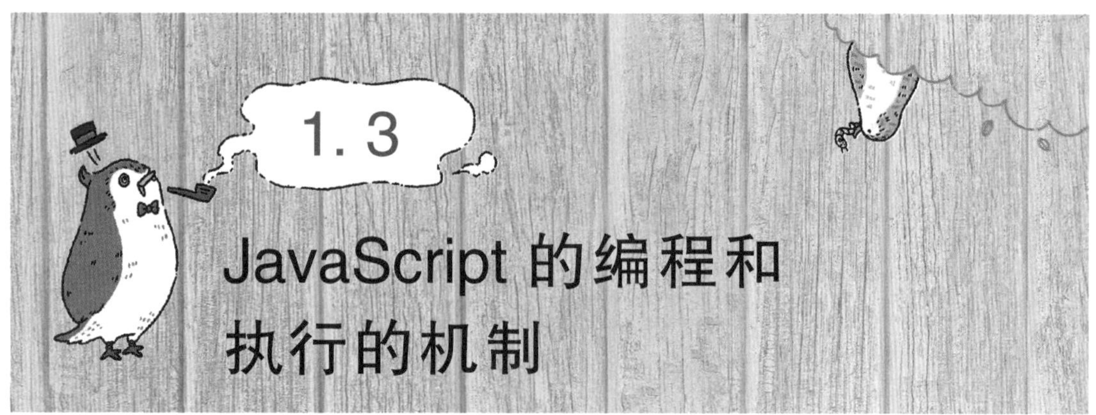

1.3 JavaScript 的编程和执行的机制

目前为止，我们针对以下方面认识了 JavaScript 是怎样一门编程语言。

▶ 在浏览器中运行，可以操作浏览器（对 HTML 和 CSS 进行修改等）。

▶ 用于完成修改 HTML 和 CSS 以外的其他操作（显示对话框、读取信息等）。

▶ 可以实时修改 HTML 和 CSS（最重要）。

总而言之，想要操作浏览器修改 HTML 和 CSS，需要用 JavaScript 编写程序才能完成。在实际编写程序之前，先看看 JavaScript 程序都能做些什么吧。

理解：输入→处理→输出的流程

我们能用程序做些什么？不会写 JavaScript 也能回答这个问题。先思考一下实际的应用场景。例如在购物网站的结算页面上，如果商品数量发生变化，小计的金额就会发生变化。这里假设在 HTML 中商品的单价是用<td>标签括起来的，而小计是用<span>标签括起来的。

Fig 结算页面的概要

那么如果在改变数量后想要修改小计金额，需要做什么呢？

首先，需要知道商品的单价。为此需要从单价栏中取得单价的金额（暂不考虑数字前的货币符号）。同时也需要数量，从下拉菜单中设置的数值中取得。

Fig 取得单价和数量

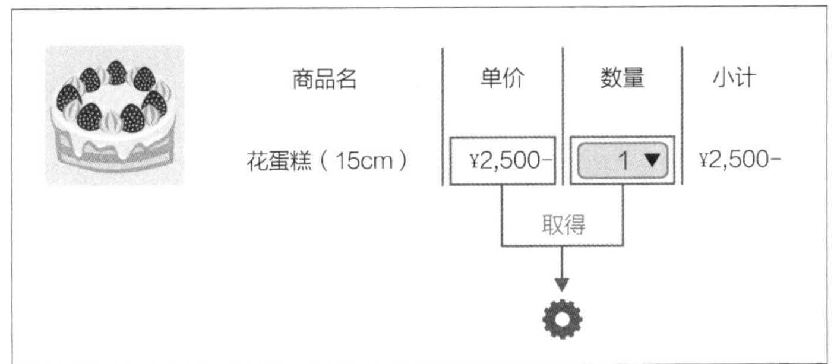

取得单价和数量后，把两者相乘就得到小计的金额了。

Fig 计算小计

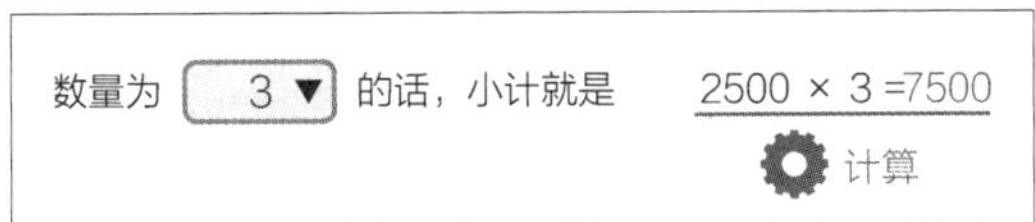

计算结束后，把小计的金额修改成新计算的金额就可以了。

Fig 用计算结果修改小计的金额

到此为止，可以分为以下 4 个步骤。

1. 从 HTML 中取得商品的单价。
2. 从下拉菜单中取得设定的数量。
3. 计算单价 × 数量。
4. 根据计算结果修改 HTML 相对应的部分。

其中，1 和 2 是取得数据的步骤，负责取得计算小计所需的数据。这些步骤属于数据的“输入”阶段。

接下来的步骤 3 中，把取得的数据做了相乘的处理。这个步骤属于把输入的值进行“处理”的阶段。

最后的步骤 4 中，为了显示计算结果，修改了相对应的 HTML 部分。这里是“输出”阶段。

这样的输入→处理→输出的流程，是几乎所有 JavaScript 程序通用的处理流程。可以说是固定模式。

Fig 程序处理的大致流程

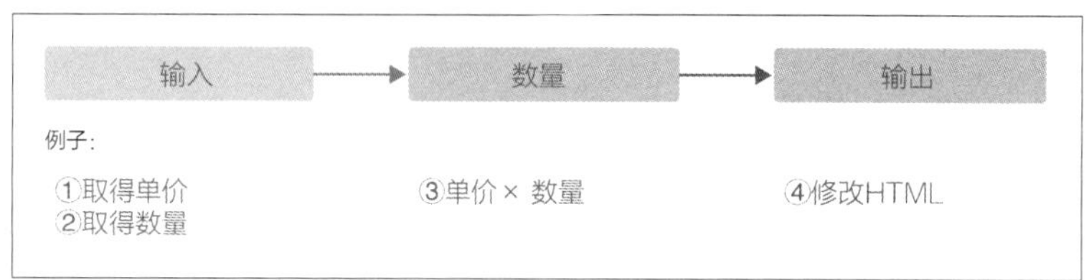

处理流程的触发：事件

通过上面的介绍我们知道了“输入→处理→输出”是几乎所有程序的基本处理流程。

接下来的问题是：这些处理流程在什么时候会被触发，从而被计算机执行呢？

以结算页面为例，数量变更就是这个所谓的处理流程被触发的条件。如果以数量变更为触发条件，用户在每次修改购买数量的时候，小计都会被重新计算，然后更新页面的显示。

这个决定什么时候执行处理流程的触发条件，在 JavaScript 中被称为“事件”。

Fig 开启处理流程的事件

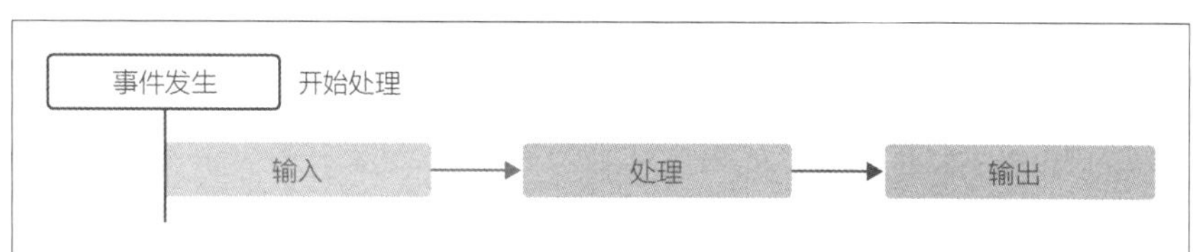

“输入→处理→输出”的流程加上“事件”，基本上可以说是 JavaScript 程序的全部了。用 JavaScript 编程的时候，基本上都是在输入、处理、输出、事件这 4 个阶段写上必要的代码。在编写程序之前，应该在脑海中对在这 4 个阶段需要做什么，有一个规划。

本书采取一边编写示例程序，一边学习 JavaScript 的形式。

本书将从 JavaScript 常用的功能和语法开始循序渐进地深入学习。读者如果是第一次学习 JavaScript，并且没有其他编程语言经验，就从头开始按照顺序进行本书的学习吧。如果有编程经验，可以只挑选感兴趣的地方进行学习。

虽说是按顺序学习，但是没有必要在完全理解每一个示例程序之后，再进行下一步学习。因为对于编程的学习，相应的学习节奏和劲头也很重要，所以如果练习编写了示例程序也不能很好地理解其内容，可以先跳过进入下一步的学习。在持续学习的过程中，温故而知新，经常会豁然开朗。

第 1 章

本章针对接下来的编程实践与学习，对 JavaScript 的大致情况做了概要说明。

第 2 章

在这章中，介绍了用 JavaScript 编写程序时需要的最低限度的书写格式规范和用 JavaScript 可以完成哪些输出处理的类型。JavaScript 的输出大致分为 3 种：在控制台上输出文本、显示对话框、修改 HTML 和 CSS。我们会逐个练习编写这些处理。在这一章中学习的输出功能在之后的所有学习中都会用到，所以非常重要。

Fig 2.3 节展示的显示对话框

第 3 章

JavaScript 之所以被称为编程“语言”，是因为它有语法，也有单词这些特性。为了编写程序，需要事先理解 JavaScript 的语法和单词。本章主要学习语法，包括根据情况改变程序动作的条件语句、反复进行同一处理的循环语句等能帮助我们自由编写程序的基础知识。另外，关于“单词”并没有另设章节做介绍，但是原则上第一次出现的时候，会对它的意思和用法做出说明。

Fig 3.10 节介绍的以列表形式显示项目

第 4 章

要编写有意义的程序，需要关注的不仅仅是输出，输入也是不可或缺的。在本章中，将焦点放在各种数据的输入方法和处理数据所使用的几个功能上。学习内容包括读取表单中输入的值，调查日期和时间，并且对这些数据进行处理。

Fig 4.1 节介绍的取得表单的输入内容

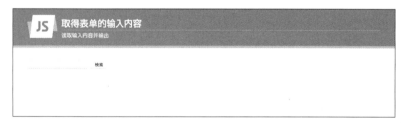

第 5 章

在本章中，我们将结合第 2 至第 4 章的知识来编写各种程序。我们还将处理与第 4 章稍有不同的输入/输出过程，例如 URL 和 cookie 的操作。

Fig 5.4 节介绍的图像的切换

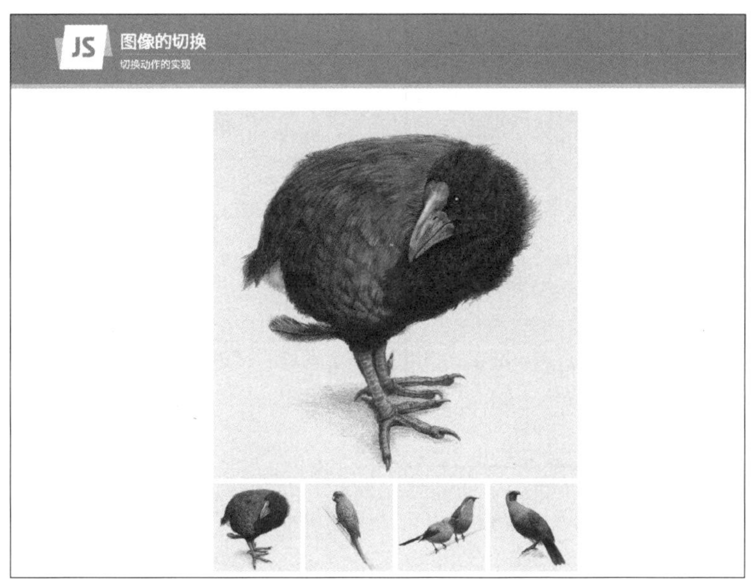

第 6 章

无论是取得表单的输入内容，还是修改 HTML 和 CSS 的输入/输出的处理，这些是几乎所有的 JavaScript 程序都具有的功能。为了让这些典型的处理功能的实现变得简单，我们经常使用程序库 jQuery。jQuery 是在很多网站上都会用到的经典程序库。

艺多不压身，所以本章对 jQuery 基本的使用方法也做了介绍。

Fig 6.3 节介绍的检查空位情况

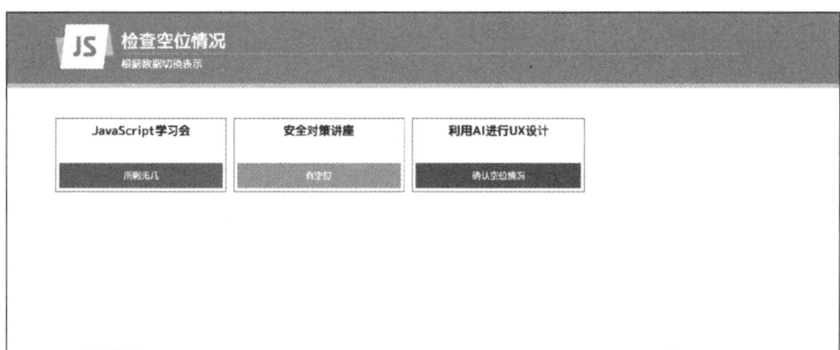

第 7 章

本章将回顾学过的知识，然后挑战更加接近实际运用的例子。涉及内容为获取位置信息和使用 Ajax 获取数据。此外还将学习对取得的数据进行加工处理并输出，试着挑战更难的技术。如果觉得有点难，可以放下一段时间，再尝试捡起来。

Fig 7.2 节介绍的尝试使用 Web API

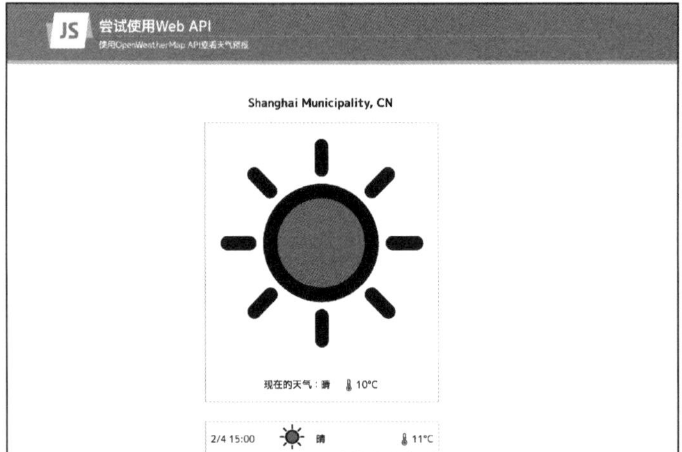

JavaScript 的编程所必需的工具只有浏览器和文本编辑器。虽然任何操作系统都有这两样东西，但是关于文本编辑器，最好使用编程专用的文本编辑器。在这里我们会推荐几款浏览器和文本编辑器。请根据需要下载、安装相关软件。

浏览器

如果是主流浏览器（Chrome、Firefox、Edge、Safari），随便使用哪个都可以。建议各浏览器都尽量更新到最新版本。另外，Internet Explorer 不支持 ES6，因此不适用。

至于操作系统，Windows 和 Mac 都是可以的。

文本编辑器

要编辑 JavaScript 和 HTML 等文件，请准备一个专门用于程序开发的文本编辑器。如果已经有熟悉的文本编辑器，就使用自己熟悉的。

如果要安装新的文本编辑器，建议使用 Microsoft 开发的 Visual Studio Code 或 Adobe 开发的 Brackets。两者都可以免费下载。

▶ Microsoft Visual Studio Code（Windows/Mac）——免费

由 Microsoft 开发的开源文本编辑器。对于初学者来说，它也很容易上手，并且功能丰富。推荐给编程初学者、打算进行 Web 应用程序开发的人以及不熟悉 JavaScript 但需要定期编写 HTML 和 CSS 的人。

URL https://code.visualstudio.com

Fig Microsoft Visual Studio Code

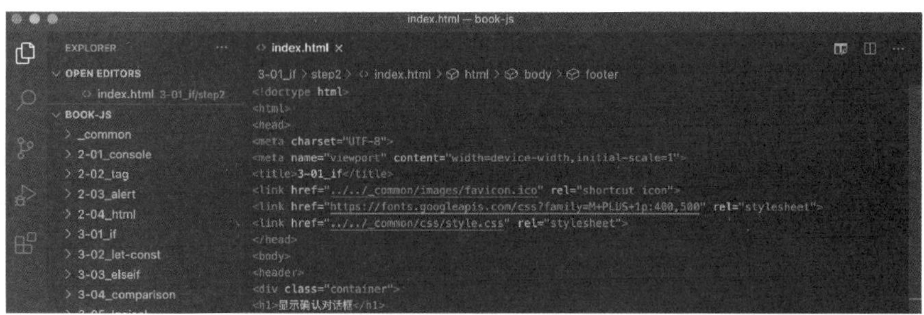

▶ Brackets（Windows/Mac）——**免费**

一个主要由 Adobe 开发的开源文本编辑器。它的特点是专门用于 Web 设计，例如具有实时预览功能，该功能可在编辑代码时在浏览器中实时显示更改。即使对于初学者也易于上手，推荐给正在创建网站的设计师和编程初学者使用。

URL http：//brackets. io

Fig Brackets

不仅只有网站！在其他领域使用的 JavaScript

在这里介绍的文本编辑器中，Brackets 是一个桌面应用程序，但实际上是用 JavaScript 编写的。JavaScript 不仅用于操作浏览器网页，而且还被用于开发在操作系统上运行的应用程序。

此外，网站和 Web 应用程序的开发也正在发生变化。随着可以执行 JavaScript 程序的 Web 服务器软件 Node. js 的出现，JavaScript 还可以用于开发通常使用 PHP 和 Ruby 等语言编写的服务器端程序。JavaScript 的应用场景越来越广阔。

1.6 下载示例代码

在阅读本书之前需要下载示例代码。可以从下面的 URL 下载。将下载的 ZIP 文件解压，保存在任意的文件夹里。

▶ 本书的支持页面

URL https：//isbn2. sbcr. jp/01577/

扫描本书封底二维码 IT 有的聊，回复 68973，即可获得本书配套学习文件。解压 ZIP 文件后，得到“book-js”文件夹。该文件夹的基本配置如下图所示。“book-js”文件夹中包含了各节的示例代码。“practice”文件夹在练习示例时使用。“local. html”是用来打开示例 5-03 和示例 6-03 的。

Fig 示例代码的基本结构

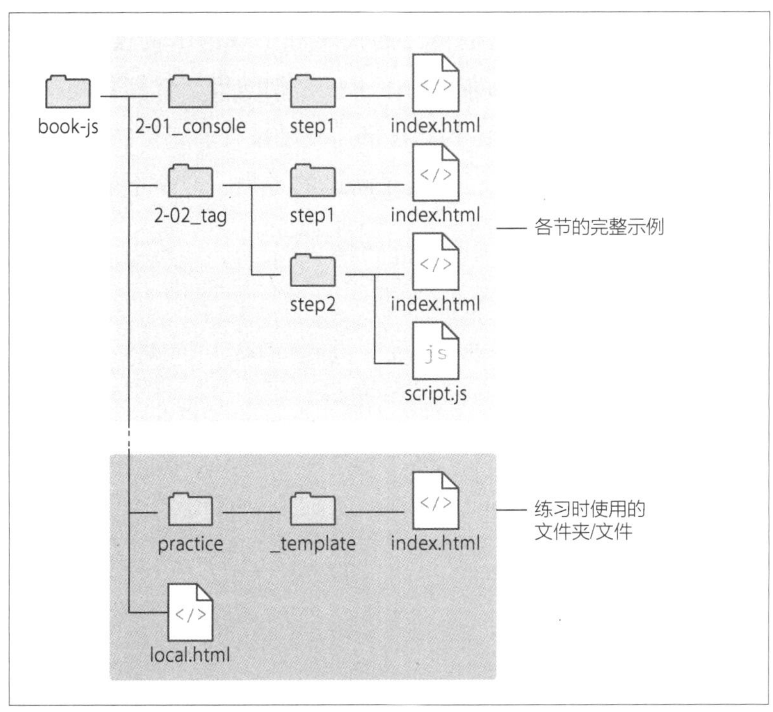

贵在尝试！

编程进步的诀窍在于尝试。不能仅仅停留在打开下载的示例在浏览器上查看一番，哪怕是把源代码全抄一遍也是可以的，关键是自己得动手写。这样就可以加深印象并理解 HTML 和 JavaScript 的关系、程序的用途等。

如果稍微熟练一点，也可以尝试一下“进步要点！”中提到的知识。可以稍微修改示例来改变程序功能进行一些挑战。

Fig 进步要点（例）

alert 方法的参数也可以是表达式

和 console. log 方法一样，在 alert 方法中的( )中使用表达式，则会输出表达式的计算结果。可以试着将程序内的参数修改成表达式。

尝试编程却无法运行的时候……

尝试编写程序却无法运行的时候，可以通过把自己的代码和下载的示例进行比较，从而知道问题出在哪里。编程的时候写错是在所难免的。不仅是初学者，就算是经验丰富的程序员也一样，而且有时候纠错会很难。这时不要着急，慢慢排查。如果实在不行，可以跳过，转移到下一个示例进行学习。学习是一个循序渐进的过程，即使不能立马学会也不用太在意。

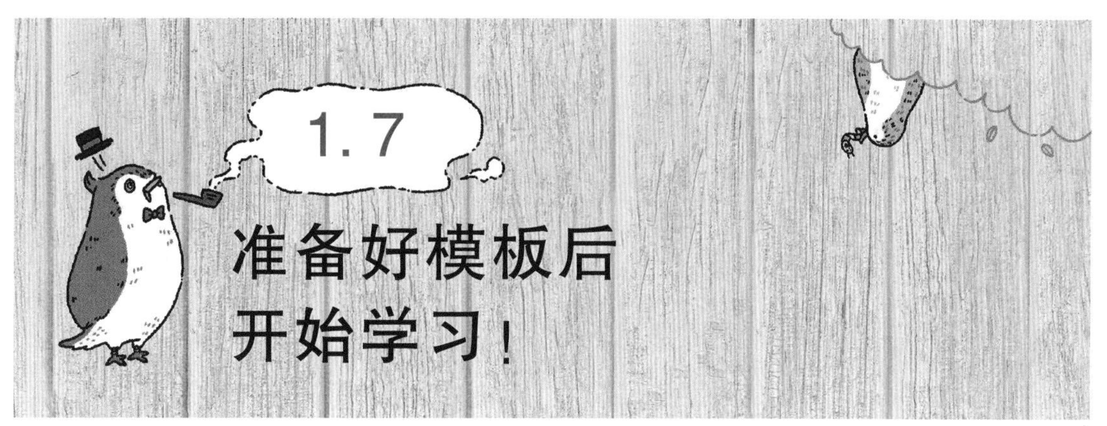

网页的创建需要编写 HTML 和 CSS，有时还需要准备图像。但是由于我们学习的重点是 JavaScript，所以本书会尽可能地专注于 JavaScript 的介绍。

为此，本书准备了练习用的模板，以便读者能更好地专注于 JavaScript 的学习。

练习用的模板

练习模板包含在下载的示例代码的“practice/_template”文件夹中。另外，模板中使用的 CSS 和图像等文件保存在“_common”文件夹中。

练习模板的 HTML 文件

在所有示例中通用的 HTML 文件（index.html）的源代码如下。练习的时候，需要编辑该文件，以添加 HTML 标签或者 JavaScript 程序等。

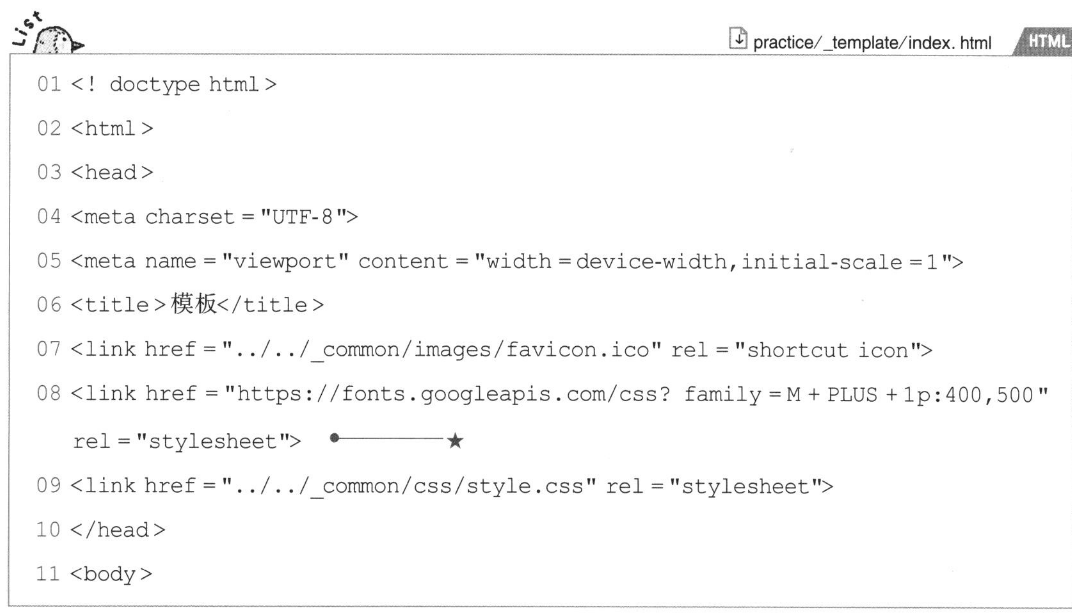


```
<! doctype html>
<html>
<head>
<meta charset = "UTF-8">
<meta name = "viewport" content = "width = device-width, initial-scale = 1">
<title>模板</title>
<link href = "../../_common/images/favicon.ico" rel = "shortcut icon">
<link href = "https://fonts.googleapis.com/css? family = M + PLUS + 1p:400,500"
 rel = "stylesheet">  ●————★
<link href = "../../_common/css/style.css" rel = "stylesheet">
</head>
<body>
```

```
<header>
<div class="container">
<h1>标题</h1>
<h2>副标题</h2>
</div><!-- /.container -->
</header>
<main>
<div class="container">
<section>
                    ——按需求在这里编写 HTML
</section>
</div><!-- /.container -->
</main>
<footer>
<div class="container">
<p>JavaScript Samples</p>
</div><!-- /.container -->
</footer>
</body>     ●——在</body>标签之前插入<script></script>标签
</html>
```

另外，该 index.html 的样式文件路径为“_common/style. css”。在练习的时候，style. css 的内容不需要变更，因此本书不会详细介绍它的内容，但是如果读者有兴趣，可以打开文件看看源代码。

练习模板的特征

在本书的练习中，除了 JavaScript 的程序以外，有时还会追加 HTML。此时就需要在 index.html 的<section>～</section>之间添加其内容。<section>标签是表示“统一内容”的标签。显示效果与<div>标签并没有什么不同。当然也可以通过 CSS 对其外观进行定义。

练习用的模板是具有自适应性的，当用智能手机等移动设备查看，或者浏览器的窗口宽度比 768 像素窄的时候，页面布局就会自动调整。

同时，在练习模板中使用了 Google 字体（★符号的部分）。在无法连接到互联网的环境下，大部分示例的动作也不会受到影响，但有时会使用不同的字体。

练习的时候

在练习中创建新样本时，请复制示例代码的“practice”文件夹下面的“_template”文件夹，然后重命名该文件夹。在练习中，我们主要编辑的是文件夹中的“index.html”文件。根据练习内容，有时候也需要创建一个外部JavaScript文件等。在需要创建的时候将会有相应的解释。此外，在练习中使用图像时，需要复制对应部分的示例代码的“images”文件夹。

Fig 示例代码的使用方法

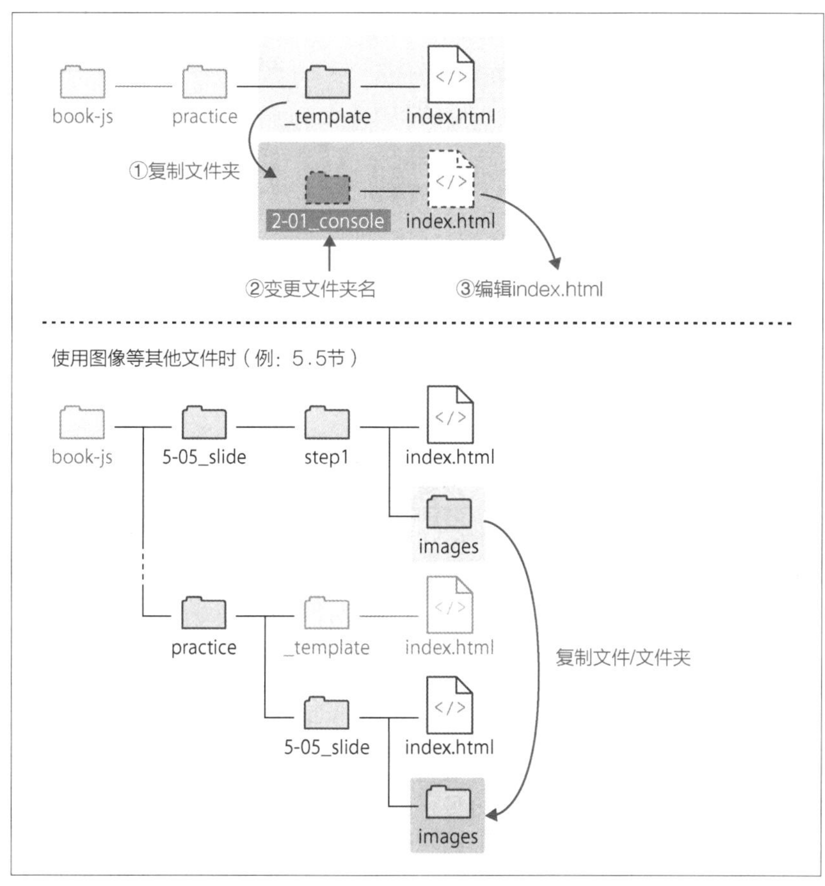

第 2 章　输出的基础

在第 1 章中，我们介绍了编程大致可以分为输入、处理和输出 3 个阶段。其中，输出阶段可以根据输出的位置进一步分为 3 种类型。 在本章中，我们将在学习 JavaScript 的基本语法时尝试基本的输出操作。

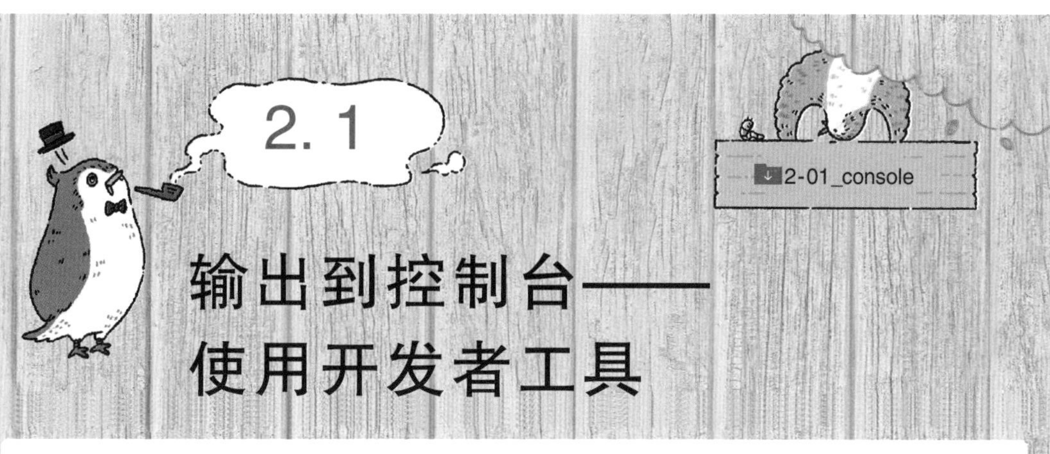

输出到控制台——使用开发者工具

“控制台（Console）”是 JavaScript 程序可以输出文本等内容的地方之一。它是检查 JavaScript 程序是否正常运行的工具。在这里，让我们一边编写 JavaScript 代码，一边熟悉开发者工具的基本使用方法吧。

▼本节的任务

掌握如何打开浏览器开发者工具以及控制台的使用方法和作用。

开发者工具的打开和关闭

最近的主流浏览器包含一套强大的开发者工具套件（可以检查当前加载的 HTML、CSS 和 JavaScript，显示每个资源页面的请求以及载入所花费的时间），这套工具也包含了控制台。开发者工具根据浏览器的不同，有“开发者工具”“网页查看器”等不同的名称，本书将统一称为“开发者工具”。

练习的时候需要复制示例代码里的“practice”中的“_template”文件夹，并重新命名为“2-01_console”。用浏览器打开新建文件夹中的“index.html”，然后进行如下操作。

打开 Firefox 的开发者工具

打开菜单❶，单击“Web Developer”❷。然后单击“Toggle Tools”❸。使用控制台的时候，单击开发者工具的“console”❹就好了。

Fig　Firefox 的开发者工具和控制台

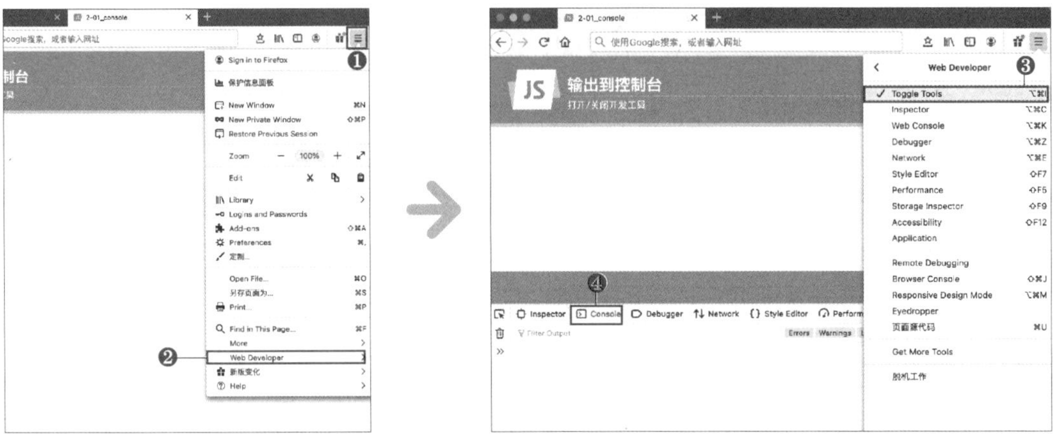

打开 Chrome 的开发者工具

单击“Google Chrome 浏览器的设定”❶打开菜单。选择“More Tools”打开“Developer Tools”❷。使用控制台的时候，单击开发者工具的“console”❸就好了。

Fig　Chrome 的开发者工具和控制台

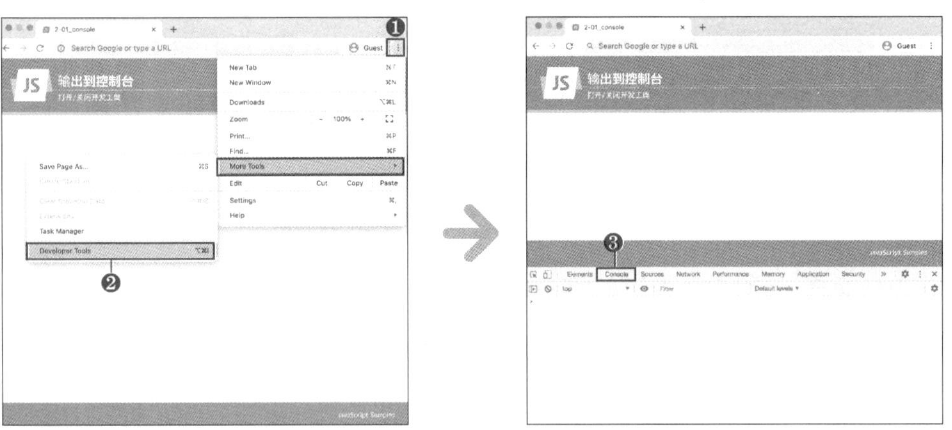

打开 Edge 的开发者工具

单击“设定”❶打开菜单，选择“More Tools”打开“Developer Tools”❷。使用控制台的时候，单击开发者工具的“console”❸就好了。

Fig Edge 的开发者工具和控制台

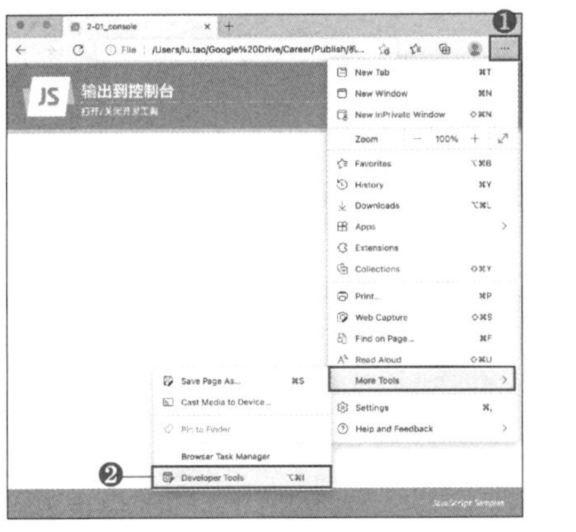

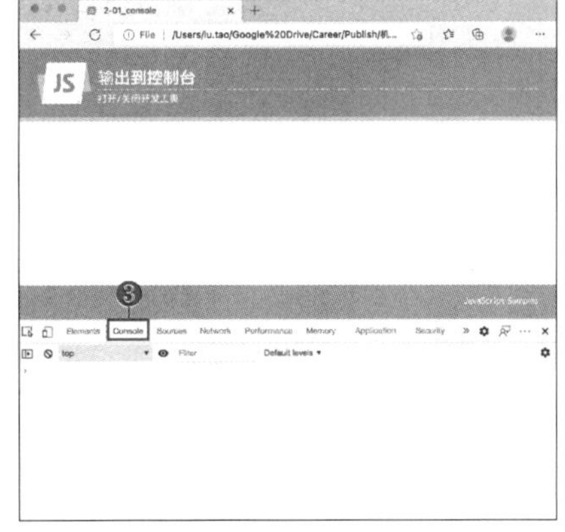

打开 Safari 的开发者工具

在 Safari 中，要使用开发者工具之前，必须对偏好设置做一次变更。单击“Safari”菜单，选择“Preferences”❶。单击“Advanced”❷，勾选“Show Develop menu in menubar”❸。完成后关闭对话框。

Fig Safari 的偏好设置

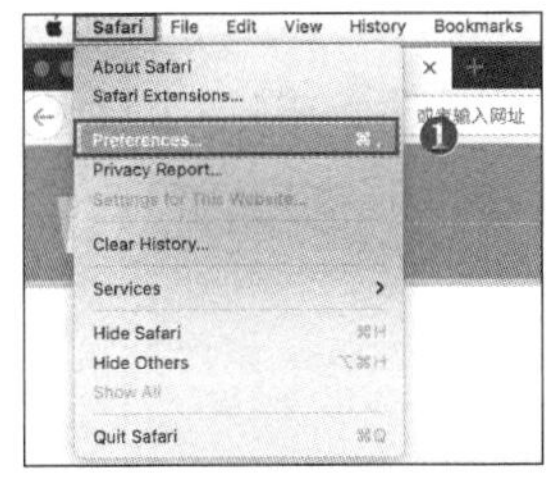

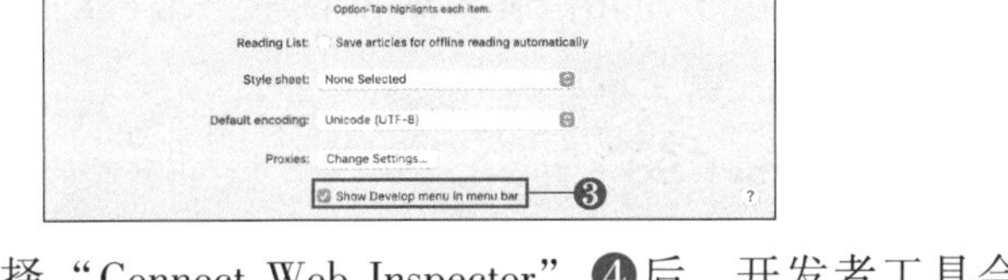

单击“Develop”菜单，选择“Connect Web Inspector”❹后，开发者工具会被打开。使用控制台的时候，单击开发者工具的“Console”❺就好了。

Fig Safari 的开发者工具和控制台

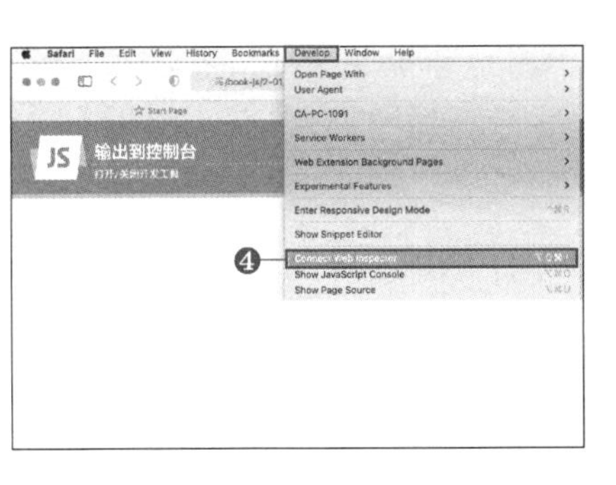

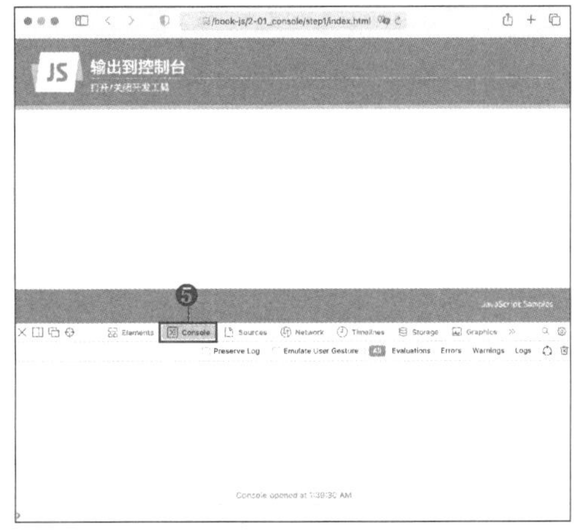

关闭开发者工具

无论是哪个浏览器，想要关闭开发者工具时，单击☒就好了。

Fig 关闭开发者工具

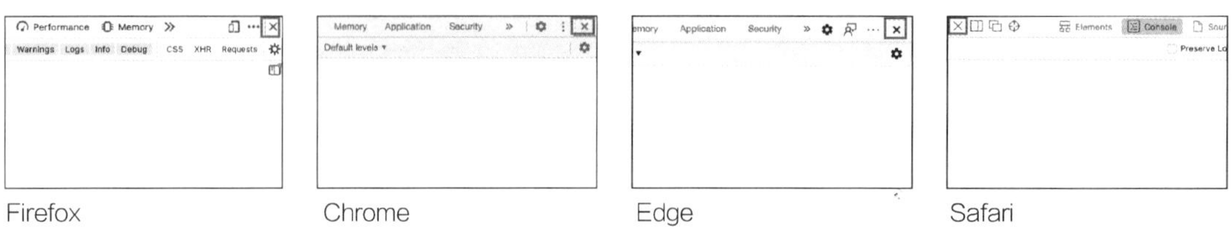

Firefox　Chrome　Edge　Safari

解说

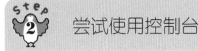

3 种输出类型

从 JavaScript 中输出文本的地方，除了特殊情况以外，可以大致分为以下 3 种。

1. 输出到控制台

JavaScript 程序可以在浏览器的控制台上输出文本和数字。向控制台进行的输出，一般都是在网页发布前的测试阶段会用到，详细情况将在下面的 Step2 以后进行说明。

2. 输出到对话框

使用 JavaScript 显示对话框，可以在其中输出文本和数字。虽然在实际的网站上使用的机会并不多，但是由于使用方便，所以在本书编程的学习过程中会有所运用。该内容出现在 2.3 节的示例或第 3 章。

3. 输出到 HTML 和 CSS

可以通过 JavaScript 操作 HTML 和 CSS，修改标签内部的文本，或者插入新的元素。由于可以进行灵活操作，所以在正式的 Web 网站，Web 应用程序主要使用的输出就是这个功能。该输出形式用于 2.4 节的示例或 3.8 节以后的示例。另外，第 6 章还会介绍专门针对 HTML 和 CSS 操作的程序库：jQuery。

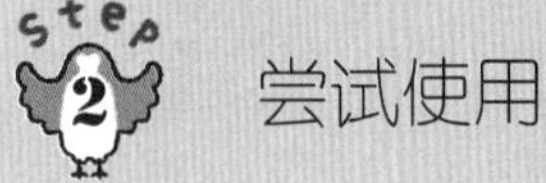

Step 2 尝试使用控制台

这里我们尝试直接用 JavaScript 在控制台上编写程序。打开开发者工具的控制台，在 > 或者 >> 旁边输入如下代码。

```
console.log('鹦鹉学舌');
```

除了“鹦鹉学舌”这样的字符串以外，其他的记号以及空格在内的输入内容必须是半角字符串。输入结束后，按 Enter（Mac 中是 Return）键执行代码。

Fig 在开发者工具的控制台中输入程序后按 Enter 键

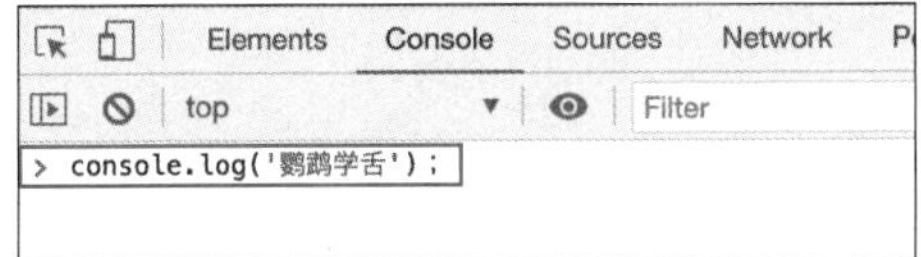

控制台的运行结果如下，就表示代码运行成功了。

Fig 程序运行的结果会在控制台中显示

错误不可怕！

如果在程序写错的情况下按下 Enter 键，可能会显示下图中的粉色信息。这是“错误信息”，是浏览器告诉我们“程序有错误，所以不能执行”。

Fig 错误范例

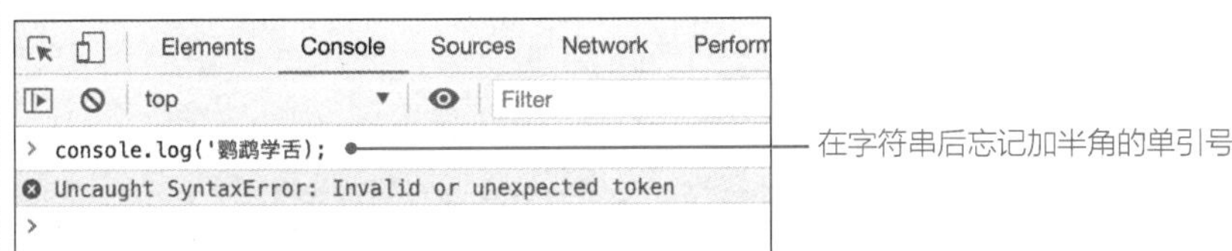

出现错误信息的时候可能会吓一跳。但是错误不可怕，因为谁都会出错，而且就算出错，浏览器也不会因此而崩溃。

如果错误信息中包含单词“syntax”，则说明在程序的某个地方犯了语法错误。仔细检查、更改后，是可以排除错误的。

解说

控制台的显示内容与 console. log( )

虽然只有一行，但我们还是完成了第一个 JavaScript 程序。

浏览器开发者工具中的控制台具有显示程序执行结果或显示错误信息的功能。

直接在控制台上写程序，按下 Enter 键的瞬间就会执行那个程序。执行程序后，会显示以下3行内容（根据浏览器显示顺序会有所不同）。

```
1 console.log('鹦鹉学舌')    ●———被执行的程序
2 鹦鹉学舌    ●———程序的执行结果
3 undefined    ●———执行程序的返回值,现在不必在意
```

其中，2的“鹦鹉学舌”是程序的执行结果。也就是说，执行“console. log（'鹦鹉学舌'）;”之后，控制台上会显示“鹦鹉学舌”的信息。

console. log( )

console. log具有将( )中指定的字符串或者表达式的计算结果等输出到控制台的功能。如果需要像例子一样将文本直接输出到控制台上，则需要用单引号（'）或双引号（"）将文本括起来。本书原则上使用单引号。

格式　输出到控制台

```
console.log(想要输出的文本或者表达式)
```

如何减少程序中的输入错误

刚才写的程序里，出现了括号和单引号（'）。在编程方面，会出现很多不常用的记号。不习惯的时候容易写错，特别是容易忘记添加后括号和单引号。只要忘记一个记号或书写的位置不一样，程序就无法正确运行。

为了减少输入错误，程序不需要按从前往后的顺序写，可以先写对应的括号和记号。

在刚才的例子中，首先，不书写( )中的内容，而是先把一对括号写上。最后的分号也不要忘记。

然后写上两个单引号。

```
console.log();
```

```
console.log('');
```

最后在单引号之间输入想要输出的内容，然后按Enter键。

```
console.log('鹦鹉学舌');
```

控制台的进一步尝试

接下来我们尝试控制台的操作。输入下面的程序，按Enter键。

```
console.log(2 +3);
```

控制台应该会显示数字“5”。5 是( )内的表达式计算出来的结果。

Fig 2 +3 的结果显示在控制台上

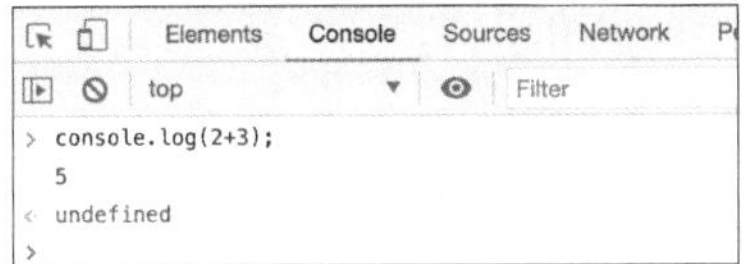

把 + 换成 - 就可以进行减法运算。下一个程序的结果是 88。

```
console.log(123-35);
```

Fig 123-35 的结果显示在控制台上

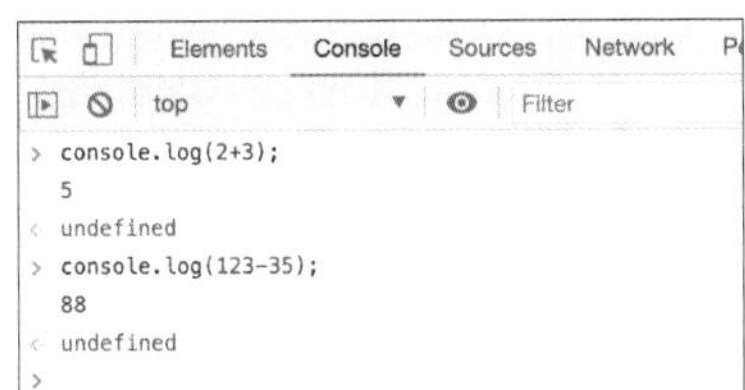

通过这个例子，我们可以知道 console. log 不止可以输出文本，也可以输出表达式的计算结果。

解说

JavaScript 的基本语法 程序就是“OO 执行 XX”的指令

不局限于 JavaScript，程序的本质就是对计算机（JavaScript 的情况是浏览器）发出“执行 XX”的指令。但是对浏览器漠然地发出“执行 XX”的指令，浏览器也不知道“谁”去执行。所以给出指令的时候还要指出“谁”这个主语。

在上面练习时的程序“console. log( );”中，console 相当于“谁”的部分，log( ) 的部分相当于“执行 XX”的部分。另外，上面的部分只解释了“谁去做”，那么“做什么”的部分在哪里决定呢？这个部分就是括号( )中的内容了。

把本次的程序硬要翻译成白话文的话，意思如下。

Fig console. log（'鹦鹉学舌'）的意思

console	'鹦鹉学舌'	做个记录

```
console.log('鹦鹉学舌');
```

想用 JavaScript 让浏览器执行什么的时候，可以简单地描述成“OO 把△△XX”（console 把鹦鹉学舌做个记录）或更简单一点“OO 执行 XX”（console 执行做个记录这个动作）。在这个指令中各个部分的意思如下。

- ▶“OO”的部分相当于对象。
- ▶“执行 XX”的部分相当于方法。
- ▶“△△”的部分相当于参数。

Fig 本次程序的对象、方法、参数

console 是“对象”——指令的对象

对象相当于 基础语法 “○○执行 XX”中的“○○”。

在这里可以回想一下浏览器的页面。窗口、返回按钮、地址栏、控制台……它是由很多部分构成的。在这些组件中，都可以用 JavaScript 读取它们的状态的。在浏览器中，可以被 JavaScript 操作的部分被称为“对象”，当然它们都有各自具体的名字。例如控制台上有 console 这个对象。

JavaScript 想要对某一个组件进行操作的时候，首先需要指明想要操作对象的对象名。

当然，浏览器除了 console 这个对象之外，还有 window 对象、document 对象等。在今后的练习中我们会接触它们。

Fig 浏览器的对象

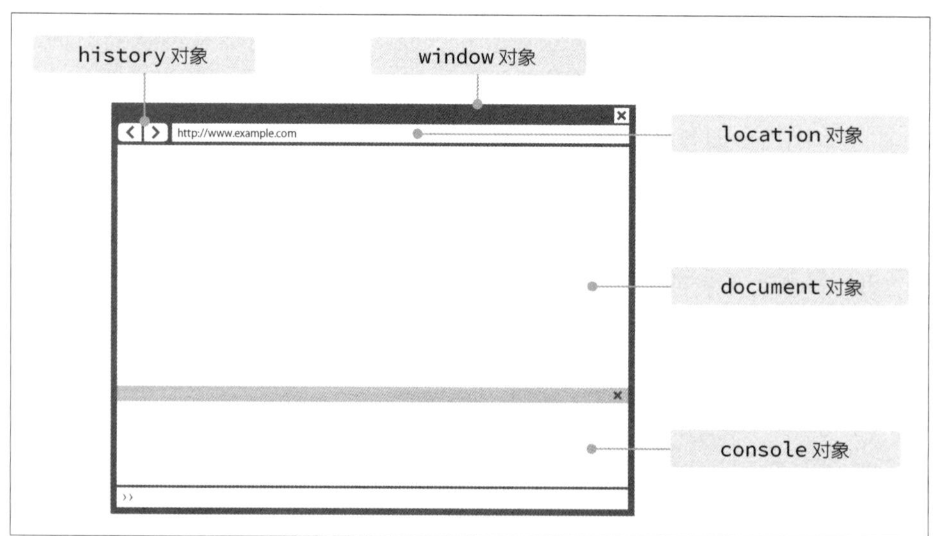

log( )是“方法”——想要对象执行的动作

接在对象后面的点（.）的后面的 log( )被称为“方法”。

方法是相当于针对对象执行的动作。例如 console 对象的 log( )代表了“把( )内的文本或者表达式的计算结果输出到控制台”的指令。

每个对象都有可用的方法。例如 console 对象有以下方法。

Fig console 可以使用的方法的例子

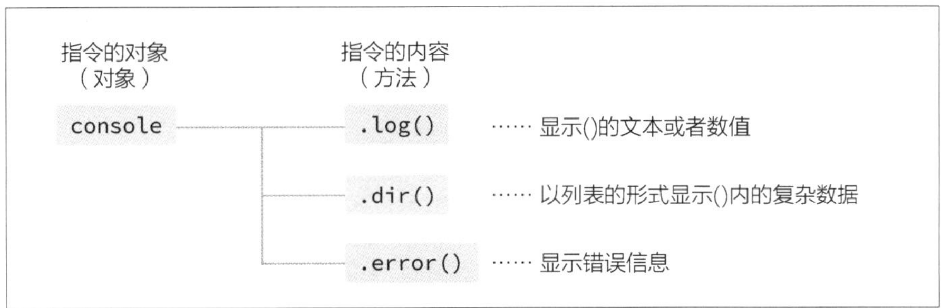

还有一个重要的知识点：方法后面一定会有一对括号。在 JavaScript 中这对括号就是“执行 XX”中的执行的意思。

( )内的“参数”——执行指令所需要的信息

练习时，我们在方法的括号( )中写了“鹦鹉学舌”这样的文本或者简单的表达式。像这样被括号所包围的内容就称为“参数”。

例如练习中使用的 console 对象的 log 方法是“输出”的指示，但仅仅这样的话就不知道输出“什么”内容了。log 方法的( )中包含的参数相当于“输出内容”。基本语法中就相当于“△△”的部分。

JavaScript 其他语法所需要的知识

到这里为止，我们已经介绍了 JavaScript 的基本语法，还剩下两个知识点需要做补充，第 1 点是关于单引号（'）的，第 2 点是关于行最后的分号（;）。

单引号（'）的作用

在 console. log 中，书写在( )内的参数将会被输出到控制台。当参数为文本时，文本前后需要加上单引号（'）。单引号所包含的文本被称为“字符串”（一个或多个字符）。使用 console. log 的时候，如果参数是字符串，那么字符串会被原封不动地输出到控制台。

也可以使用双引号（"）代替单引号。无论是单引号还是双引号，它们的作用是一样的。因为单引号在键盘上输入比较方便，所以本书原则上在使用字符串的时候会使用单引号。

参数内容不用单引号括起来的情况

另一方面，像“2 + 3”这样，( )内的参数也有不被单引号括起来的情况。如果没有单引号，表示这里的参数不是字符串。如果是“2＋3”，它将被当作数学表达式来处理。输出到控制台上的就不是“2＋3”这个字符串，而是“2＋3”这个数学表达式的结果。

Table　是否用单引号括起来，会影响程序对参数的处理

程　序	识别类别	输　出
console. log（'翻炒'）;	字符串	翻炒
console. log（16＋15）;	表达式	31
console. log（'16＋15'）;	字符串	16＋15

分号（;）的作用

分号（;）表示程序语句的结束。相当于语文中的句号（。）。

为什么要用单引号括起来?

如果一个字符串中含有双引号（"），则整个字符串必须用单引号（'）括起来。相反，如果字符串中含有单引号，则整个字符串必须用双引号括起来。因为如果括在字符串外面的引号和字符串中出现的引号（单引号或者双引号）相同，就无法区分字符串的边界了。

另外，考虑到字符串中可能包含双引号和单引号（也许包含双引号的情况比较多），本书原则上是用单引号把字符串括起来的。

Fig　字符串是“想继续按“C”键”的时候，就必须用单引号括起来

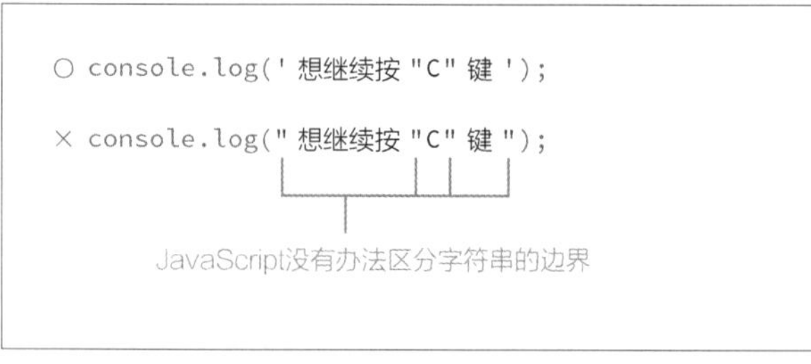

○ console.log('想继续按"C"键');
× console.log("想继续按"C"键");
JavaScript没有办法区分字符串的边界

2.2 JavaScript 写在哪里？——<script>标签和 JavaScript 代码的编写位置

2-02_tag

在上一节，我们把程序直接写在了控制台上。但是在实际的网站上，是不会让用户使用控制台的。在网站上运行的 JavaScript 会写在别的地方。在本节中，将介绍 JavaScript 程序应该写在哪里。

▼本节的任务

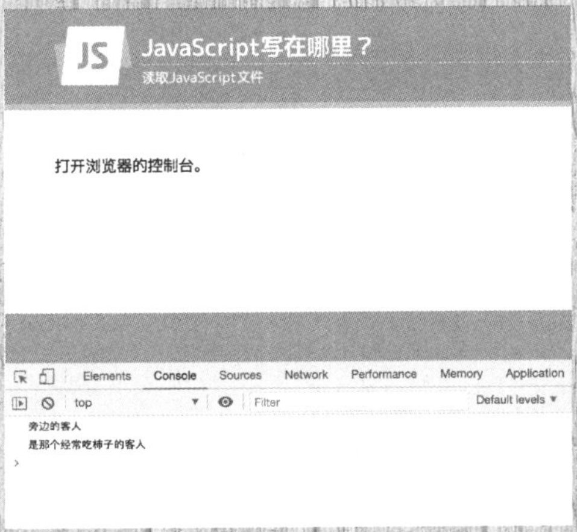

JavaScript写在哪里？
读取JavaScript文件
打开浏览器的控制台。
旁边的客人
是那个经常吃柿子的客人

JavaScript有两种编写模式，一种是直接在HTML文档中编写，另一种是编写在单独的文件中。下面来尝试一下这两种编写模式吧。

Step 1 直接在 HTML 中编写 JavaScript

在练习的时候，复制示例代码里的“practice”中的“_template”文件夹，重命名为“2-02_tag”。

用文本编辑器打开新文件夹中的 index.html，编写以下程序。

List 2-02_tag/step1/index. html HTML

```
<body>
…省略
```

```
</footer>
<script>
'use strict';
console.log('是那个经常吃柿子的客人');⊖
</script>
</body>
```

编写完成后保存 index.html。然后用浏览器打开 index.html，并打开控制台。控制台上应该会显示 console. log 方法的参数内容：“是那个经常吃柿子的客人”。

Fig　写在 index.html 中的 JavaScript 的执行结果在控制台中显示

打开浏览器的控制台。

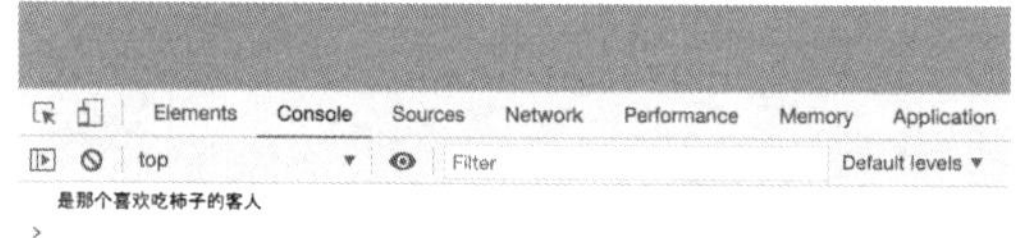

直接在 HTML 中编写 JavaScript 的方法

在 HTML 文档中添加<script>和</script>标签，可以直接在其中写 JavaScript 程序。

<script>标签可以在<head>～</head>内或者在<body>～</body>内添加。通常会在</body>结束标签之前添加。

格式　<script>标签的位置

```
<body>
…省略
<script>
在这里编写 JavaScript 程序
</script>
</body>
```

⊖ “旁边的客人,是那个经常吃柿子的客人”是日文顺口溜。

“'use strict';” 作为新版 JavaScript 程序被执行的语句

浏览器的设计使其可以正确显示和执行 10 年甚至 20 年前编写的旧 HTML 和 JavaScript 程序。因此，即便是浏览旧网站（如果有的话）仍可在现代浏览器中得到正确的显示。浏览器是一个非常有兼容性的应用程序。

为了确保这种高度兼容性，浏览器具有两种模式：“执行旧版 JavaScript 的模式”和“执行新版 JavaScript 的模式”。其中，“执行新版 JavaScript 的模式”称为“严格模式(Strict Mode)”。要将执行模式更改为严格模式，需要在程序开头写入'use strict';。

格式 设置 JavaScript 的执行模式为严格模式

```
'use strict';
```

即使不处于严格模式下，符合新规范 ES6 的程序也可以正常运行。但是，如果未将其设置为严格模式，那么某些防止错误出现的错误检测功能将无法工作，因此，原则上，本书中使用的示例都将以“严格模式”执行。让我们记住在<script>标签后面的行上写上'use strict';。

加载 JavaScript 文件

除了 HTML，还可以在单独文件中编写 JavaScript 程序，然后将其加载到 HTML 文件中。在这里我们在 index.html 中加载 script.js。首先，需要编辑 index.html。

List 2-02_tag/step2/index.html HTML

```
<body>
 …省略
</footer>
<script src="script.js"></script>
<script>
'use strict';
console.log('是那个经常吃柿子的客人');
</script>
</body>
```

接下来，使用文本编辑器创建一个新文件，并在其中编写以下程序。完成后，将文件保存在 index.html 所在的文件夹中，命名为“script.js”。

2-02_tag/step2/script. js HTML

```
'use strict';

//外部 JavaScript 文件
/*
外部 JavaScript 文件
将在加载后立即执行。
*/
console.log('旁边的客人');
```

将文件的字符编码设为“UTF-8”

创建用于网站的 HTML、CSS 和 JavaScript 文件时，请确保将字符编码设置为“UTF-8”。特别是 JavaScript，字符编码不为 UTF-8 时，JavaScript 可能无法正常工作。

本书 1.5 节“准备工具”中介绍的文本编辑器在新建文件时，会以 UTF-8 的字符编码来创建，因此编写程序时不用在意字符编码。

编辑结束后，在浏览器中打开 index.html 并显示控制台。控制台显示内容为：“旁边的客人是那个经常吃柿子的客人”。

Fig 写在外部文件中的 JavaScript 的执行结果显示在控制台上

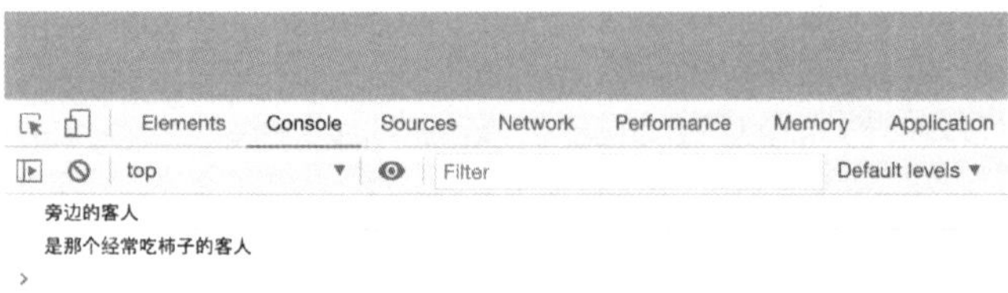

加载外部 JavaScript 文件

将外部 JavaScript 文件加载到 HTML 时，也需要使用<script>标签。将 src 属性添加到<script>标签中，并在其中指定外部 JavaScript 文件的路径。如果指定的是相对路径，请以 HTML 文件的路径为准。

需要读取外部 JavaScript 文件时，请勿在<script>开始标签和</script>结束标签之间写入任何内容。但是也别忘了</script>结束标签。

格式 加载外部 JavaScript 文件

```
<script src="以 HTML 文件为准的相对路径"></script>
```

外部 JavaScript 文件的扩展名和字符编码

外部 JavaScript 文件的扩展名为“.js”。同时，文件的字符编码必须是 UTF-8。以非 UTF-8 的字符编码编写的程序，可能无法正常运行。

JavaScript 程序执行的顺序

正如上面介绍的练习那样，在 HTML 中编写 JavaScript 的方法和利用外部 JavaScript 文件加载程序的方法，是可以混合使用的。不论是哪种方法，JavaScript 程序的执行顺序都是以在 HTML 中<script>的先后排列顺序为准的。

JavaScript 通常写在外部文件中

因为把 HTML 和 JavaScript 的程序分开会更易于代码的管理，所以最好在实际编写网站时尽量使用外部 JavaScript 文件。但是练习的时候能同时看到 HTML 和 JavaScript 的组合对于理解更有帮助，所以本书的示例原则上会在<script>标签内编写 JavaScript 代码。

注释

script.js 中虽然写了 8 行内容，但是从第 3 行到第 7 行被称为“注释”，这是为了以后再看代码时方便理解而做的笔记和说明。JavaScript 在执行时会忽略注释，所以基本上注释里写什么都可以。

写下“//”标记的话，只有这一行会成为注释。想留下多行注释时以“/＊”开头，“＊/”结尾，中间的部分都是注释。多行注释的方法和CSS的注释一样，看起来会比较亲切。

格式 注释

```
//单行注释
/*
跨行的
多行注释
* /
```

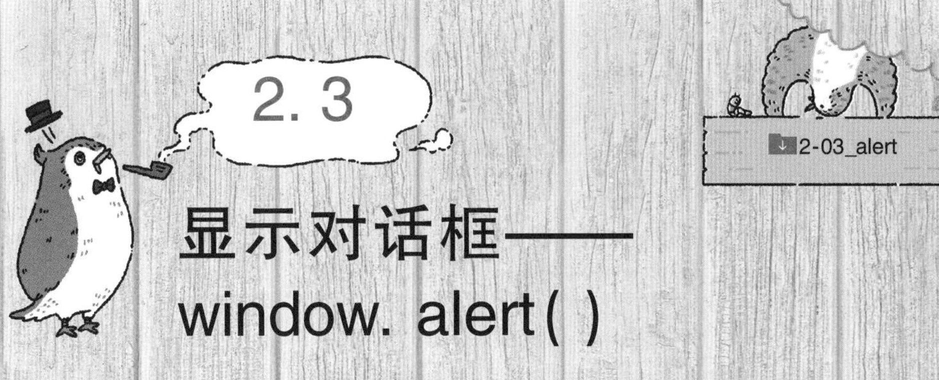

2.3 显示对话框——window. alert( )

2-03_alert

在控制台之后这里我们介绍的第二个输出方法是对话框的输出。使用方法和 console. log 几乎没有变化，很简单。

▼本节的任务

让我们显示对话框，并在其中显示文本。

Step 1 显示警告对话框

这次也要复制示例样本的“template”文件夹。重命名新建文件夹为“2-03_alert”。打开 index.html，然后在</body>结束标签之前写上<script>标签和 JavaScript 程序。

List 2-03_alert/step1/index. html HTML

```
<body>
…省略
</footer>
<script>
'use strict';
```

```
window.alert('与应用程序的协作完成了。');
</script>
</body>
```

编辑后保存 index.html。在浏览器中打开 index.html 时，将看到一个警报对话框。单击“OK”按钮（有些浏览器会显示“Close 按钮”）以关闭对话框。

Fig 显示的警告对话框

※ 该页面为 Safari 的页面。在 Safari 中，显示的就不是“OK”而是“Close”的按钮

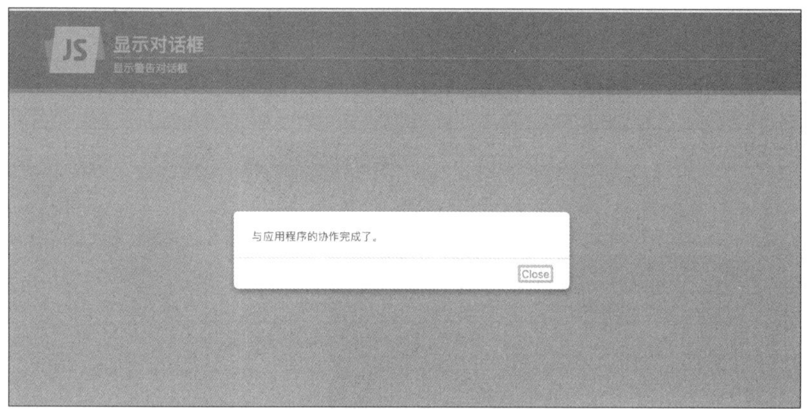

对话框的显示方式因浏览器而异

本书中的浏览器截屏基本上使用的是 Chrome，但是显示对话框的示例有可能是在 Firefox 中截屏的。这是因为 JavaScript 程序中有对话框的时候，Chrome 初次读取时整个页面为空白。

对话框的外观会因浏览器而异。所以读者看到的对话框有可能与本书显示的样式不一样。

Fig 各个浏览器的对话框显示例子。Chrome 的页面有时会是空白

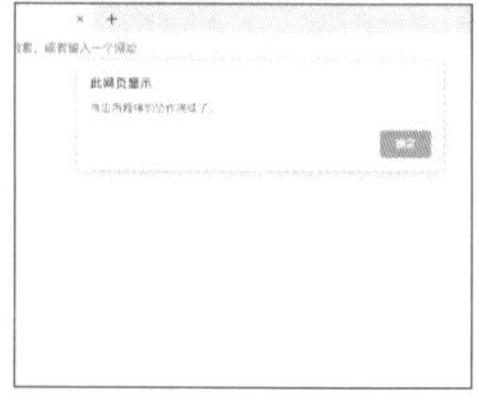

Chrome

Safari

Edge

Firefox

alert 方法的参数也可以是表达式

与 console.log 方法一样，如果在 alert 方法的括号中使用表达式，则对话框将显示表达式的计算结果。可以尝试着将程序中的参数写成表达式。

解说

警告对话框

在控制台上输出字符串的时候，使用的是 console 对象的 log 方法。同样，要显示警告对话框并输出字符串，可以使用 window 对象的 alert 方法。

格式 显示警告对话框

```
window.alert(想要输出的文本或者表达式等)
```

这里需要注意的是，alert 是为 window 对象准备的方法。同样，log 是为 console 对象所准备的方法，因此不能指定 window 对象执行 log 方法，也不能指定 console 对象执行 alert 方法。

下面是错误示例

```
× window.log('与应用程序的协作完成了。');
× console.alert('鹦鹉学舌');
```

从输入→处理→输出的角度来看……

2.1 节 log 方法和本节 alert 方法都是输出方法。但是在第 1 章中是这样说明的。

输入→处理→输出这一流程几乎是所有 JavaScript 程序共通的处理流程。

在目前为止的程序中，输入和处理可能看起来没有那么明显。但是事实上，即便是非常简短的程序，也包括输入和处理。log 方法、alert 方法都需要在( )内指定参数才能输出。输出之前，需要先输入想要输出的东西。对于 log 方法、alert 方法，( )内包含的参数起着输入的作用。

那么加工呢？参数是字符串的情况下，没有特别的处理可以直接输出，所以它没有处理。但是如果参数是表达式，则程序会自动计算其结果并输出。这个自动计算的部分属于对输入的处理过程。

Fig 简短的程序也是有输入→处理→输出的

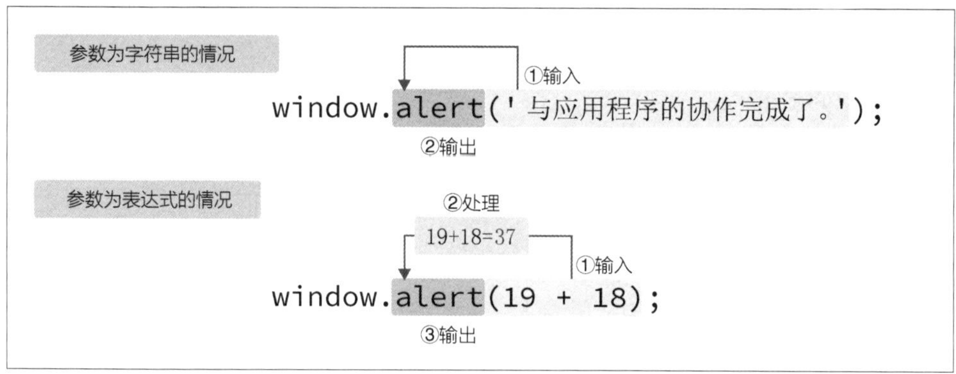

2.4 修改 HTML 内容——获取元素·修改对应内容

JavaScript 可以完成的第三项输出是修改 HTML。已经发布的网站和 Web 应用程序中几乎没有使用控制台和对话框来进行输出的。在大多数情况下，JavaScript 会通过修改 HTML 达到输出的目的。这是实用而且非常重要的技术，必须要掌握。

▼本节的任务

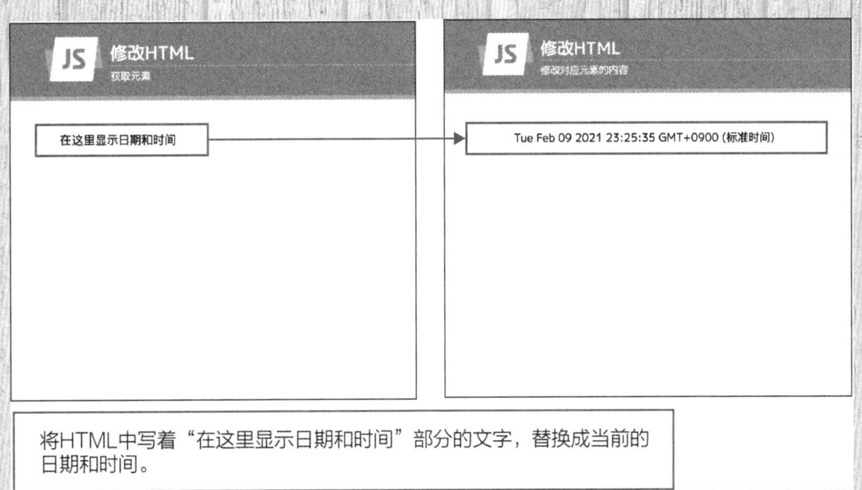

将HTML中写着“在这里显示日期和时间”部分的文字，替换成当前的日期和时间。

Step 1 获取元素

这次的示例有两个阶段的处理。

1. 获取想修改的 HTML 标签和内容，即获取元素。
2. 修改取得元素的内容。

为了便于理解各个操作，将程序分成获取元素的部分和修改元素内容的部分来写。

阶段中，用JavaScript获取HTML元素的方法有很多。这次使用的是根据特定id属性来获取元素的方法，这是几种方法中最简单的。这里取得id属性为“choice”的元素（<p id = "choice">）。为了确认是否获取了元素，首先将取得的元素输出到控制台进行查看。

复制示例代码中的“_template”文件夹，并将新创建的文件夹命名为“2-04_html”。编辑index.html。这次的编辑内容不仅包含了JavaScript，也包含了HTML。

List 2-04_html/step1/index.html HTML

```
<body>
 …省略
<section>
  <p id="choice">在这里显示日期和时间</p>
</section>
      …省略
</footer>
<script>
'use strict';
console.log(document.getElementById('choice'));
</script>
</body>
```

程序的编写顺序

该程序有点长。为避免在途中犯错误，最好按以下顺序进行编写。首先编写如下内容：

```
console.log();
```

接下来编写下面的内容：

```
console.log(document.getElementById());
```

最后在getElementById()的()中添加参数内容。

```
console.log(document.getElementById('choice'));
```

编辑后，保存index.html并打开控制台进行检查。控制台上显示内容为获取的元素。如果显示内容“<p id ="choice">在此处显示日期和时间</p>”，则表示程序正确运行了。

Fig 从 HTML 获得的元素（HTML 标签及其内容）被输出到控制台

在这里显示日期和时间

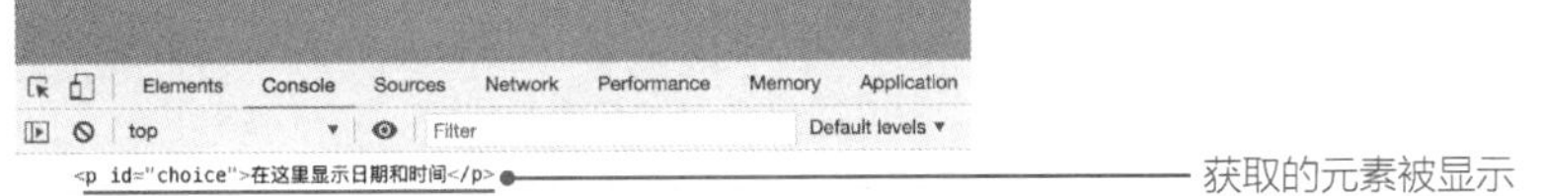

※ 在 Firefox 的情况下，想要查看元素内容时，需要单击右侧的图标，在 Edge 中控制台显示的不是元素的源代码，而是“object HTML ParagraphiElement”。

解说

document 对象的 getElementById 方法

继 console 对象、window 对象之后，我们接触到了新的对象：document。document 是一个针对在浏览器上显示的 HTML 以及相关联的 CSS 具有丰富操作功能的对象。本次使用的 getElementById 方法，根据( )内指定的 id 名获取相对应的元素。id 名需要用字符串指定，所以用单引号（'）括起来。

格式 获取特定 id 的元素

```
document.getElementById('id名')
```

JavaScript 区分字母的大小写

JavaScript 是区分字母大小写的。也就是说，E 和 e、B 和 b、I 和 i 将会作为不同的字母被识别。

因此，如果不正确区分大小写，程序是不会正常运行的。在这之后的练习中也会出现大写字母，需要注意不要写错。

document. getElementById( ) 正确的写法、错误的写法：

```
○ document.getElementById('choice')
× document.getelementbyid('choice')
× Document.getElementById('choice')
```

修改获取元素的内容

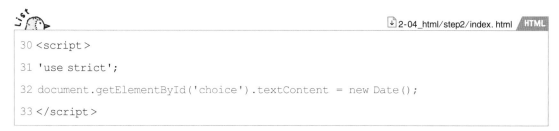

在 Step1 中，我们已经获取并确认了目标 HTML 元素。这里将试着修改获取的元素的内容。Step1 中的部分代码可以重复利用。

删除“console. log（”和“）;”，然后添加其他的部分。

2-04_html/step2/index. html HTML

```
<script>
'use strict';
document.getElementById('choice').textContent = new Date();
</script>
```

用浏览器查看 HTML，页面上会显示现在的日期和时间。根据浏览器的不同，显示内容的格式多少有所不同。

Fig 文本被修改为现在的日期和时间

“new Date( )”具体用法暂不做说明，现在只需要知道它的作用是“获取当前日期和时间”，详细可以参考 4. 2 以简易的方式显示日期和时间。获取的日期和时间为国际标准格式的字符串。

Fig 日期时间的读法

※ 表示比标准时间早 9 小时的时间

解说

修改元素内容的 textContent

想要修改获取元素的内容，方法如下。

格式　修改获取元素的内容

```
document.getElementById('id名').textContent = 修改后的字符串;
```

这次“修改后的字符串”是当前的日期和时间。如果想用其他字符串修改，需要用单引号（'）把字符串括起来。

修改内容为其他字符串的例子。

```
document.getElementById('choice').textContent = '接收通知吗?';
```

进步要点！

试着用表达式代替“修改后的字符串”

如果不使用带有单引号的字符串，而是公式，页面上就会显示表达式的计算结果。可以多尝试修改一下上面格式中等号右边的内容。

读取元素的内容

也可以通过“document. getElementById（'choice'）. textContent”读取获取到的 HTML 元素的内容。我们将尝试把获取元素的内容输出到控制台上。示例如下。

读取获取元素的内容并将其输出到控制台。

```
<script>
'use strict';
document.getElementById('choice').textContent = new Date();
console.log(document.getElementById('choice').textContent);
</script>
```

Fig　把获取元素的内容输出到控制台上

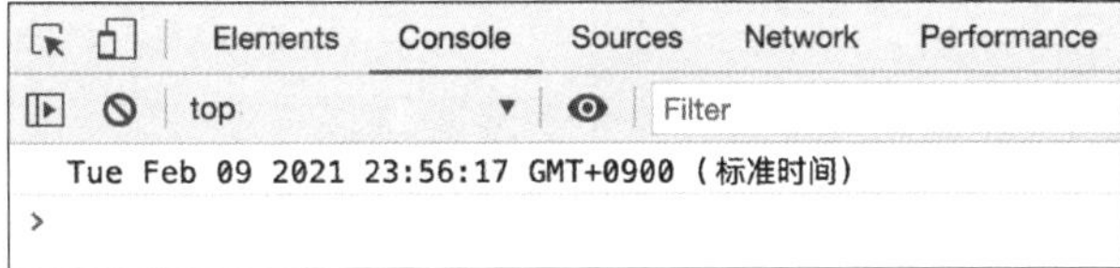

 textContent 属性 – 表示对象的状态

window 和 document 等所有的对象，除了方法还有“属性”这个东西。对象的属性是指对象的状态。关于属性的情景有以下两种：

○○对象的□□是☆☆。

○○对象的□□设为☆☆。

当程序中出现上面的表达方式时，那么□□就代表属性，☆☆是属性的值。属性的值是可以读取或者修改的㊀。

textConent 是 document. getElementById（“choice”）获取元素内容的属性。让我们看看下面的程序吧。

```
32 document.getElementById('choice').textContent = new Date();
```

把该程序类推到上面提到的情景后如下所示。<p id = "choice"></p>对象的属性 textContent 设为 new Date( )。意思就是修改<p id = "choice"></p>这个对象的 textContent 属性的值为 new Date( )。

Element 对象

document. getElementById（id 名）中获取的元素被称为 Element 对象，该对象有自己的方法和属性。textConent 是 Element 对象所具备的属性。

关于对象的总结

在编写 JavaScript 的程序、读取源代码的过程中，理解“对象”是非常重要的。所以有必要在这里对“对象”这个概念做一个总结。

构成浏览器的组件、HTML 文档，以及稍后会做详细说明的“日期”，甚至是多次出现的字符串的数据，它们在 JavaScript 中都是以对象的方式来处理的。

㊀ 也有只读的属性

对象包含 window 对象、console 对象、document 对象等，它们各自都有固有的方法和属性。

▶ 方法（起到让对象执行指令的作用）。

▶ 属性（表示对象的状态）。

其中，方法必须在后面加()。有的方法也可以在()中包含参数。

想复习的时候可以参考如下内容：

JavaScript 的基本语法程序就是“OO 执行 XX”的指令。

textContent 属性表示对象的状态。

第 3 章　JavaScript 的语法和基本功能

学习一门语言需要学习它的“语法”和“单词”，JavaScript 也不例外。本章主要以 JavaScript 的“语法”为焦点，以实现条件分支的 if 语句，实现循环的 while 语句的写法和使用方法为首要任务，列举了 JavaScript 编程不可或缺的许多重要功能。

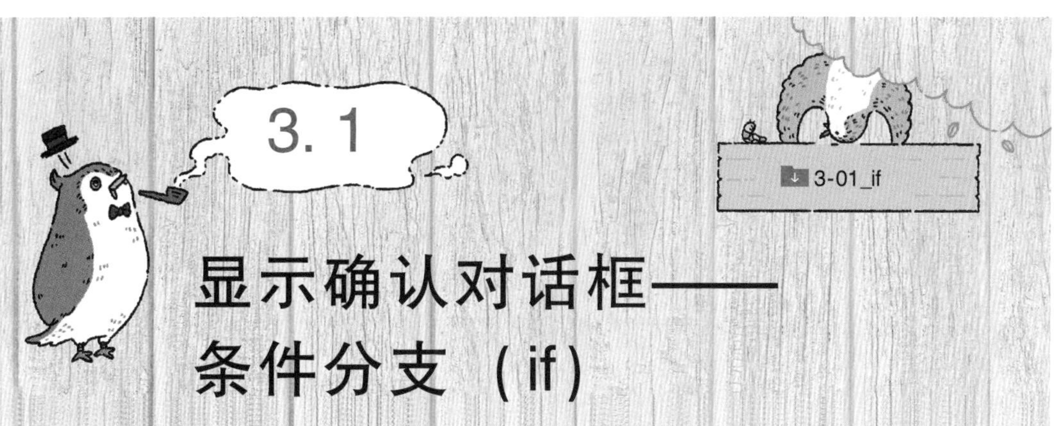

3.1 显示确认对话框——条件分支（if）

像“如果”“如果不是”这样，根据某个条件是否成立来改变动作的用法是用 if 语句实现的。在本次的示例中，使用 if 语句对单击“确定”还是“取消”按钮的动作进行判定，然后改变程序执行的指令[⊖]。显而易见，if 语句的使用需要设定“判定条件”。本节我们先了解与判定条件相关的布尔值（真假值）这个概念，然后学习 if 语句的用法。

▼本节的任务

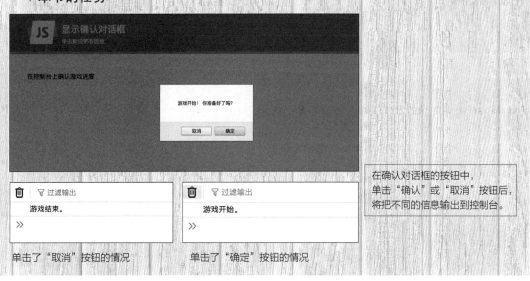

显示确认对话框

在控制台上确认游戏进度

游戏开始！你准备好了吗？

取消　确定

过滤输出

游戏结束。

单击了“取消”按钮的情况

过滤输出

游戏开始。

单击了“确定”按钮的情况

在确认对话框的按钮中，单击“确认”或“取消”按钮后，将把不同的信息输出到控制台。

Step 1 尝试使用确认对话框

在学习 if 语句用法之前，让我们先实现确认对话框的功能。开始练习之前，需要复

⊖ if 语句中检查变量和常量的值的行为称为“判定”。也可以理解为“判断”“检查”“确认”“检查”等。

制示例代码的“_template”文件夹，重命名为“3-01_if”。在 index.html 中编写以下程序。

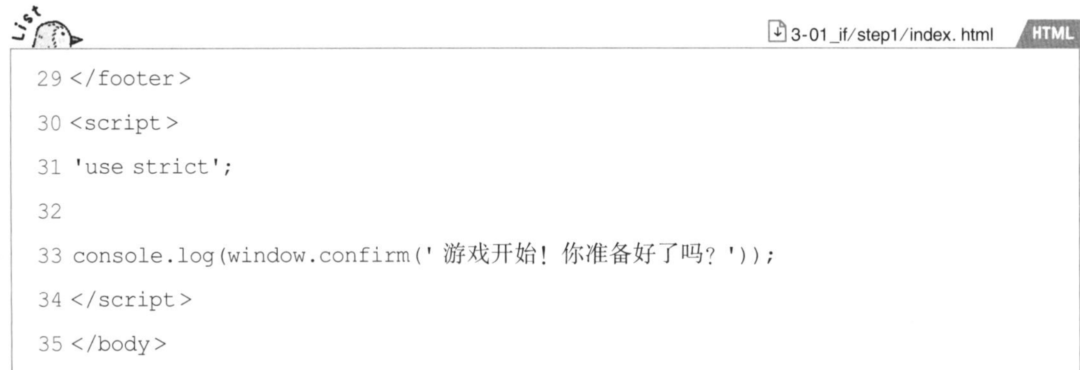

List　3-01_if/step1/index. html　HTML

```
</footer>
<script>
'use strict';

console.log(window.confirm('游戏开始！你准备好了吗？'));
</script>
</body>
```

开启浏览器控制台后，打开 index.html 确认内容。页面上将显示确认对话框。单击该对话框的“确认”按钮后，控制台上会显示 true，单击“取消”按钮后会显示 false。如果想再次确认对话框的时候，可以刷新页面重新加载。

Fig　显示确认对话框

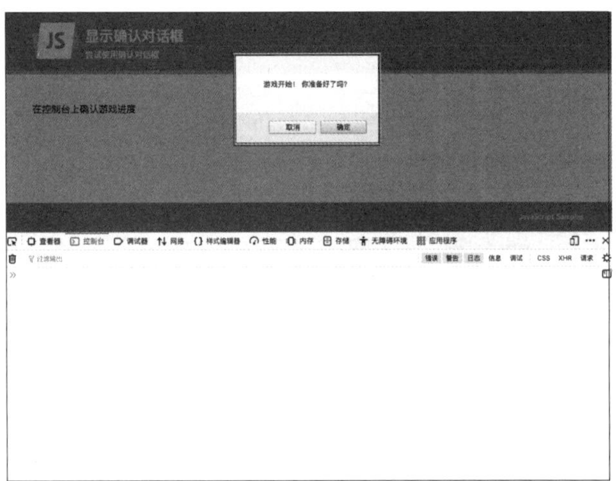

使用 window 对象的 confirm 方法可以显示确认对话框。使用方法与 alert 方法基本相同，可以在( )内写入要在对话框窗口显示的信息。

格式　显示确认对话框

```
window.confirm(信息)
```

解说

返回值

window 对象的 confirm 方法有一个 alert 方法没有的功能，那就是“返回”。“返回”

可以理解为执行程序后，将结果回馈给程序员的一种功能。

confirm 方法的作用是形成可以让用户单击“确定”按钮或“取消”按钮的对话框。当用户单击某个按钮时，confirm 方法的任务结束。当任务结束时，confirm 方法将 true 或 false 作为返回值返回。这是用户执行单击行为造成的结果的反馈。

返回值形成后，原先的“window. confirm（'游戏开始！你准备好了吗？'）”部分会被返回值（true 或者 false）替代。程序语句最后实质的效果就变成“console. log（true）;”或者“console. log（false）;”。

Fig 有返回值存在的方法示意图

返回值

方法执行结束后，将执行状况或者结果以“返回值”的形式进行反馈。

true 和 false

confirm 方法的返回值始终为 true 或 false。true 表示真，false 表示假。true 和 false 统称为布尔值（或真假值）。在下面的步骤中介绍的 if 语句，循环语句都是根据判定条件来决定程序执行动作的。几乎所有根据判定条件改变其行为的判定其实就是布尔值的判定。然后根据布尔值是 true 或者 false 来执行下面的动作。这是非常重要的一个知识点。

单击按钮更改信息

confirm 方法根据单击按钮的不同，返回 true 或 false。我们需要将此返回值用作执行不同动作的判断材料。不同动作的执行行为的分发是通过 if 语句来完成的。

下面的练习示例，我们将进一步实现 if 语句的应用。当在确认对话框中单击“确定”

按钮时，将在控制台上输出“开始游戏。”（当然，游戏不会真正开始）。而当单击“取消”按钮时，将输出“游戏结束”。

index.html 文档的修改如下。

List　　3-01 if/step2/index.html　HTML

```
<script>
'use strict';

if(window.confirm('游戏开始！你准备好了吗？')) {
console.log('游戏开始。');
} else {
  console.log('游戏结束。');
}
</script>
```

在浏览器中打开 index.html，然后在确认对话框中单击“确定”按钮，控制台将输出“开始游戏”。如果单击“取消”按钮，将显示“游戏结束”信息。如果想再次确认对话框，可以刷新页面重新加载。

Fig　根据单击按钮的不同，而输出不同的信息

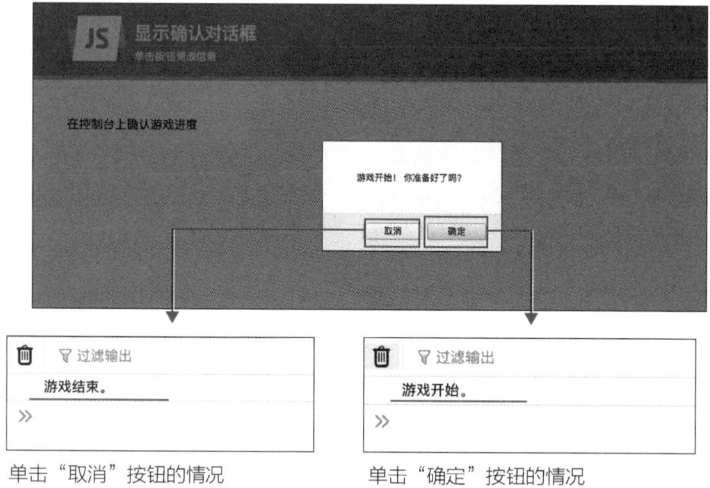

单击“取消”按钮的情况　　单击“确定”按钮的情况

解说

if 语句

if 语句在( )内的条件表达式为真时，程序将执行在第一个 { ~ } 中的处理。如果( )

内为假时，将执行 else 后面的 { ~ } 中的处理。

格式 if 语句

```
if(条件表达式) {
  条件表达式的返回值为 true 时执行的处理
} else {
  条件表达式的返回值为 false(条件不成立) 时执行的处理}
```

让我们再进一步看一下。首先，确认( )中写入 true 时的动作。我们将 33 行的程序暂时替换成如下内容。

```
33 if(true) {
```

这样，不管刷新多少次页面，也不管单击的是“确定”还是“取消”按钮，控制台上输出的一直是“游戏开始。”的信息。

Fig 把( ) 里的内容换成 “true”

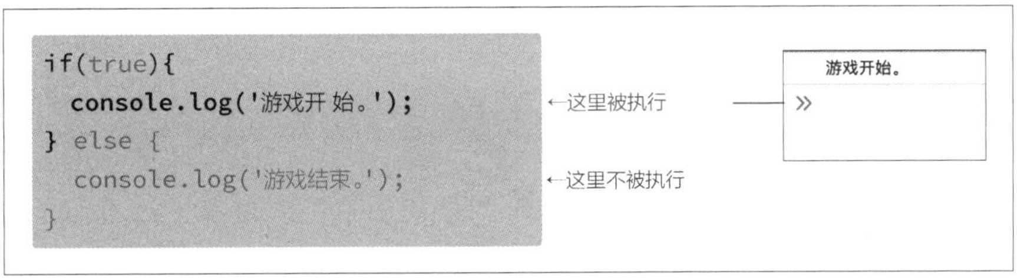

```
if(true){
  console.log('游戏开始。');        ←这里被执行
} else {
  console.log('游戏结束。');        ←这里不被执行
}
```

游戏开始。
»

接下来将( )内的内容修改为 false。这次程序一定会执行 else 后面的 { ~ } 里的处理，控制台上总是显示“游戏结束。”的信息。

Fig 把( ) 内的内容换成 “false”

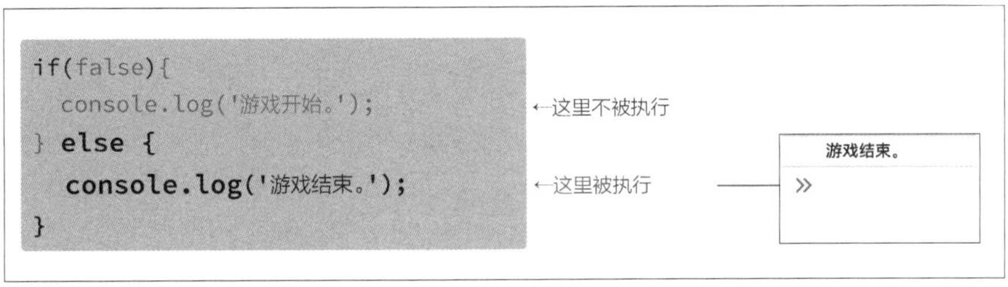

```
if(false){
  console.log('游戏开始。');        ←这里不被执行
} else {
  console.log('游戏结束。');        ←这里被执行
}
```

游戏结束。
»

当然，如果一开始就在( )内写上 true 或 false，那么处理就不会出现选择的情况。如果像练习的示例一样“window. confirm （'游戏开始！你准备好了吗？'）”，那么就能根据用户单击“确定”或“取消”按钮，决定 if 语句的( )内是否为 true 或 false，从而形成处理的动作分支。如果 confirm 方法的执行结果发生变化，被执行的程序内容也会做相对应的变化。因此，如果能熟练使用 if 语句，就能根据情况自由地改变程序处理的动作了。

另外，if 语句中( )包含的内容称为“条件表达式”。条件表达式有各种各样的变化。本书中的 if 语句也会多次出现，每次都会对条件表达式进行说明。现阶段只需要记住

“( )内是 true，就执行第 1 个 { ~ } 里面的处理，如果是 false，执行 else 以后的 { ~ } 的处理”就足够了。

else 后面的内容可以省略

if 语句也可以只在( )内为 true 时执行，而在 false 时不执行任何处理。如果在 false 的时候什么都没有执行，可以省略 else 以后的内容的书写。

Fig 条件结果为 false 时，没有要执行的内容，else 语句也可以省略

```
if(window.confirm('...')){
  console.log('游戏开始。');
} else {
  console.log('游戏结束。');
}
```

（else 以后的部分：可以省略）

对于这次练习的示例，如果省略 else 以后的内容，单击“确认”按钮时的动作与修改前不会发生变化，但是单击“取消”按钮后，控制台将不再输出任何东西。

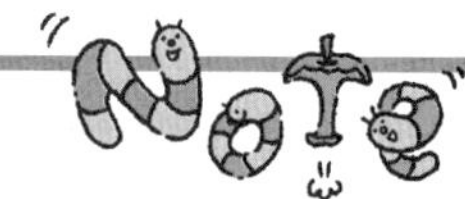

JavaScript 的规格

众所周知，浏览器有各种各样的种类。理想的情况是不管用户使用怎样的浏览器，Web 网站看起来都是一样的，相同操作的响应都是一样的。因此，为了消除浏览器之间的动作差异，HTML 和 CSS 规定了标准规格。同样，JavaScript 也有标准规格。2011 年以后登场的浏览器（IE9 以后）就是根据这些标准制作的，所以每个浏览器的操作都差不多。

JavaScript 的标准规格由标准化团体 Ecma International 规定格式、语法等基本语言规格。另外，Web 技术的标准化团体 W3C 规定了用于操作浏览器和 HTML 的对象、方法、属性的名称和动作规格。

JavaScript 的正式名称为“ECMAScript”，基本的语言规格被制定成了“ECMA－262”的标准文件。截至本书（日文原版）出版前，ECMA-262 的最新版是 2019 年 6 月公开的版本 10（ECMAScript 2019），针对大规模的开发追加了便利的功能。

▶ Standard ECMA-262

URL https://www.ecma-international.org/publications/standards/Ecma-262.htm

此外，用于操作浏览器和 HTML 的对象和方法等规格在标准化团体 WHATWG 制定并公开的标准文件 *HTMLStandard* 中有规定。

▶ HTML Standard

URL https://html.spec.whatwg.org/multipage/

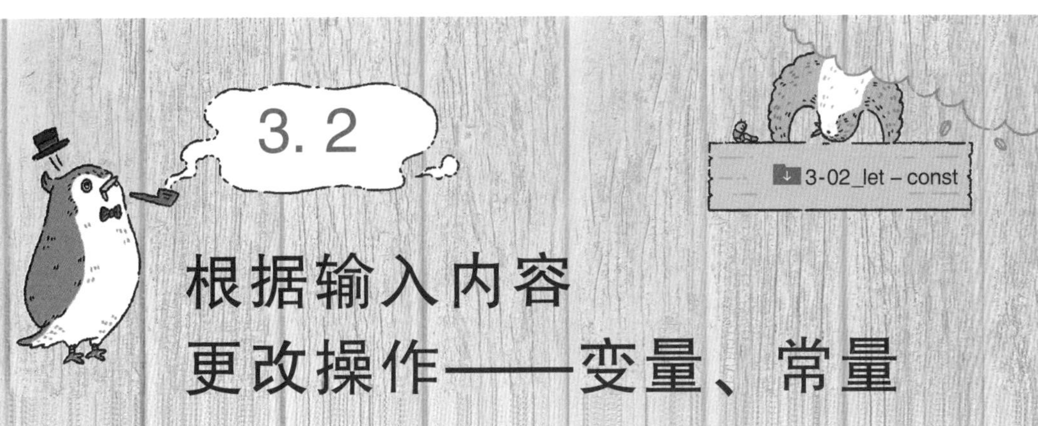

3.2 根据输入内容更改操作——变量、常量

本节我们将创建一种名为“提示对话框（prompt）”的显示文本字段的对话框。该对话框将接收用户输入的文本，该文本以返回值的形式被保存。如果保存的文本是“yes”（也就是说用户输入的文本是 yes），则显示另一个对话框，除此之外不做任何处理和反应。

保存数据需要使用到变量。变量在编程中经常使用，是非常重要的功能之一。

▼本节的任务

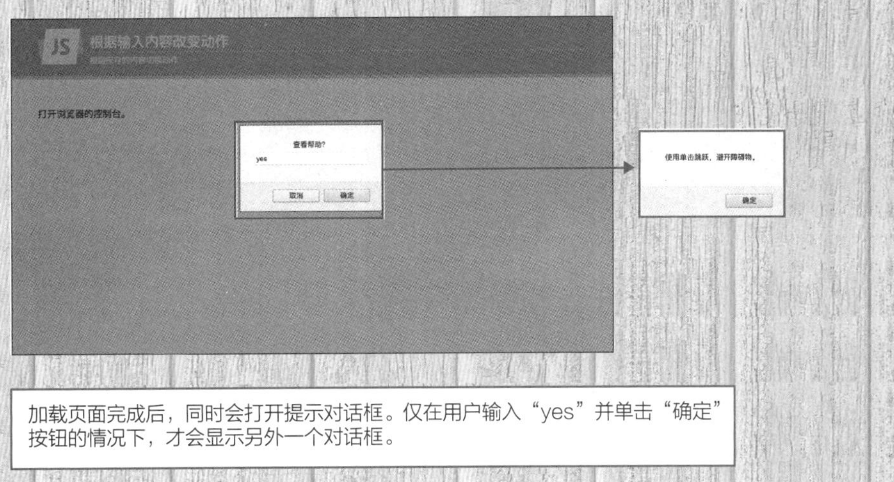

加载页面完成后，同时会打开提示对话框。仅在用户输入“yes”并单击“确定”按钮的情况下，才会显示另外一个对话框。

Step 1 将单击按钮的结果保存在变量中

这次分两个步骤完成任务。首先编写显示提示对话框并把用户输入的文本以变量的形式保存的程序。还是一如既往，需要复制“_template”文件夹，重命名为“3-02_let-const”，然后编辑 index.html。

List　3-02_let－const/step1/index.html　HTML

```
11 <body>
   … 省略
29 </footer>
30 <script>
31 'use strict';
32
33 let answer = window.prompt('查看帮助？');
34 console.log(answer);
35 </script>
36 </body>
```

打开浏览器的控制台后，打开 index.html 并确认内容。有一个文本输入的对话框（提示对话框）会显示出来。输入任意文字，然后单击“确定”按钮，就可以在控制台上看到相同的文本内容。

Fig　在提示对话框中输入文本，单击“确定”按钮后，该文本会显示在控制台上

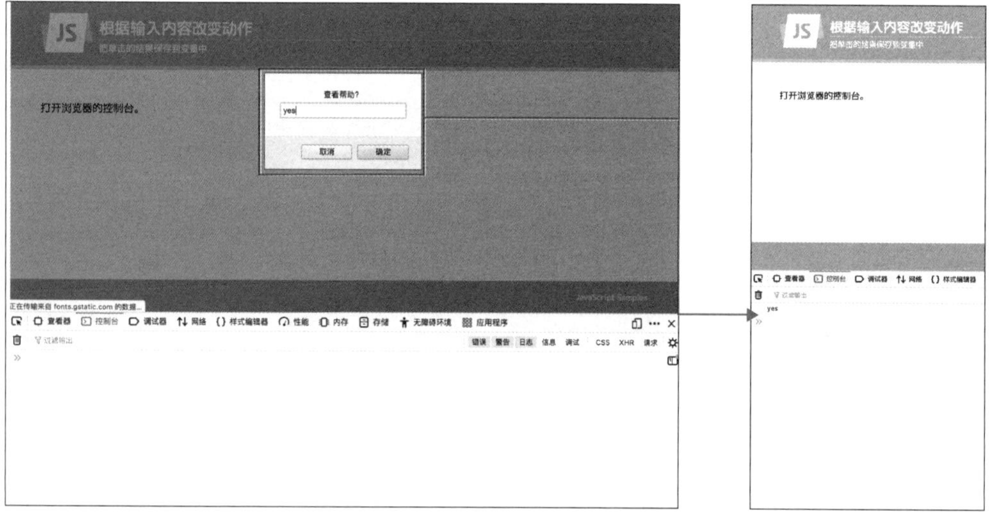

关于程序的第 3 行使用的变量，稍后会做详细说明。这里先介绍 prompt 这个方法。prompt 和 alert、confirm 一样是 window 对象的方法。( ) 中的文本或公式计算结果等信息也会显示在对话框上。

我们规定仅在用户单击“确定”按钮后，该文本框中输入的内容才会被返回到控制台。单击“取消”按钮也不会发生任何事情。

格式　显示提示对话框

```
window.prompt(信息)
```

什么是变量

在上一节中，直接将 confirm 方法的返回值用于 if 的条件表达式。这种用法在得到返回值（confirm 方法是 true 或者 false）后，马上对返回值进行判定的情况下是可以的，但是也有暂时不做判定而在稍后的处理中进行的情况。

当我们想要将某一代码的执行结果（示例中是 prompt 方法的返回值）用于其他地方进行处理的时候，需要暂时把数据存储起来。这个存储数据的东西就是“变量”。

变量的使用方法有以下步骤。

1 “定义”变量。

2 “赋值”给变量。

3-a “读取”变量中的数据。

3-b “修改”变量中的数据。

1 3-a 和 3-b 的顺序有时候也是可以调换的。3-b 的步骤在有些程序中是没有的，但变量的使用方法基本如此。

1 “定义”变量

想要保存数据的时候，首先需要定义变量。在练习的程序中，下面的部分属于定义变量。

```
let answer
```

这个代码定义了“名为 answer 的变量”。在 let 后面接着半角空格，然后写入变量名称（变量名），就可以定义具有该名称的变量了。虽然变量名的命名方式多少有一些限制条件，但是基本上是可以随意取名的。本次的变量名“answer”也是作者随意起的，练习的时候可以改成自己喜欢的名字。

2 “赋值”给变量

定义变量后，下面就是向变量中保存数据。保存数据到变量的过程称为“赋值”，请记住赋值这个概念。

赋值的时候，在变量名后接等号（ = ），然后在右边写入想要保存的数据。虽然等号前后的半角空格可有可无，但是本书为了代码的易读性，保留了半角空格。

赋值给变量的例子如下：

```
let answer = window.prompt('查看帮助?');
```

上面的代码，意思是把“window. prompt（'查看帮助？'）”赋值给变量 answer。prompt 方法是有返回值的，实质上这里的赋值是把提示框中输入的文本赋值给变量 answer ㊀。

Fig 赋值给变量 answer 的数据概要

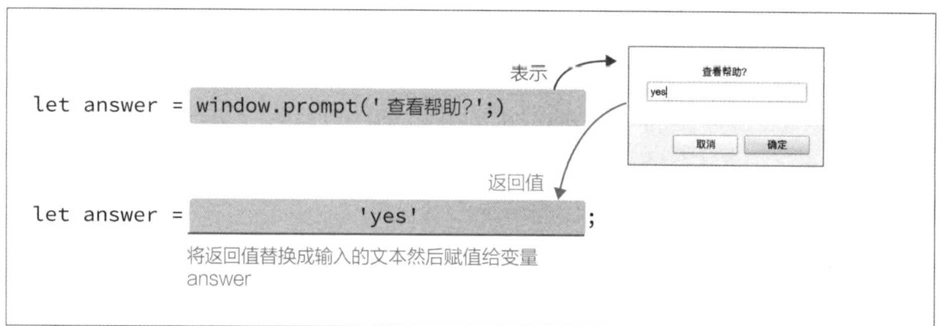

另外，在这次练习的程序中，“定义”和“赋值”在同一行中完成。当然先定义变量，然后在另一行进行赋值也是可以的。变量的定义和赋值在不同行中进行的例子将在 3.4 节“猜数字游戏——比较运算符、数据类型”中介绍。

赋值运算符（=）

“=”是用于将右侧数据赋值（代入）给左侧变量或属性的符号，被称为“赋值运算符”。赋值运算符这个名词记不住也没关系，但要记住“=”具有“将右侧的数据赋值（代入）给左侧”的功能。

Fig 赋值运算符（=）的作用

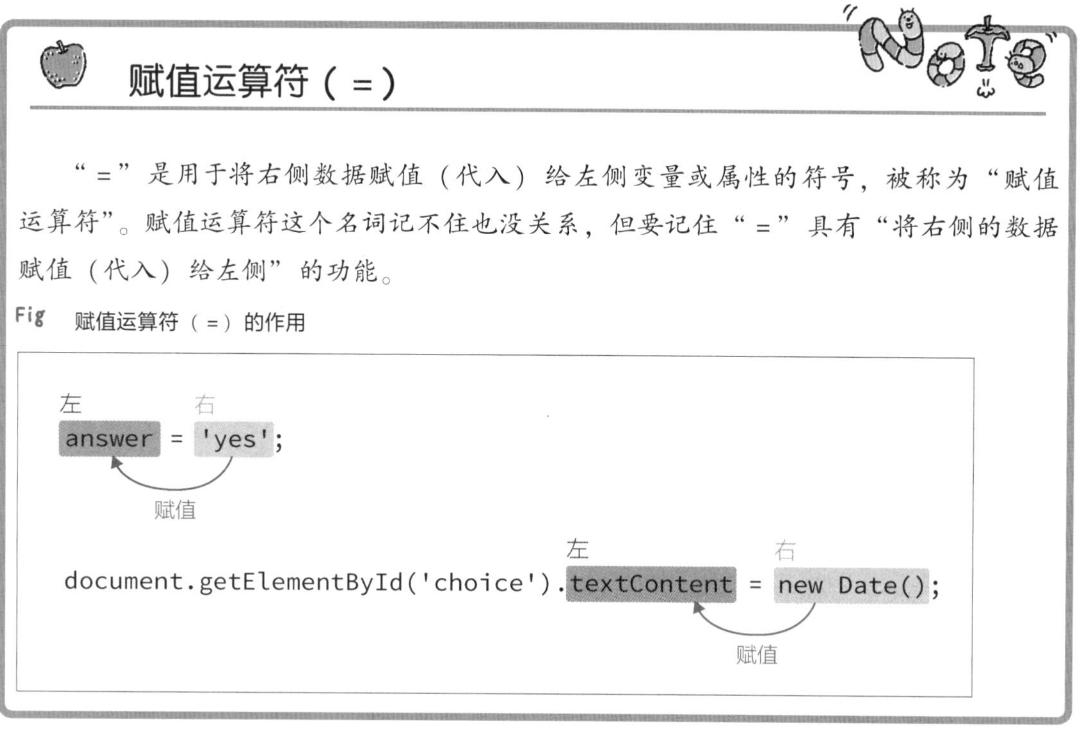

3-a “读取”变量中的数据

通过引用定义变量名称，就可以读取保存在变量中的数据。在 console. log( ) 的 ( ) 中

㊀ 如果在对话框中单击了“取消”按钮，就不会生成返回值，变量 answer 则会被赋值为 null。null 表示“没有数值”的特殊值。

写入变量名，就可以将变量中保存的数据以参数的形式传递给 log 这个方法了。

```
console.log(answer);
```

3-b “修改”变量中的数据

一旦定义了变量后，可以多次修改变量中的数据。变量数据的修改方法和变量的赋值方法是一样的。比如下面的程序功能为定义 answer 这个变量的同时，把“yes”赋值给它，然后修改变量数据为“no”。可以根据自己的理解在练习用的 index.html 的程序中尝试修改后看看效果。

变量数据的修改

```
let answer = 'yes';
console.log(answer);
answer = 'no';
console.log(answer);
```

虽然是同一个 console. log 方法，同一个变量名 answer，但是第 1 回输出的是 yes，第 2 回输出的是 no。造成这种结果的原因是变量 answer 的数据被修改了。

Fig 程序的执行结果

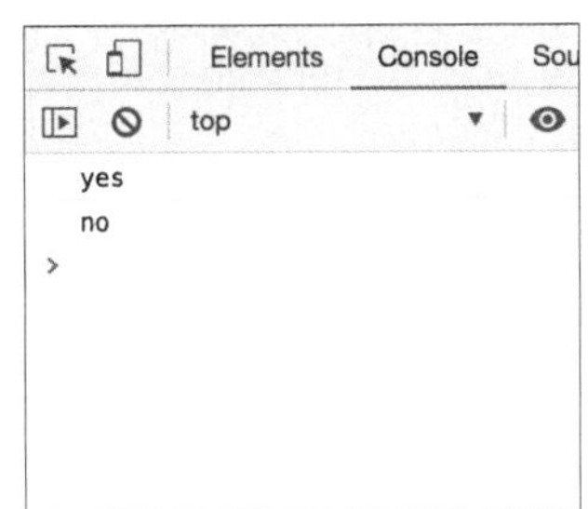

变量的生命周期

变量是为了让 JavaScript 记住数据而存在的，但是 JavaScript 只允许“显示该页的期间”才能保存变量。也就是说，如果单击链接到下一页，关闭窗口，或者关闭浏览器，变量就会被清除，原先保存的数据就不能被再次使用了。

变量的命名方法

变量名的限制条件

就像前面解释的那样，尽管有一些限制条件，但基本上是可以随意给变量命名的。变量名不仅可以使用半角英文字母、字符，还可以使用汉字。

尽管自由度很高，但有如下几个限制条件。

1. 除了上述的文字，下画线（_）、美元标志符号（$）、数字也可以使用。其他符号（“-”或“=”等）不能使用。

2. 半角空格不能使用。

3. 第一个字符不能是数字。

4. 关键字和保留字不能使用。

关于4的关键字和保留字，关键字是指JavaScript本身已经使用的变量名，保留字是指在将来可能被用作关键字来使用的字符。

Table 关键字和保留字列表

break	case	catch	class	continue	debugger	default
delete	do	else	enum	export	extends	finally
for	function	if	implements	import	in	instanceof
interface	let	new	package	private	protected	public
return	static	super	switch	this	throw	try
typeof	var	void	while	with	yield	

下面是一些可以分配的变量名和不满足这些条件的变量名的示例。

Table 变量名的示例

可使用的变量名	说 明
myName	不包括关键字保留字或者特殊记号
_style	下画线（_）可以使用
$element	美元标记符号（$）可以使用
item1	第一个字符不是数字，可以使用
doAction	包含关键字（do）但是不是关键字本身，可以使用

不能使用的变量名	说 明
1oclock	第一个字符是数字
css-style	-不能使用
¶meter	&不能使用
do	关键字保留字不能使用

大写和小写字母

如2.4节所述，JavaScript区分大小写。如果在对象、方法、属性等地方搞错大小写，程序是无法运行的。但是如果使用的是变量名，则有可能出现错将其视为其他变量的情况。例如变量“myPhone”和变量“myphone”按照定义会被识别为不同的变量。

变量命名的实用规则

变量名是可以自由取名的，但考虑到今天写的代码几天后、几周后重新修改，或者其他人修改的情况，也不是那么随便的。

对于一个变量名，尽量给它一个描述性名称，做到“知其名识其用”。这种事情不是一下子就能学会的，需要熟能生巧。总结经验，尽量遵循以下准则给变量取名。

- 避免使用只有一个字符的变量名

如果没有特殊理由，避免像 a 或者 x 之类的只有一个字符的变量名。反之，事后会想不起来变量的含义[⊖]。

无特殊理由避免只有一个字符的变量名：

```
let a = 1;
let b = 14;
```

- 尽量用英文字母命名

变量名原则上需要使用英文单词，并且是简单明了的名称。这个名称越是家喻户晓越好。比如下面的示例。

▶ 保存总计金额的变量➡total，sum。

▶ 电话号码➡tel，phone。

▶ 地址➡address。

如果要使用多个单词组合的变量名称，请将第一个单词全部设为小写，然后将第二个单词的首字母设为大写。

多个单词组合的变量名的示例：

```
myPhone
myAddress
addressBook
```

另外我们也不推荐通过英语字典来命名。因为复杂的单词容易被忘记，也不能做到“知其名识其用”。那么当想不出名称的时候，可以参考那些资料来帮助我们给变量命名。

▶ 日常英语会话的书。

⊖ 在循环语句或函数中使用的临时变量，可能只有一个字符或名称非常短。

▶ Excel 等表格计算软件的函数一览和帮助文档。

Fig

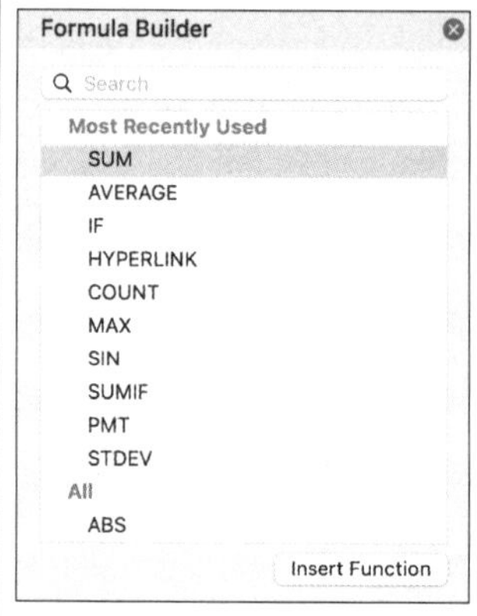

尝试变更变量名

试着按照自己的喜好变更这次练习中写的程序的变量名，确认变更后的程序能正确运行。定义和调用变量的地方都需要修改。

使用常量以防止数据被更改

在 Step1 中，说明了可以修改已经定义的变量的数据，也介绍了实际修改的方法。在本次示例中，我们将用户输入的内容保存在变量 answer 中，这种情况下修改 answer 变量的数据是不被允许的。要想数据不被修改，当然只要编写程序的时候注意不要修改也是可以的，但是如果程序代码量增加，注意不要修改的行为是很费精力而且很难办到的。

在这种情况下，可以创建一个一旦定义便无法修改数据的变量。那就是“常量”。

让我们修改 Step1 中编写的程序，将变量 answer 定义为常量，让其不能被修改。为了确认常量的数据不能被修改，编写程序如下。

List　3-02_let – HTML

```
<script>
'use strict';

const answer = window.prompt('查看帮助?');
console.log(answer);
```

```
answer = 'no';
console.log(answer);
</script>
```

那么用浏览器确认一下吧。显示提示对话框后输入文本，单击“确定”或“取消”按钮。打开控制台，显示错误信息。

Fig 控制台上显示错误信息

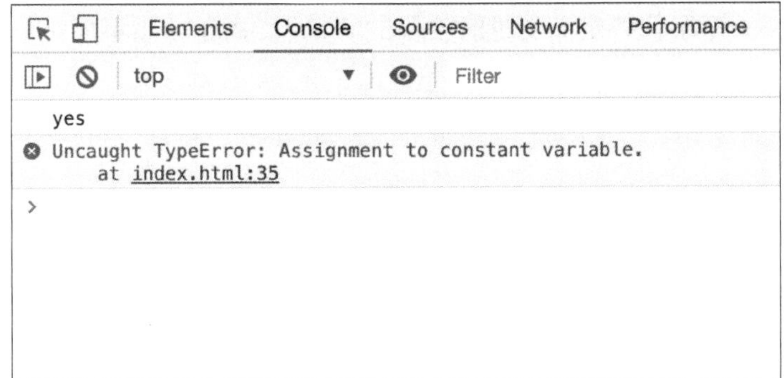

根据浏览器的不同，显示信息也不一样，但都是“无法修改常量”的意思。也就是说，修改常量会出错。程序的执行也就到此为止了。

修改错误：删除要作为常量被定义的“answer”数据的部分。

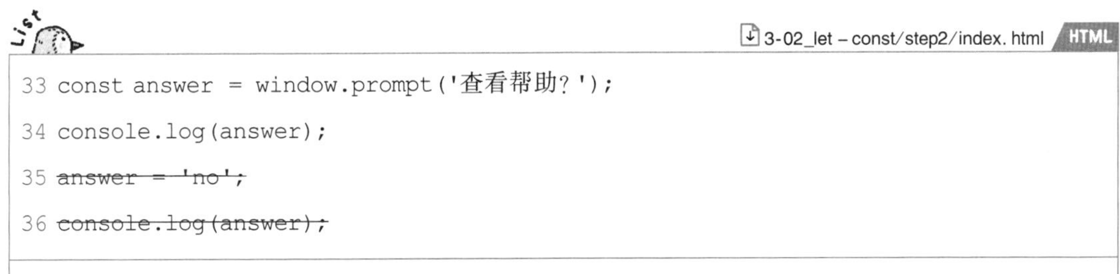

List 3-02_let－const/step2/index. html HTML

```
const answer = window.prompt('查看帮助？');
console.log(answer);
answer = 'no';
console.log(answer);
```

再次在浏览器上确认。在提示对话框中输入文本，单击“确定”按钮后，这次输入的内容会显示在控制台上，并且不会出现错误。

Fig 对话框中输入的内容显示在控制台上

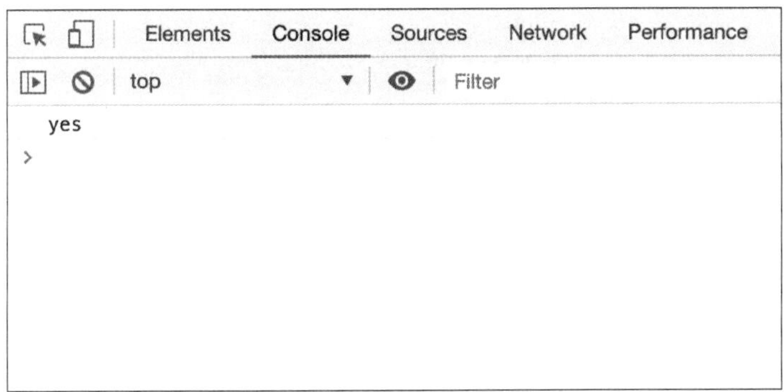

解说

常量

“常量”是一种变量，也是定义并赋值数据以后无法修改的一种变量。为了避免不小心而造成定义好的变量数据需要修改，可以使用常量。

定义常量时，使用“const”关键字代替定义变量时使用的“let”。由于常量不能被修改，所以在定义常量的同时，必须对其进行赋值。

格式　定义常量并赋值

```
const answer = window.prompt('查看帮助?');
```

除了不能修改数据内容和定义常量时使用关键字“const”，常量的使用方法和命名规则都是和变量一样的。

Step 3 根据保存的内容更改操作

在 Step2 中，可以将提示对话框中输入的文本保存到常量 answer 中。然后需要实现如果在该常量 answer 中保存的是“yes”，则显示提醒对话框；如果是其他情况，则不做任何事情的功能。这里使用的 if 语句与 3. 1 节中介绍的 if 语句，写法稍有不同。在 Step2 的 index.html 中添加程序。删除程序第 5 行的“console. log（answer）;”后，添加 if 语句。

List　3-02_let－const/step3/index.html　HTML

```
<script>
'use strict';

const answer = window.prompt('查看帮助? ');
if(answer === 'yes') {
  window.alert('使用单击跳跃,避开障碍物。');
}
</script>
```

在浏览器上确认一下吧。在提示对话框中输入“yes”后单击“确定”按钮，将显示提醒对话框。输入“yes”以外的内容，或者单击“取消”按钮时，提示对话框将自动关闭，什么也不会发生。

Fig 输入“yes”，单击“确定”按钮后，显示提醒对话框

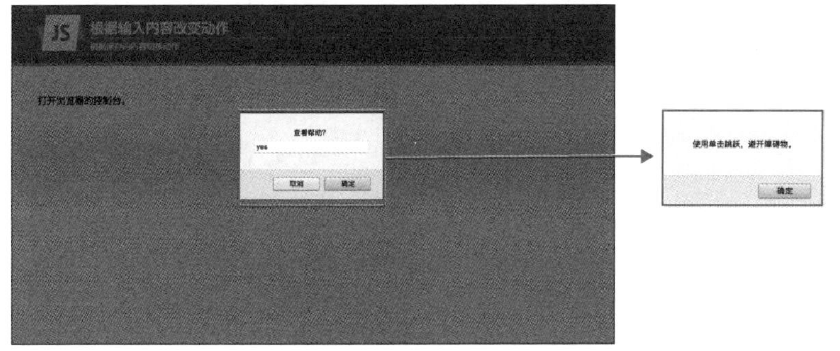

解说

条件表达式的写法

回想一下，if 语句( )内的条件表达式为 true 时，程序将执行紧接的 { ~ } 里面的处理。此处的应用场景是需要仅在常量 answer 中被保存的数据为'yes'的时候，向控制台中输出文本。需要完成的条件判定如下：

保存在常量 answer 中的数据为'yes'的时候，if 语句( )内的条件表达式为 true。

要确定常量中保存的数据是否等于某个特定值（此处为“yes”），需要在条件表达式中使用 3 个等于号“===”作为判定。

=== 是一个用来创建衡量“左侧和右侧是否相同”的符号（在程序中叫作运算符）。如果左侧和右侧相同，那么表达式的结果为 true，反之为 false。先确认一下使用 if 语句的条件表达式的写法。

```
34 if(answer === 'yes') {
```

如果是这种情况，左侧的“常量 answer 的数据”和右侧的'yes'相同，if 语句的( )内结果为 true，反之为 false。也就是说，用户在提示对话框中输入'yes'时为 true，输入'yes'以外的文本或者单击“取消”按钮时判定为 false⊖。

比较运算符（===）

像 === 这样的比较左侧和右侧的记号称为比较运算符。=== 的功能用来评价左侧

⊖ 另外单击“取消”按钮时，常量 answer 会被赋值为 null，这个 null 表示“没有数值”的特殊值。

和右侧是否相等的，相同则为 true。当然也有其他比较运算符的判定规则：左右不相等时结果为 true。另外，比较运算符根据数据类型不同而有所不同。===以外的比较运算符将在3.4节中介绍。

这次的比较运算符===，使用了3个赋值运算符（=），但是它并不具备赋值的功能。同时赋值运算符也没有比较的功能。这两个是截然不同的东西。

下面是容易犯错的编写示例。这个不会比较 a 和 b，并不会有预期的动作。

```
if(a = b) {
    console.log('a和b相同！');
  }
```

==运算符也是存在的……

比===少一个等号的“==”运算符也是存在的。作用几乎是一样的，==也是比较左侧和右侧，相同为 true，不同为 false。从前比起===，==被广泛使用，在看旧的程序时有可能碰到。

如果想要理解===和==的不同，可以参考3.4节的“数据和数据类型－parseInt方法的作用”。

现阶段做如下思考就足够了。

▶“===”只有在左侧和右侧完全相同时，评价结果才会为 true（不会转换数据类型）。

▶“==”会让 JavaScript 不断试错，找到左右侧相等的可能性（会做转换数据类型等处理，无形中提高条件被判定为 true 的可能性）。但是如果使用的==没有办法清楚且正确地知道条件表达式在什么处理情况下成立，这就可能会诱发意想不到的动作或者操作结果，所以原则上应该避免使用==。

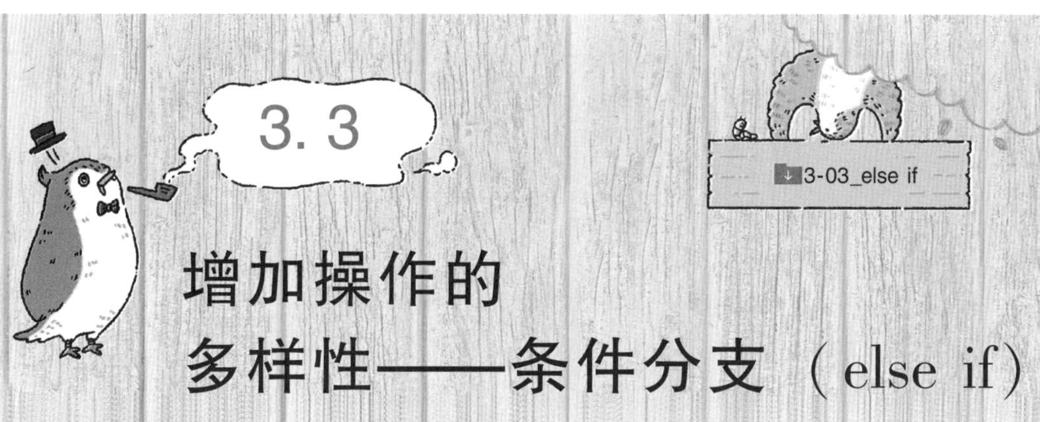

3.3 增加操作的多样性——条件分支（else if）

在这一节我们利用 3.2 节的示例，来实现操作的多样性。具体方法是利用两个 if 语句，使可以实现的操作增加到 3 个。判定条件为 true 时的程序维持不变，在判定条件为 false 时，我们将添加另一个判定条件用来检查用户输入的文本是否为“no”。

▼本节的任务

接收用户在提示对话框中输入的内容，对输入的内容是“yes”还是“no”或者其他内容进行判定，根据判定结果来分配不同的处理，最后显示不同信息的对话框。

Step 1 no 的判定

本节以 3.2 节的程序为基础，再添加一个 if 语句可以实现对常量 answer 是否为 no 的判定，然后根据判定结果显示对话框。另外，增加了输入内容既不是 yes，也不是 no 时的对话框的显示。

List　3-03_elseif/step1/index.html　HTML

```
<script>
'use strict';

const answer = window.prompt('查看帮助?');
if(answer === 'yes') {
  window.alert('使用单击跳跃,避开障碍物。');
} else if(answer === 'no') {
  window.alert('游戏启动中...');
} else {
  window.alert('请回答 yes 或者 no。');
}
</script>
```

打开浏览器并确认。显示提示对话框后，输入各种文字试试。在输入 no 时，显示了游戏启动中... 因为并没有什么游戏，所以当然不会有游戏启动。

Fig　根据提示对话框输入内容是 yes、no，还是其他，来显示不同的信息

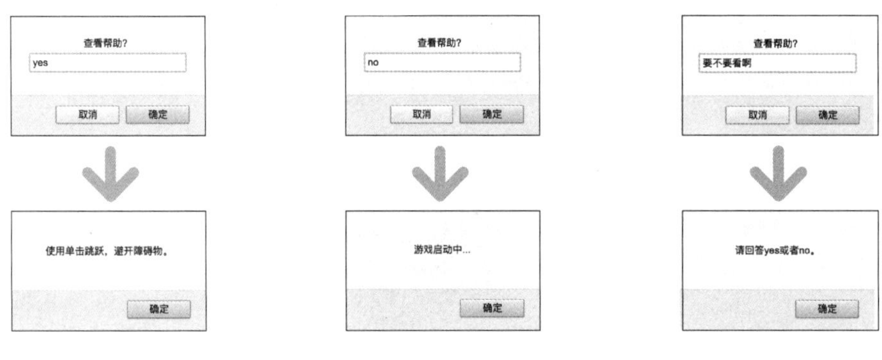

解说

else if

如果 if 语句的条件表达式变为 false，则执行 else 后面 {} 的处理。如 3.1 节所述，可以在 else 后面添加另一个 if 语句。让我们看看这个 if 语句是如何处理的。

```
if(❶answer === 'yes') {
  处理Ⅰ...
} else if(❷answer === 'no') {
  处理Ⅱ...
```

```
} else {❸
  处理Ⅲ...
}
```

首先对❶的条件表达式进行判定。判定常量 answer 里保存的数据是否为‘yes’，如果判定结果为 true，就执行在｛～｝里的处理Ⅰ。如果结果为 false，就跳过处理Ⅰ继续执行 else 以后的处理。在 else 后面存在 if 语句，所以这次对❷的条件表达式进行判定。❷的条件表达式是用来判定常量 answer 里保存的数据是否为‘no’。如果❷的条件表达式为 true 时，程序就会执行处理Ⅱ。如果结果为 false，就跳过处理Ⅱ而去执行 else 后面的处理，因为已经没有 if 语句了，所以这时候会执行处理Ⅲ。

这里展示的是两个 if 语句的用法，当然可以任意叠加 if 语句。

另外，在考虑 else if 的操作时，有一个重要的特性需要注意。

if 或者 else if 都是按照从上到下的顺序执行的。if 语句会从上到下按顺序评价条件是否满足，条件一旦满足，就不会执行后续的 else if 了。例如这次的练习程序。如果❶的条件结果为 true 时，❷的条件判断就会被跳过，不被执行。

这次的程序因为比较简单，所以就算不知道这个特性也很好理解，但是碰到 FizzBuzz 这样的程序就需要了解这个特性了。

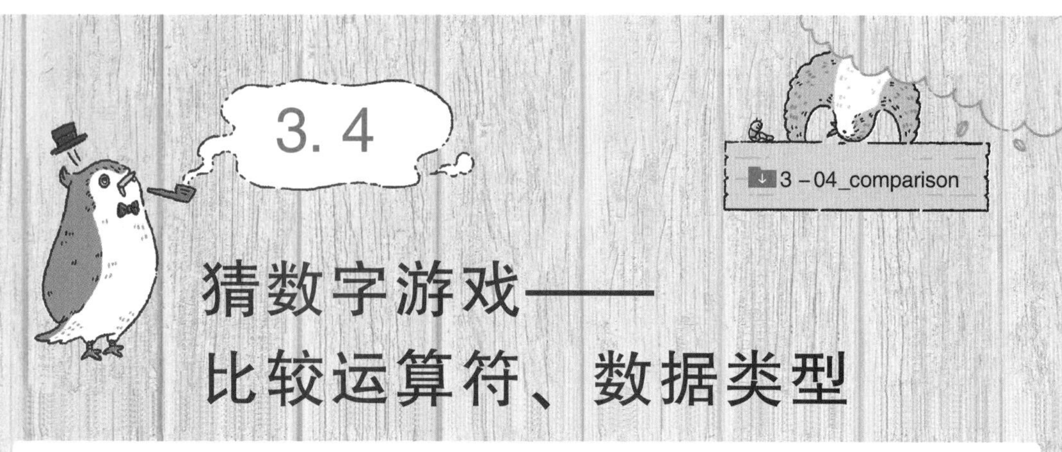

3.4 猜数字游戏——比较运算符、数据类型

让我们做一个猜数字游戏。评估用户输入的数字是否与预先准备的答案相同，比标准答案更大或者更小。在本节中将对3.2节和3.3节中编写的if语句做进一步延伸，我们将创建一个条件表达式来实现对数字大小的比较。

▼本节的任务

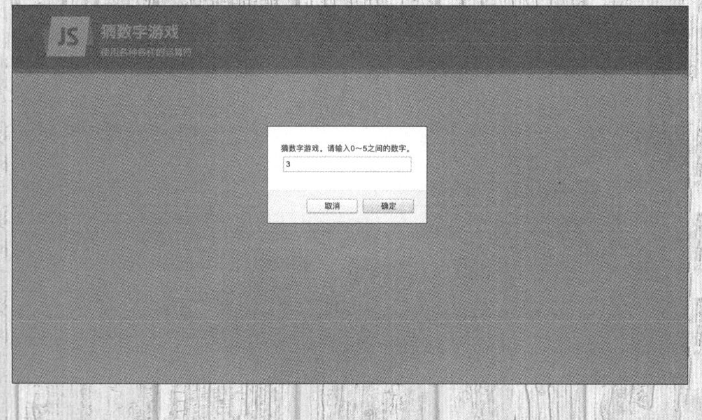

将用户输入的数字与预先准备的答案进行比较，确定数字是否大于答案，然后显示一个对话框。

Step 1 使用多种比较运算符

要求在提示对话框中输入数字，然后评估数字是否大于或小于答案。输入数字的内容和判定结果的示例如下：

- 相同显示“猜中了！”。
- 输入数字比答案大显示“遗憾！实际数字更大。”。
- 输入数字比答案小显示“遗憾！实际数字更小。”。

判定结果将通过对话框来显示。

和上节一样，这次的练习也是只有一个步骤。复制“_template”文件夹，重命名为

“3-04_comparison”。为了示例变得有趣一点，我们先脱离练习的内容，在 index.html 中添加如下代码看看是什么效果。

3-04_comparison/step1/index.html HTML

```
11 <body>
   …省略
29 </footer>
30 <script>
31 'use strict';
32
33 const number = Math.floor(Math.random() * 6);
34 const answer = parseInt(window.prompt('猜数字游戏。请输入 0 ~ 5 之间的数字。'));
35 </script>
36 </body>
```

添加的代码是什么意思呢？33 行是随机生成 0 ~ 5 之间的数字，然后赋值给常量 number 的代码。所以常量 number 会保存 0、1、2、3、4、5 这 6 个数字中的一个。在这里只要知道 Math. random 是产生随机数的方法就足够了，对于 Math 对象可以参考 4.3 节的解说 “Math 对象”。

34 行是显示提示对话框，然后把输入的数字赋值给常量 answer。但不是把输入的文本直接赋值给 answer，而是通过 parseInt 方法把文本转化成整数后，再进行赋值。

格式　把字符串转换成整数

```
parseInt(需要转换的字符串)
```

到目前为止，该程序已经创建了两个保存了整数的常量 number 和 answer。现在让我们比较一下这两个常量的大小吧。这里的 if 语句重叠会比较多，因此逻辑关系很重要。

3 – HTML

```
30 <script>
31 'use strict';
32
33 const number = Math.floor(Math.random() * 6);
34 const answer = parseInt(window.prompt('猜数字游戏。请输入 0 ~ 5 之间的数字。'));
35 let message;
36 if(answer === number) {
```

```
37   message = '猜中了！';
38 } else if(answer <number) {
39   message = '遗憾！实际数字更大。';
40 } else if(answer > number) {
41   message = '遗憾！实际数字更小。';
42 } else {
43   message = '请输入 0 ~ 5 之间的数字。';
44 }
45 window.alert(message);
46 </script>
```

成功完成。用浏览器打开 index.html，则会显示提示对话框。在提示对话框中输入数字并单击“确定”按钮，会显示“猜中了!”“遗憾！实际数字更大”等信息的对话框。

Fig 在提示对话框中输入数字，猜正确的数字

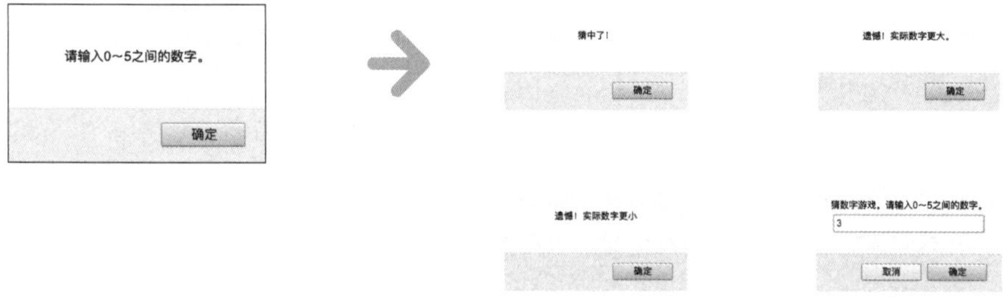

在进行 if 语句和条件式的解说之前，先稍微说明一下这次变量的定义。

到现在为止的练习中，我们都是定义变量的同时，赋值相对应的数据。这里先定义了变量 message，然后在需要的时候代入需要的数据。变量的定义是第 35 行的代码：“let message;”。

如果在 let 后接着写变量名，然后以分号结束，就可以只定义变量，不进行赋值。然后根据 if 语句来改变要保存到变量中的数据。

格式 只定义变量名

```
let 变量名;
```

解说

3 种形式的条件表达式

这次的 if 语句有点长。if 和 else if 合计有 3 个。我们以这次出现的条件表达式为中心

来看看 if 语句是怎样实现的吧。单击“确认”按钮后，在提示对话框中输入的数字会被赋值给常量 number。不管哪一个条件表达式，都是在比较常量 answer 和另一个数字的大小。

if (answer === number) {

第 1 个条件表达式使用“ === ”。这是 3.2 节中讨论过的比较运算符。如果常量 answer 中存储的数据和常量 number 相同，则该条件表达式为 true，并且将字符串“猜中了！”赋值给变量 message。如果它们不相同，需要转到下一个 if 语句。

else if (answer <number) {

第 2 个条件表达式，使用小于（<）来比较左侧和右侧的数字。[<] 是用来判定左侧比右侧小的记号。如果左侧比右侧小，判定结果为 true，反之则为 false。两侧相等的情况的判定结果也是 false⊖。

如果根据具体内容来思考，则判定结果如下。

- answer 为 3，number 为 5 的情况下，条件表达式为（3 <5），结果为 true。
- answer 为 4，number 为 1 的情况下，条件表达式为（4 <1），结果为 false。

当条件表达式为 true 时，把“遗憾！实际数字更大。”赋值给变量 message。

else if (answer > number) {

第 3 个条件表达式，使用大于（>）来比较左侧和右侧的数字。[>] 是用来判定左侧比右侧大的记号。如果左侧比右侧大，则判定结果为 true，反之则为 false。如果根据具体内容来思考，则判定结果如下。

- answer 为 3，number 为 5 的情况下，条件表达式为（3 > 5），结果为 false。
- answer 为 4，number 为 1 的情况下，条件表达式为（4 > 1），结果为 true。

当条件表达式为 true 时，把“遗憾！实际数字更大。”赋值给变量 message。

=== 以外的比较运算符

在本练习中，使用了 3 种类型的记号“ === ”“<”和“>”。从比较左、右两侧的角度来看，这 3 个都是相同的，我们统称为“比较运算符”。除了这次使用的 3 个运算符外，还有一些其他经常出现的比较运算符，因此这里将它们列出来。不必立即记住所有比较运算符，但是如果以后想复习的时候，可以回到这里看看。

Table 比较运算符列表（假设左侧为 a，右侧为 b）

运　算　符	含　　义	结果 true 的例子
a === b	a 和 b 相等时为 true	'共享' === '共享' 3 + 6 === 9
a !== b	a 和 b 不相等时为 true	'埃及的首都' !== '开罗' 40 + 6 !== 42

⊖ 但是对于在本次练习中编写的程序，如果左侧和右侧相同，则第 1 个条件表达式将为 true，因此处理不会进入第 2 个条件表达式的判定。

（续）

运 算 符	含 义	结果 true 的例子
a <b	a 小于 b 时为 true	7 * 52 <365
a < = b	a 小于等于 b 时为 true	3 * 5 < = 21 3 * 7 < = 21
a> b	a 大于 b 时为 true	15 * 4> 45
a> = b	a 大于等于 b 时为 true	4 * 60> = 180 1 + 2> = 3

请注意，“a 小于或等于 b” 中的 “< =” 虽然有两个字符，但它是一个运算符。不要将符号的顺序翻转为 “ = <”。否则程序将无法运行，因为它不会被识别为运算符。

最后的 else 是什么意思？

在上面出现的 3 个条件表达式都是 false 的情况下，程序就会进入最后那个 else 的 { ~ } 的处理并执行。想想什么时候会进入这种处理的情况？

当在提示对话框中输入内容不是数字的时候，上面的 3 个条件表达式评价结果均为 false。

Fig 如果输入的是文本而不是数字，则 3 个条件表达式均为 false

在提示对话框中输入“玩游戏”会怎么样?

```
if(answer === number) {
        false
  ...
} else if(answer < number) {
                 false
  ...
} else if(answer > number) {
                 false
  ...
} else {
  message = '0~5 请输入 0 ~ 5 之间的数字。';
} 这里被执行
```

数据和数据类型——parseInt 方法的作用

在这里解说 parseInt 这个方法的作用。回想一下这个方法的功能是什么？它的功能是在将提示对话框中输入的内容代入变量 answer 之前，将其转换为整数。

```
const answer = parseInt(window.prompt('猜数字游戏。请输入 0 ~ 5 之间的数字。'));
```

parseInt 是一种“尝试将( )中的参数转换为整数”的方法。这种“尝试”是关键的，当输入“计算机，帮我转换成整数吧!”的时候，是没有办法转换成数值的㊀。

首先必须要知道在提示对话框中输入的文本，假设是 3，程序并不会识别成数值的 3，而是文本的 3。

但是如果这样，在之后的常量 answer 和常量 number 比较大小的时候，是没有办法实现的。如果两个常量中保存的有一个不是“数值”，是没有办法比较大小的。在这个时候，需要用到 parseInt 方法把输入的文本内容转换成整数。当常量 answer 的值为整数时，大小的比较就可以实现了。

● 数据类型

向上面说明的那样，有时候会出现因为数据类型不一样没有办法实现操作的情况。

JavaScript 处理的数据可以是字符串或是数值。true 和 false 这样的布尔值则是另一种类型的数据。对数据可以进行例如字符串、数字和布尔值这样的分类，这种分类是以“数据类型”为基础的。

根据数据的种类，也就是数据类型的不同，能做的事情也不同。例如有以下这个例子。

▶ 数值和数值可以进行加法等各种计算，但字符串不能。

▶ 数值和数值可以进行大小比较，但字符串不能。

▶ 字符串和字符串可以直接进行组合，但是数值不能。

参考 3.6 节“输出 1 枚、2 枚、3 枚…循环次数固定的基本循环类型”

像这次这样，在对变量或常量进行某种操作的时候，如果不能进行，就需要转换数据类型。“确保使用正确的数据类型”是一种很有用的查错角度。

● 那么“数据”又是什么?

本书中也已经出现过好几次“数据”这个词。话说回来，那么数据又是指什么呢?

一般来说，计算机可以处理的一切都是数据。图像是数据，文本也是数据，该程序的源代码也是数据。换句话说，“文件”(例如 JavaScript 和 CSS) 也是数据。但是试图用这样的定义来理解“数据”一词会太含糊。在本书中，我们对数据进行了“狭义”的定义，如下所示，其中也包括了一些使 JavaScript 的学习变得更容易的含义。

数据是可以赋值给变量、常量和属性，或者可以成为方法的参数的。

为了知道什么叫作数据，下面来举几个例子。

▶ 可以赋值给变量或常量的“值”是数据。

▶ 对象、方法、属性等不能称为数据。

▶ 还有，在本书中变量本身也不能称为数据。

▶ 如果书中出现了“变量 answer 的数据……”这样的写法时，这里面的数据不是指变量 answer，而是指要赋值给变量 answer 的值。

㊀ 准确地说，当没有办法转换成整数时，parseInt 方法会返回 NaN。NaN 是“Not a Number”的简称，NaN 不能和其他数进行大小比较，也不能和其他数进行加减乘除的运算。

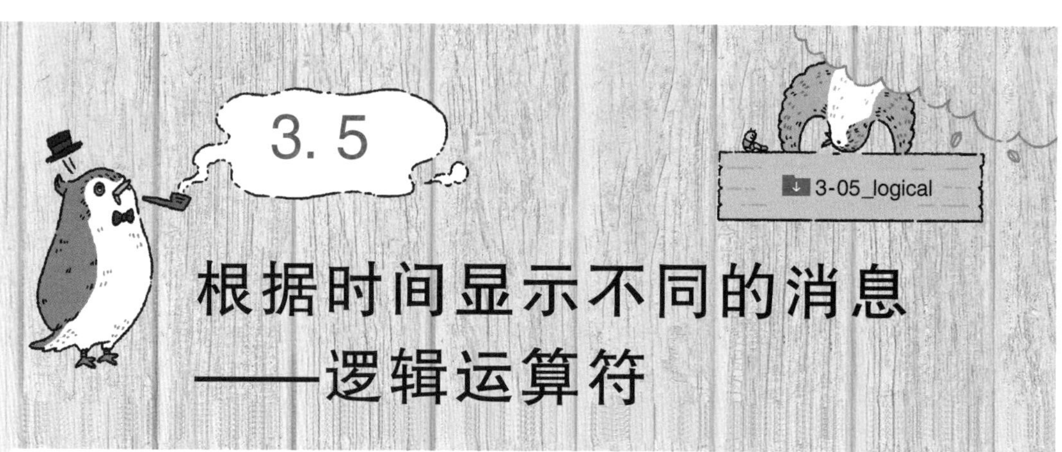

3.5 根据时间显示不同的消息——逻辑运算符

在目前为止的 if 语句学习中，我们写了“如果○○是△△的话”“如果 XX 比□□大的话”这种形式的条件表达式。那么“19 点以后，21 点之前”“9 点时段，或者是 15 点时段”这样的条件表达式应该怎么写呢？

这一节，将介绍用新的方法，设定由两个以上的条件表达式构成一个条件表达式，实现根据打开页面的时间，显示不同的消息的功能。

▼本节的任务

根据打开页面的时间，显示不同消息的提醒对话框。

创建包含多个条件的表达式

我们已经实现了打开页面时显示提醒对话框，但接下来要实现的是根据打开页面的时间来切换显示消息的功能。消息内容和切换条件如下。

- ▶ 19 点到 21 点之间打开页面，显示“便当打折 30%！”。
- ▶ 9 点左右或者 15 点左右打开页面，显示“便当买一送一！”。
- ▶ 除此之外的时间段打开页面，显示“来个便当怎么样？”。

Fig 页面打开时间和显示消息

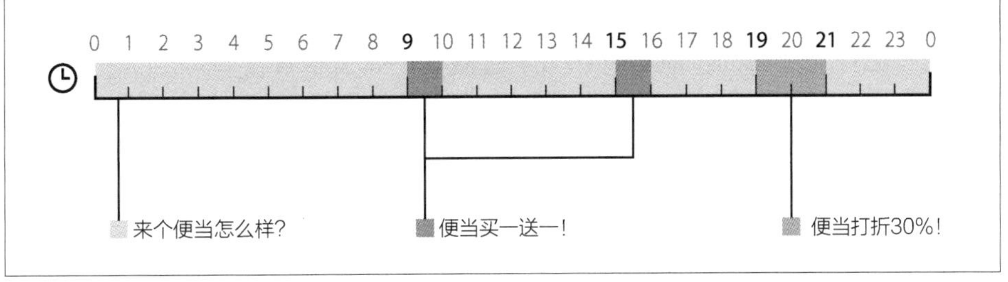

下面就让我们开始吧。复制“_template”文件夹，重命名为“3-05_logical”。

List 3-05_logical/step1/index.html HTML

```
<body>
… 省略
</footer>
<script>
'use strict';

const hour = new Date().getHours();

if(hour >= 19 && hour <21) {
  window.alert('便当打折 30% !');
} else if(hour === 9 || hour === 15) {
  window.alert('便当买一送一! ');
} else {
  window.alert('来个便当怎么样?');
}
</script>
</body>
```

用浏览器打开 index.html，则会显示提醒对话框。对话框中的消息会随着页面打开时间而变化。

Fig 提醒对话框的消息根据页面打开时间而变化

19点到21点　　9点或者15点　　除此之外的时间

为了获取打开页面时的时间，在 2.4 节中也使用了 new Date()。另外，在后面还使用了 .getHours()的方法。关于这个方法的使用稍后会详细说明。打开页面的时间以 24 小时计算，获取日期后将日期中的小时赋值给常量 hour，可以参考 4.2 节“以简易的方式显示日期和时间”。

也就是说，我们把打开页面的小时数（0～23 的整数）赋值给常量 hour。

解说

使用多个条件创建表达式

&& 运算符

首先，便当打折 30% 的时间段是 19 点以后到 21 点为止。也就是说，保存在常量 hour 中的值需要满足以下条件。

常量 hour 的数值大于等于 19 并且小于 21。

让我们尝试评价这个条件是否成立。程序最初的 if 语句从 35 行开始。

```
35 if(hour> = 19 && hour<21) {
```

&& 的运算符表示“左侧的条件为 true，并且右侧的条件为 true 时，条件的判定结果才会为 true”。

这里使用的> =运算符，在 3.4 节中介绍过 Table“比较运算符列表”。

这个 && 左边的条件表达式为“hour> =19”。也就是说，当变量 hour 中存储的值超过 19 时，表达式结果为 true。

另外，右边的条件式是“hour<21”。表示当常量 hour 大于等于 21 时，条件表达式的判定结果为 false。当这两个条件表达式都是 true 的时候，整个表达式的评估结果才是 true，然后程序才会进入并执行｛～｝里面的处理。因此，如果打开页面时的时间在 19 点以后，21 点之前，就会显示“便当打折 30%！”的对话框。

格式　&& 运算符

```
条件表达式 1 && 条件表达式 2
```

|| 运算符

其次，考虑便当买一送一的条件。这个条件为 9 点时段或者 15 点时段。也就是说，常量 hour 的值需要满足以下条件。

常量 hour 的数值为 9 或者 15。

这个条件的判定代码在第 37 行 else 后面的 if 语句中。

```
37 } else if(hour === 9 ||hour === 15) {
```

|| 表示，当“左侧的条件表达式或右侧的条件表达式，至少某一个为 true 时，整

体的判定结果就会为 true”。对于第 37 行的 if 语句，在常量 hour 中保存的值为“9 或者 15”时，表达式结果为 true。并且整理的条件表达式的评价结果为 true 时，会执行紧接表达式的 { ~ } 中的处理，然后会显示“便当买一送一！”的对话框。

格式 ||运算符

```
条件表达式1 || 条件表达式2
```

另外，在左侧和右侧的条件表达式都是 true 的时候，|| 的判定结果也是 true 的。反过来想可能更好理解，只有在“左侧和右侧的条件表达式都是 false”的时候，整体表达式的评价结果才是 false。为了搞清楚运算符的运算逻辑，我们列举了一些例子。

Table 左侧和右侧的条件表达式的 true/false 组合和 || 的评价结果

左侧	右侧	|| 的评价结果
true	true	true
true	false	true
false	true	true
false	false	false

&& 和 || 属于“逻辑运算符”

&& 和 || 被称为“逻辑运算符”（和比较运算符一样，没有必要记住逻辑运算符这个名字）。逻辑运算符还有一个，就是“！”运算符。

格式 ！运算符

```
! 条件表达式
```

如果条件表达式之前含有“！”，那么条件表达式的评价结果为 false，则最后整体的表达式评价结果为 true。

Table 逻辑运算符列表（a 和 b 均为条件表达式）

运算符	含义
a && b	a 和 b 均为 true 时，整体的评价结果为 true
a || b	a 和 b 至少有一个为 true 时，整体的评价结果为 true
！a	a 的评价结果不为 true 时，整体的评价结果为 true

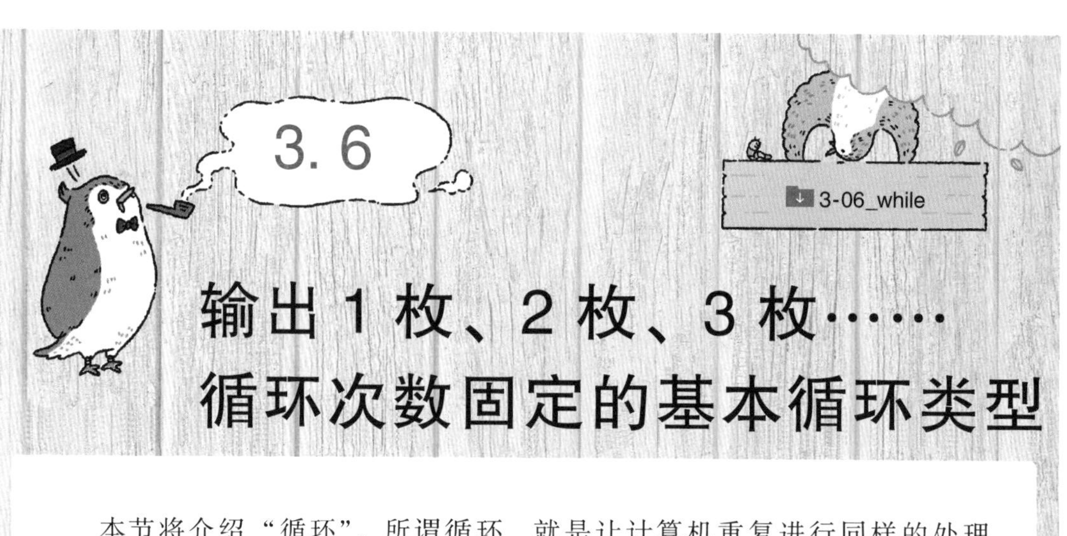

3.6 输出1枚、2枚、3枚……循环次数固定的基本循环类型

本节将介绍“循环”。所谓循环，就是让计算机重复进行同样的处理，JavaScript中准备了相应的语法来实现这个功能。循环的实现有很多方法，这里我们使用while语句。

▼本节的任务

JS 输出1枚，2枚，3枚...
连接字符串

打开控制台。

Elements Console Sources Network Performance Memo
top Filter

1枚
2枚
3枚
4枚
5枚
6枚
7枚
8枚
9枚
10枚

在控制台上，连续输出1枚、2枚、3枚……10枚的内容。

Step 1 尝试创建循环

为了了解“循环”的概念，首先试着在控制台上连续输出1～10个数字。当然，重复写10次console.log方法也是可以的……

HTML

```
<script>
console.log(1);
console.log(2);
console.log(3);
console.log(4);
console.log(5);
console.log(6);
console.log(7);
console.log(8);
console.log(9);
console.log(10);
</script>
```

但是重复同样的内容就会略显麻烦。这个时候，就轮到循环出场了。复制“_template”文件夹并重命名为“3-06_while”。首先尝试修改 index. html，修改内容如下。

3-06_while/step1/index.html HTML

```
<body>
  … 省略
</footer>
<script>
'use strict';

let i = 1;
while(i <= 10) {
  console.log(i);
  i = i + 1;
}
</script>
</body>
```

在浏览器中打开控制台，然后确认 index.html 的内容。可以在控制台中看到输出了 1 ~ 10 的数字。

Fig 在控制台上输出了1 ~10 的数字

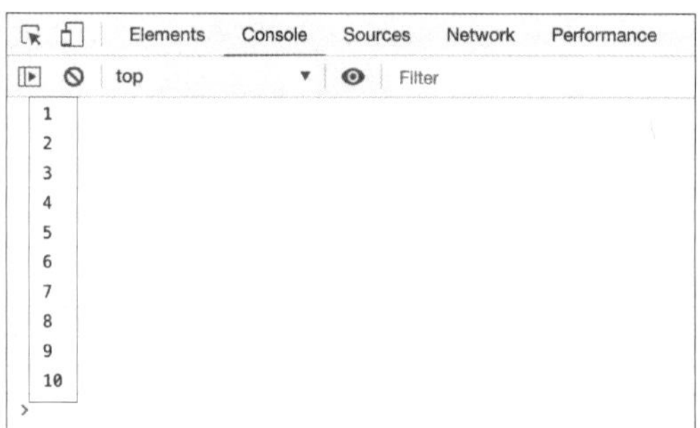

你知道发生了什么吗？即使不太明白 while （…） {} 的意思，看到控制台也可以想象到这个处理内容是 console. log 的处理被重复执行了 10 次。

循环的 while 语句

反复执行同样的处理称为“循环”。while 语句是实现循环的一种方法。

那么让我们来看看 while 语句的格式和用法吧。while 语句在( )内的条件表达式为 true 时，才会反复执行 { ~ } 内的处理。

格式 while 语句

```
while(条件表达式) {
  // 条件表达式判定结果为 true 时,这里的处理会被反复执行
}
```

让我们来看看这回的程序，在循环处理之前，首先把 1 赋值给变量 i。

```
let i = 1;
```

然后在 while 语句的条件表达式中按如下书写。

```
while(i <= 10)
```

这个条件表达式的意思是，当变量 i 的数值小于等于 10 的时候为 true（参考 3. 4 节的 Table “比较运算符列表”）。正如刚才确认的那样，已经把 1 赋值给变量 i，所以最初执行 while 语句的时候，条件表达式为 1 < = 10。数值 1 小于 10，所以 while 语句的 { ~ } 内的处理会被执行。处理内容的代码如下。

```
console.log(i);
```

首先，将变量 i 的值输出到控制台。第一次重复时，变量 i 的值为 1，因此控制台将输出 1。

然后在下一行中，将变量 i 加 1，再将变量 i 的数据赋值给变量 i。

```
i = i + 1;
```

这样在最初的循环执行完成后，变量 i 的值变成 1 +1 =2。

这两行的处理结束后，程序又会回到 while 语句中的条件判定的执行。当下一个迭代开始时，变量 i 的值是 2。还是小于 10，while 语句的条件表达式是 true。所以继续执行 {~} 内的处理。变量 i 的值被输出到控制台，变量 i 的值增加 1 变成 3，再返回 while 语句的条件判定。就这样，只要 while 语句的条件式为 true，{~} 内的处理就会被一直执行。

如果在变量 i 上反复加 1，变量的值最后会变成 11。这样 while 的条件表达式就变成了 false，处理就不再重复了。这样一个 while 语句会重复执行 10 次。

Fig 循环的次数和变量 i 的变化

```
let i = 1;
while(i <= 10) {
  console.log(i);
  i = i + 1;
}
```

次数	i	i<=1 0
1	1	0
2	2	1
…		
10	10	true
11	11	false

活用变量 i 在 { ~ } 里的处理

为了控制循环次数，需要使用变量 i。如果在 {~} 内的处理每次都是同一个内容，就没有意义了，所以需要每次执行都会有一点点不同的处理。这个一点点不同的处理很多时候都是由这个变量 i 来实现的。

在 console. log( ) 的参数中指定了变量 i。“console. log (i);”，输出控制台的 i，第一次重复时为 1，第二次重复时为 2。使用变量 i 引进这个有点不一样的处理是一个非常巧妙的技巧。

为什么变量名为 i?

“变量命名的实用规则”中提到“避免使用只有一个字符串的变量名”，但是循环中使用了 i 这个变量名。这是因为 i 循环处理的控制变量命名为 i 已经是约定俗成的了。虽然变量的命名是很自由的，但是为了程序的易读性，控制循环的变量一般命名为 i。

连接字符串

在 Step2 中，我们将更改 Step1 的两处代码。一处是在输出到控制台的 1 ~ 10 个数字后面加上“枚”。另一处是修改给变量加 1 的写法。两个都不是与循环语句的动作直接相关的，但因为是重要的功能，所以介绍一下。

List 3-06_while/step2/index.html HTML

```
<script>
'use strict';

let i = 1;
while(i <= 10) {
  console.log(i + '枚');
  i += 1;
}
</script>
```

在浏览器中确认 index.html，打开控制台后，可以看到控制台上输出 1 枚、2 枚……10 枚。

Fig 控制台上输出 1 枚、2 枚……10 枚

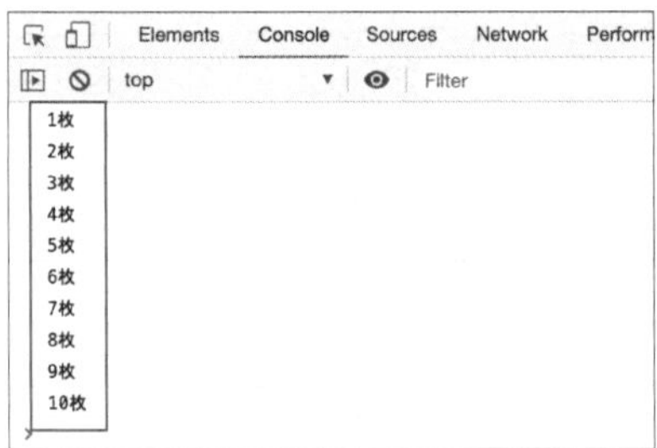

解说

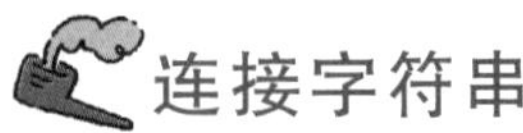

连接字符串

这次修改的是两个地方，在控制台的输出数字后面加上“枚”的处理，以及给变量 i 加 1 的处理。这两个都是经常使用的重要功能。

那么，让我们从对控制台的输出加上“枚”的部分开始看吧。

+运算符除了将数字和数字相加之外，还有另一个功能，就是将字符串和字符串连

接以创建新字符串的功能。这样，字符串和字符串的合并称为“连接字符串”。

这里，log 方法的参数书写如下。

```
console.log(i + '枚');
```

这样，变量 i 的值（1，2，3...）和“枚”合并后，输出效果如下。

```
1 枚 ———— 第 1 次循环
2 枚 ———— 第 2 次循环
3 枚 ———— 第 3 次循环
…省略
```

+运算符仅在其前后为数字时起到加法的作用，否则将作为连接字符串的符号被使用。本次程序中，1 虽然是整数，但是因为‘枚’是字符串，所以通过 + 运算符连接的两个数据都将被当作字符串来处理。

Table　+运算符和字符串连接的示例

程　序	+的功能	结　果
console. log（16 ＋ 70）;	加法	86
console. log（name ＋ '先生'）;	字符串连接	田中先生①
console. log（（16 ＋ 70）＋ '个'）;	加法，字符串连接	86 个②

① name 为变量，结果为把'田中'赋值给 name 的情况。

② ( ) 内里面的公式会被优先计算。

+ =运算符

在重复条件中使用的变量 i 中，每次重复都会添加 1。在这次的练习中，修改了加 1 部分的代码。

改修前和修改后如下：

```
i = i + 1;  ➡  i + = 1;
```

这次使用的 + = 是表示“在左边的数值上加上右边的数值，然后将结果代入左边”的运算符。变量 i 的值为 1 时，加上右侧的 1 为 2，然后把 2 的值赋值给变量 i。

格式　+ =运算符

```
原本的数值(变量) + = 追加的数值
```

+ =使用运算符可以减少代码字数，从而减少因按键错误造成的失误。在还不习惯的时候，没有必要使用这种形式的写法，但在经验丰富的程序员编写的程序中经常能看到这样的编写方法。特别是在循环条件中经常被用到。

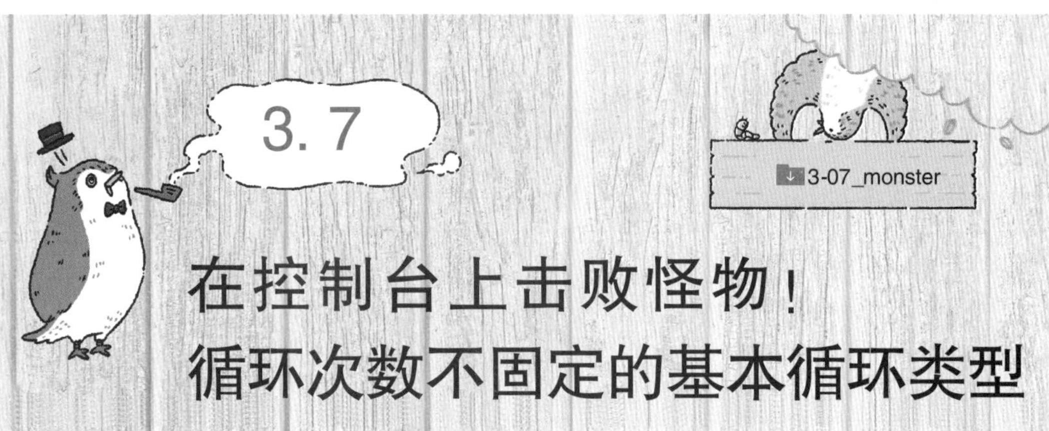

在控制台上击败怪物！循环次数不固定的基本循环类型

本节让我们试着做一个像游戏一样的示例吧。预设一个勇者斗怪兽的场景，将会有体力为100的怪物登场，与勇者（你）战斗。勇者每回的攻击力为30以下，怪物的体力为0之前，勇者会反复进行战斗。战场是控制台。

这个练习也会使用while语句，不过和上节不一样的是这次的while语句并没有办法可以事先预判循环的次数。

▼本节的任务

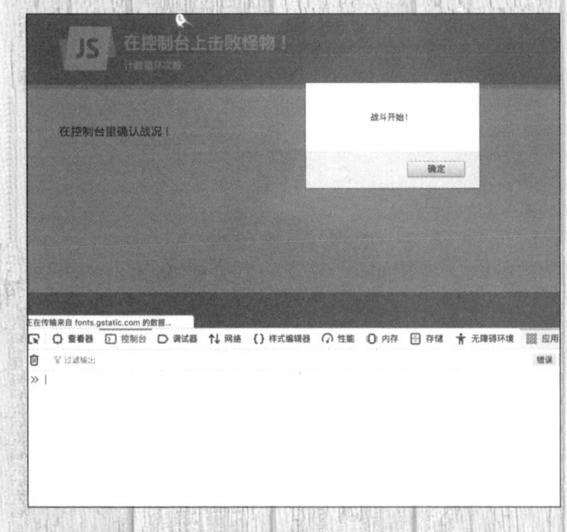

进入页面后会出现提醒对话框，然后开始与怪物的战斗。战况会显示在控制台上。

Step 1 按规则循环

接下来即将制作游戏规则。

1. 有一个体力为100的怪物，你必须把它打倒。
2. 你的攻击力每回被限制在30以下，每回的具体数值随机决定。

3. 你的攻击力数值就是怪物体力削减的量。

4. 怪物在体力降到 0 以下之前，重复 **2** 和 **3** 的操作。

在编写程序之前，先思考一下上面的游戏该如何实现。

首先，定义一个变量来保存怪物的生命值，并赋值为 100。

从下面开始就进入循环的操作。首先，随机决定 30 以下的整数作为你的攻击力，并将其保存到变量中。然后怪兽的体力在 0 以下之前，反复进行“怪物的体力-你的攻击力”的“战斗”。

下面就来实际写一下吧。复制“template”文件夹，重命名为“3-07 monster”。保存怪物体力的变量名为 enemy，每次的攻击力为常量 attack。首先看看在“战斗”之前的准备工作吧。

List 3-07_monster/step1/index.html HTML

```
<body>
… 省略
</footer>
<script>
'use strict';

let enemy = 100;

window.alert('战斗开始！');
</script>
</body>
```

那么接下来编写“战斗”（循环）的内容，以及战斗结束后需要显示的信息。

List 3-07_monster/step1/index.html HTML

```
<script>
'use strict';

let enemy = 100;

window.alert('战斗开始！');
while(enemy > 0) {
  const attack = Math.floor(Math.random() * 30) + 1;
  console.log('造成怪物' + attack + '点伤害！');
```

```
39   enemy = enemy - attack;
40 }
41 console.log('击败怪物');
42 </script>
```

这样就完成了。在浏览器中打开控制台，并确认 index.html。首先显示提示对话框，单击“确定”按钮开始战斗。战况会输出到控制台。如果最后控制台中输出了“击败怪物！”的信息，那么恭喜，游戏结束了。

Fig 在控制台上显示和怪物战斗的情况

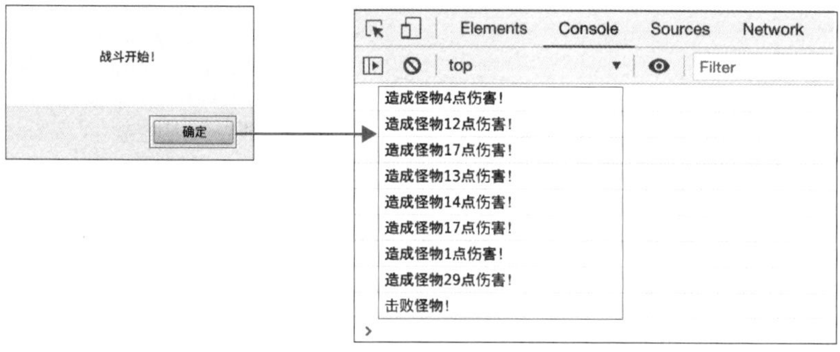

每循环一次都会随机赋值一个整数（30 以下）给常量 attack。随机整数部分与 3.4 节中的使用方法是相同的。

无法事先决定循环次数的循环

和上一节一样，这次也是使用 while 语句来实现循环。循环的条件表达式如下。

```
36 while(enemy > 0) {
```

此条件表达式在变量 enemy 大于 0 时为 true。也就是说，如果怪物的体力大于 0，{ ~ } 内的处理就会被反复执行，也就意味着勇者将会一直对怪物进行攻击。

那么让我们来看看 { ~ } 内部的处理吧。第 37 行如刚才说明的那样，将 1 ~ 30 的整数赋值给常量 attack。第 38 行是输出战况的处理。如下所示。

```
38 console.log('造成怪物' + attack + '点伤害!');
```

使用上一节介绍的字符串连接，将战况报告信息输出到控制台。输出信息的方法是用“+”运算符连接“造成怪物”、连接常量 attack 的数值、“点伤害!”这 3 个数据。如果你的攻击力是 20，就会输出“造成怪物 20 点伤害！”。

接下来，这个循环处理中最重要的是第 39 行。

```
39 enemy = enemy - attack;
```

39 行代码：用变量 enemy 减常量 attack 并将结果重新赋值给变量 enemy。如果你的攻击力是 20，那么 100-20 = 80 就会被赋值给变量 enemy。“ - ” 是减法符号。

到此为止，循环的第 1 次的处理结束后，程序会返回 while 语句的条件判定。如果条件表达式再次被判定为 true（怪物的剩余体力大于 0），勇士就会进入第二轮战斗。

在一轮又一轮的战斗中，怪物的体力 enemy 的值会一直减少，所以怪物总有体力耗尽的时候（enemy 值为 0 以下）。怪物倒下的时候就是循环结束的时候了，最后程序将执行 console. log（'击败怪物！'）语句。

练习到了这里就会发现，这次的循环是没有办法事先知道循环次数的。因为常数 attack 的值每次都是随机的，所以如果不实际执行循环里面的处理，就没有办法预先知道变量 enemy 什么时候变成 0 以下。在使用 while 语句实现的循环中，很多都是像这样没有办法事先知道循环次数的情况。

变量・常量的有效范围

while 语句中定义的 attack 因为使用了 const 关键字，所以 attack 是常量。

无论是定义常量时使用的 const，还是定义变量时使用的 let 关键字，它们都决定了变量或常量可以被读取或修改的“有效范围”。当我们说到范围时，你可以理解为“代码块 { ~ } 的内侧”⊖。

常量 attack 是在 while 语句 { ~ } 里面被定义的。因此，常量 attack 只有在这个 while 语句中才可以被参照（被读取或修改）。

Fig 常量 attack 的有效范围

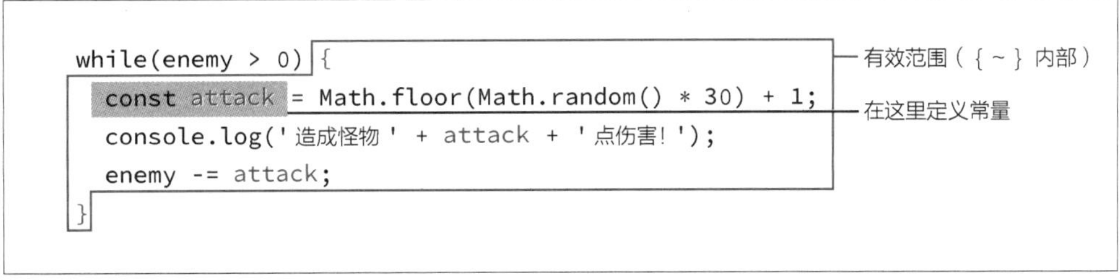
while(enemy > 0) {
const attack = Math.floor(Math.random() * 30) + 1;
console.log('造成怪物 ' + attack + ' 点伤害！');
enemy -= attack;
}
有效范围（{ ~ } 内部）
在这里定义常量

如果在 { ~ } 外部参考常量，控制台会输出错误。

⊖ if 语句的情况是，在 if 后面 {} 中定义的变量只在定义的 {} 中有效，同样在 else 后面的 {} 中定义的变量只在其定义的 {} 中有效。

Fig 如果在有效范围之外参照，则会发生错误 （3-07_monster/extra1/index.html）

```
while(enemy > 0) {
  const attack = Math.floor(Math.random() * 30) + 1;
  …省略
}
console.log(attack);
```

有效范围外

while 语句在循环时，{ ~ } 内定义的变量或常量在一次循环结束后会被删除。也就是说，常量 attack 在每次循环处理中都会被重新定义。

使用 let 定义的变量的有效范围规则也是相同的，只是变量 enemy 并不是在被 { ~ } 包围的地方定义的。所以它的有效范围是覆盖整个 HTML 的。

Fig 如果在未被 {~} 包围的部分定义变量 · 常量，则 HTML 全体成为有效范围 （3-07 _monster/extra2/index.html）

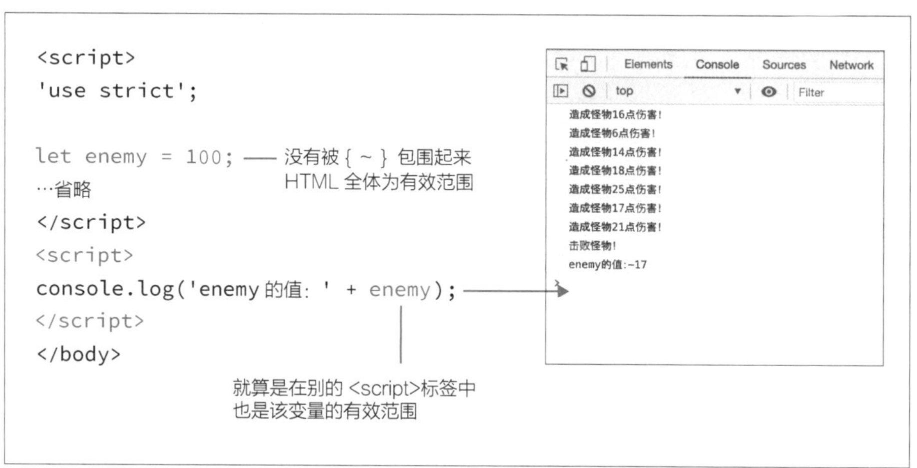

为了防止编程错误，一般认为变量的有效范围越窄越好。因为如果有效范围足够窄，程序的修改也更容易。

话虽如此，但是刚开始编程的时候是不太会在意变量的有效范围的。随着经验的增加，编写过复杂的程序也经历了很多变量和常量问题的相关处理后，可以回想并复习一下变量和常量的有效范围，是有好处的。

Step 2 循环次数的计数

接下来就完成剩下的任务吧。对程序进行改造，在打倒怪物时输出的最后的信息中，添加打倒怪物需要的回合数。除此之外，我们还要学会使用新的运算符“ -= ”。

List　3-07_monster/step2/index.html　HTML

```
<script>
'use strict';

let enemy = 100;
let count = 0;

window.alert('战斗开始');
while(enemy > 0) {
  const attack = Math.floor(Math.random() * 30) + 1;
  console.log('造成怪物' + attack + '点伤害');
  enemy -= attack;
  count += 1;
}
console.log(count + '回合后击败怪物！');
</script>
```

在浏览器上确认后，在战斗结束后的最后一条信息为“○回合后击败怪物!”。

Fig　显示花了几个回合击败了怪兽

在程序中，定义新的变量 count 计算循环次数，并首先将 0 赋值给变量 count。因为每次 while 语句的处理都会执行“count += 1;”，所以 count 的值会随着循环次数增加，这样就可以知道循环的次数了。

解说

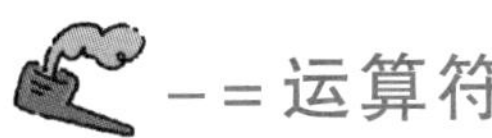

-=运算符

在 3.6 节中使用的 += 运算符之后（参考 3.6 节），这次练习中使用了 -= 运算符。这是表示“从左边的数值减去右边的数值，然后将结果代入左侧”的运算符。

格式　-=运算符

```
原先的数值(变量) -= 减数
```

我们已经学习了一些运算符（+、-、+=和-=）来完成数值的计算了。更多关于计算的运算符会在3.9节中介绍。

注意无限循环！

只要条件表达式的判定结果是true，while语句就会没完没了地重复执行循环内容。如果不小心写错了代码或者想错了循环条件，那么程序就会陷入无限循环（或者死循环）。无限循环的发生使得处理负载陡增，可能导致浏览器没有响应。

举个例子，下面的示例是3.6节的程序，如果在应该写“i += 1;”的地方不小心写成了“i = 1;”，就会变成“无限循环”。

“无限循环”的实现例子（除了勇者就不要轻易尝试了！）

```
let i = 1;
while(i <= 10) {
  console.log(i + '枚');
  i = 1;
}
```

即使运行了陷入无限循环的程序，通常只要关闭该页面的标签或关闭窗口就没有问题。浏览器不同时，应对无法响应的情况也有所不同。

Fig　Firefox可以停止无限循环。单击“停止”按钮

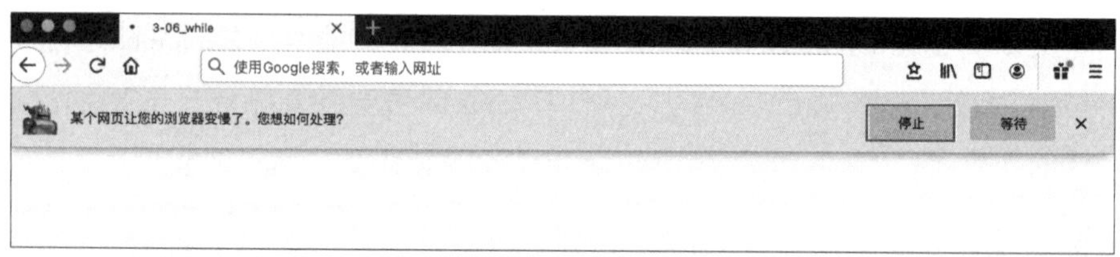

在开发程序的时候，会因为稍有失误或很小的错误而简单地陷入无限循环，这是一个“即使小心也会上钩的陷阱”。

如果浏览器没有响应，只能强制结束。因此，在尝试各种循环之前，至少要记住强制终止程序的方法。如果是Windows，则按Ctrl + Alt + Delete快捷键打开任务管理器，如果是Mac，则按command + option + esc快捷键。窗口打开后，选择停止的浏览器，单击“任务结束”或“强制结束”按钮。

Fig 强制结束任务的窗口

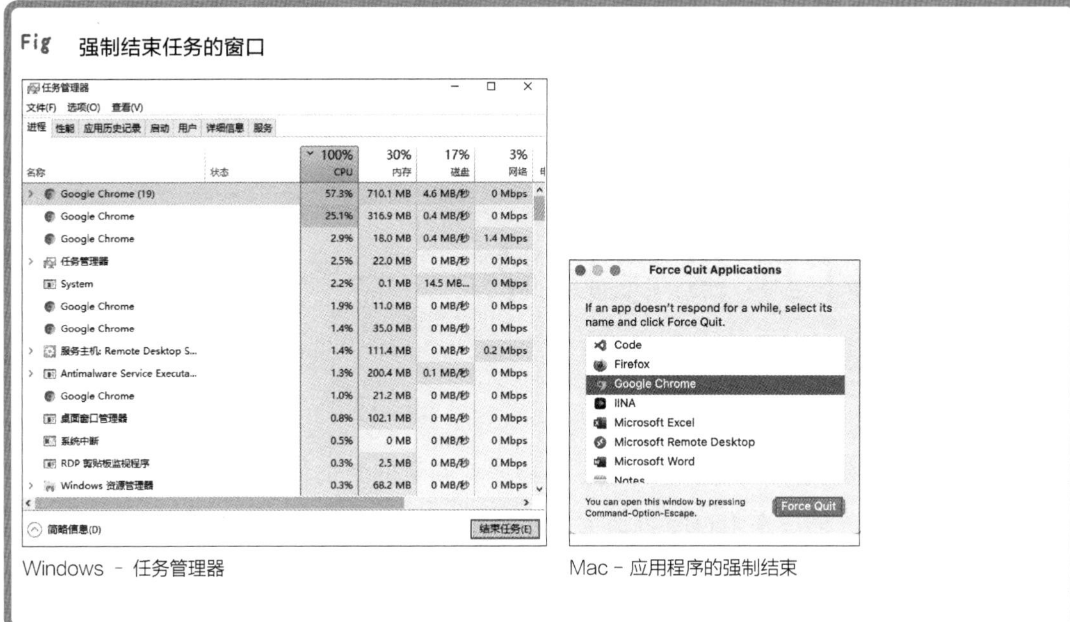

Windows - 任务管理器

Mac - 应用程序的强制结束

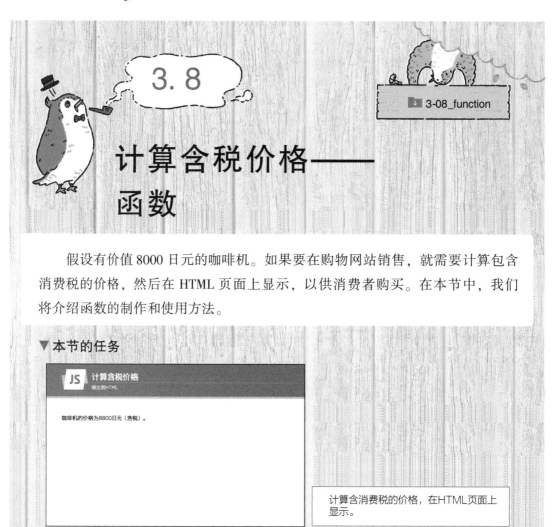

3.8 计算含税价格——函数

3-08_function

假设有价值8000日元的咖啡机。如果要在购物网站销售，就需要计算包含消费税的价格，然后在HTML页面上显示，以供消费者购买。在本节中，我们将介绍函数的制作和使用方法。

▼本节的任务

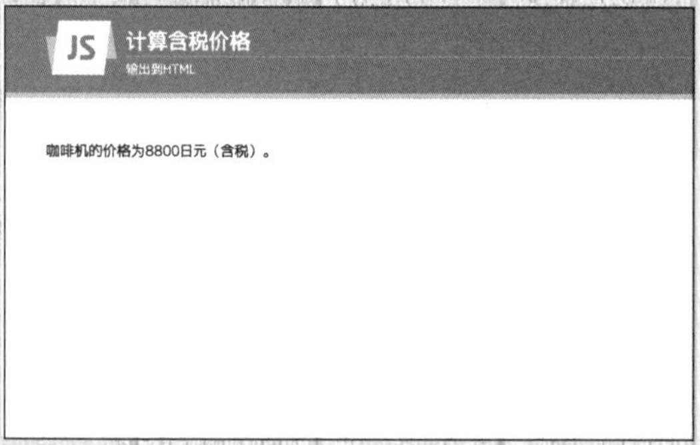

JS 计算含税价格
输出到HTML

咖啡机的价格为8800日元（含税）。

计算含消费税的价格，在HTML页面上显示。

Step 1 函数的创建·调用

函数是把常用的代码整理成一个小的子程序，以便想使用的时候可以随时调用。

那么试着创建函数吧。复制“template”文件夹，重命名为“3-08_function”。接下来创建的函数功能是计算含税（10%）价格的小程序。函数可以自由取名字，我们将其命名为total。

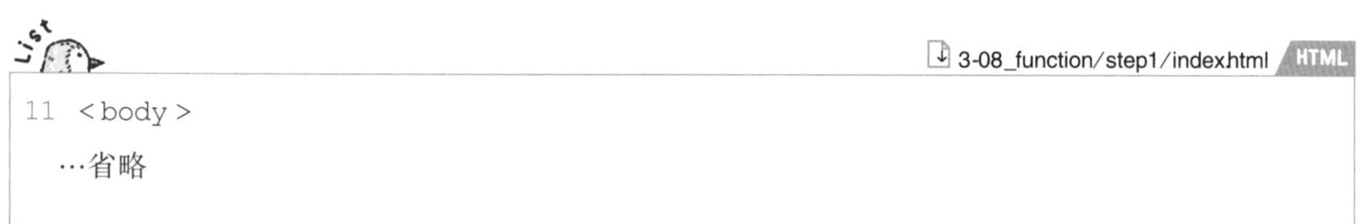

List 3-08_function/step1/index.html HTML

```
<body>
…省略
```

```
</footer>
<script>
'use strict';

function total(price) {
  const tax = 0.1;
  return price + price * tax;
}
</script>
```

这样就创建出了计算含税价格的 total 函数了。用浏览器打开 index.html 确认显示后，结果无论是 HTML，还是控制台，都没有什么变化。这也是理所当然的，就算创建了函数，不调用就什么都不会发生。因此，需要试着调用函数：让函数计算 8000 日元的咖啡机的含税价格，并将其结果输出到控制台。

List　3-08_function/step1/index. htm　HTML

```
<script>
'use strict';

function total(price) {
  const tax = 0.1;
  return price + price * tax;
}

console.log('咖啡机的价格为' + total(8000) + '日元(含税)。');
</script>
```

打开浏览器控制台，然后确认 index.html。控制台上写着“咖啡机的价格为 8800 日元（含税）。”。

Fig　控制台上显示了 8000 日元的咖啡机的含税价格

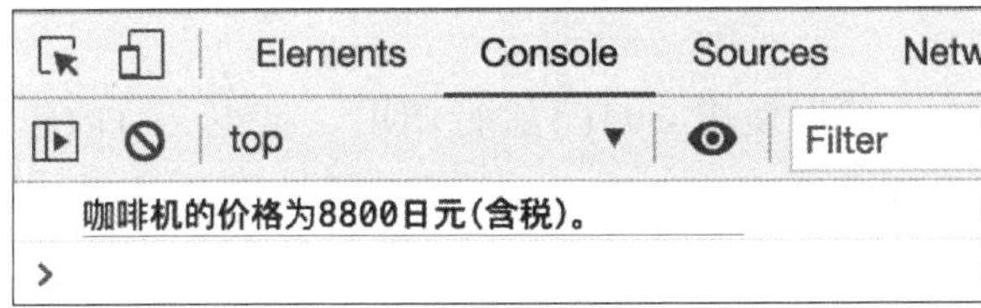

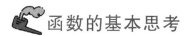

解说

函数的基本思考

函数是指，接受并利用参数进行某种处理，最后将结果返回调用方的程序。在创建的 total 函数中，将咖啡机的价格作为参数，计算其消费税，并将含税价格返还给调用方。

Fig　函数的基本处理流程

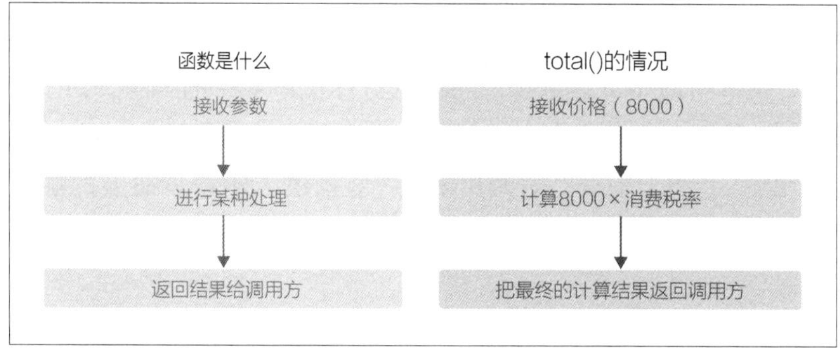

在第 1 章提到 JavaScript 的程序本质就是“输入 → 处 理 → 输出”。取得数据，处理数据，然后把结果输出到 HTML。至今为止练习的内容大多都是按照这样的处理流程进行的。

而且现在学习的函数也是遵循这个流程的（“输入→ 处理 →输出”）。函数的本质是，接收输入的数据，进行某种加工，然后返回输出结果。函数就是一种包含 JavaScript 程序基本流程的小型机器。

函数的调用

接下来具体介绍创建函数，然后调用函数的方法。首先从函数的调用方法看起。调用方法很简单。

格式　函数的调用

```
函数名(需要传递的参数)
```

这次的练习中，创建了名为 total 的函数，所以使用 total( ) 进行调用。此外，( ) 内包含函数需要的参数。因为 total 函数需要咖啡机价格作为输入，所以需要在( )中包含咖啡机的价格 8000。调用方法：total（8000）。如果有返回值，函数会把返回值反馈给调用方（把函数的调用用返回值替换）。

Fig　函数的调用和返回值

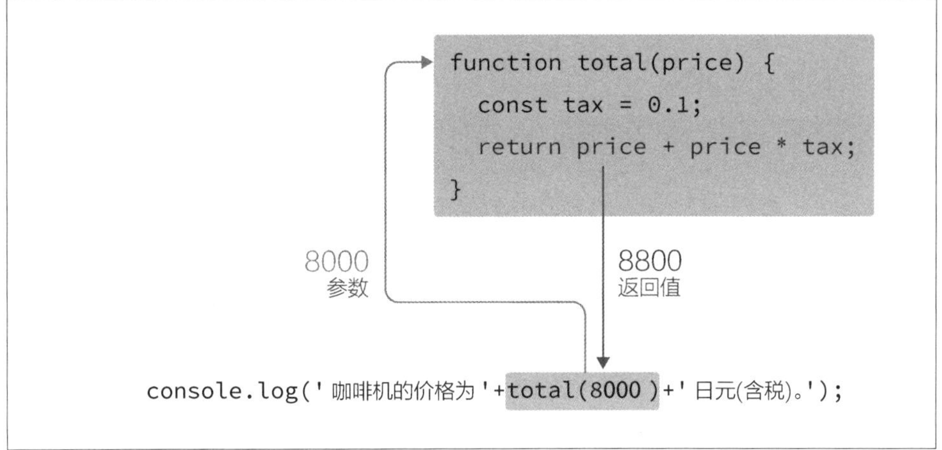
function total(price) {
const tax = 0.1;
return price + price * tax;
}
8000
参数
8800
返回值
console.log('咖啡机的价格为'+total(8000)+'日元(含税)。');

最终，控制台上会输出“咖啡机的价格为 8800 日元（含税）。”的信息。调用部分被函数的返回值替换的动作与 3.1 节“显示确认对话框”是一样的。

函数的创建

在这个部分我们将一边解说练习用的程序，一边介绍函数的创建方法。

格式　函数的创建

```
function 函数名(需要的参数) {
  具体的处理内容
}
```

函数名就像变量名可以自由取。不能使用的函数名，和变量名的规定也是一样的。详细可参照 3.2 节的解说“变量的命名方法”。

在函数的( )中，写入调用函数时需要的参数名称。在上面编写的程序中，需要用到的数据是 price。所以调用该函数时需要传递的参数的部分，写入 price。

关于参数 price 的有效范围，price 只在 function 的( )后面的 { ~ } 中有效。

Fig　参数 price 的有效范围

```
function total(price) {
  price 只在这里可以使用
}
```

{ ~ } 的内容

让我们看一下函数 { ~ } 的核心部分，这个部分功能是用来处理并输出结果的。首先，定义了常量 tax，并把 0.1 赋值给 tax。0.1 是消费税的税率。

```
const tax = 0.1;
```

然后在下面一行写下返回语句。

```
return price + price * tax;
```

return 表示“返回”意思的命令，把右侧的数据（此处为“price + price * tax”）返回给调用方。当执行返回命令时，同时也意味着函数处理任务的结束。

返回的内容（return 的右侧）也简单说明一下吧。这个公式计算了含税价格。

```
price + price * tax
```

* 是“乘”的记号。另外，JavaScript 会优先于加法、减法来计算乘法、除法。这个和四则运算的优先级是相同的。

输出到 HTML

那么让我们把计算的含税价格输出到 HTML 吧。使用 2.4 节中的方法。首先在 index.html 的 <section> ~ </section> 中添加 <p> 标签。追加名为“output”的 id 属性。

List 3-08_function/step2/index.htm HTML

```html
<section>
  <p id="output"></p>
</section>
```

添加程序能在当前添加的 <p> 和 </p> 之间输出文本。怎样才能修改要素的内容呢？如果觉得自己可以完成，可以一边参考 2.4 节的程序，一边试着编写。

List 3-08_function/step2/index.htm HTML

```
<script>
'use strict';

function total(price) {
  const tax = 0.1;
  return price + price * tax;
}

console.log('咖啡机的价格为' + total(8000) + '日元(含税)。');
```

```
document.getElementById('output').textContent = '咖啡机的价格为' + total
(8000) + '日元(含税)。';
</script>
```

用浏览器打开 index.html 确认内容。计算结果显示在页面中。

Fig 在浏览器的窗口中会显示 8000 日元的咖啡机的含税价格

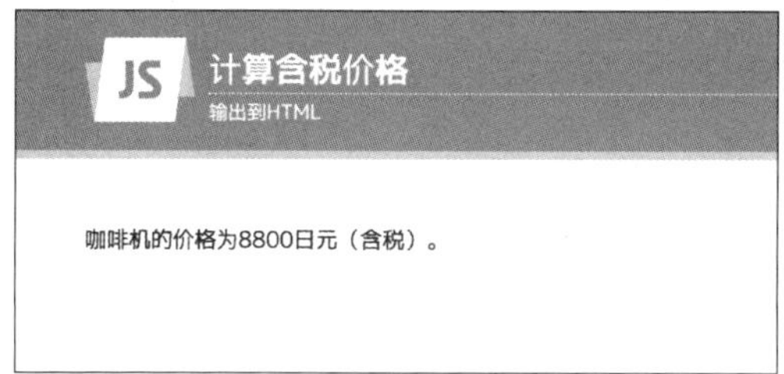

创建函数的好处

在 2.4 节的练习中已经提到了在 HTML 上输出文本的方法，不太明白的人请试着复习一下。在这里，我们来说明一下为什么要创建函数（创建的好处）。

好处 1 可以不限时间、地点、次数地对函数进行调用

函数在调用后才开始执行，而且可以多次调用，需要的时候也可以重复使用。实际上，这次的练习是故意保留了 Step1 中写的 console.log，HTML 和控制台上都显示了同样的内容。那是因为 total 函数被调用了 2 次（重复调用）。

Fig total 函数被调用了 2 次

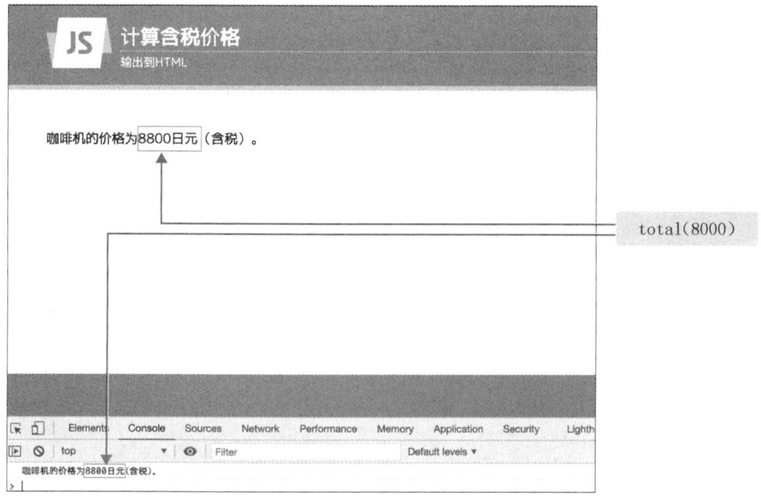

好处 2　可以只通过参数进行灵活的处理

现在只是计算 8000 日元的咖啡机的含税价格，但是如果将来有计算 200 日元的咖啡滤纸和 1000 日元的咖啡豆的需求也不是问题。因为消费税的计算逻辑都包含在 total 函数里了。只要修改传递的参数，就可以调用函数实现不同商品的含税价格的计算了。实际代码的示例如下。

List　3-08_function/extra/index. htm20 <section>　HTML

```
<section>
  <p id="output"></p>
  <p id="output2"></p>
  <p id="output3"></p>
</section>
… 省略
<script>
… 省略
document.getElementById('output').textContent = '咖啡机的价格为' + total(8000)
  + '日元(含税)。';
document.getElementById('output2').textContent = '咖啡滤纸的价格为' + total
  (200) + '日元(含税)。';
document.getElementById('output3').textContent = '咖啡豆的价格为' + total(1000)
  +'日元(含税)。';
</script>
```

Fig　修改参数后调用 total 函数可以计算对应的含税价格

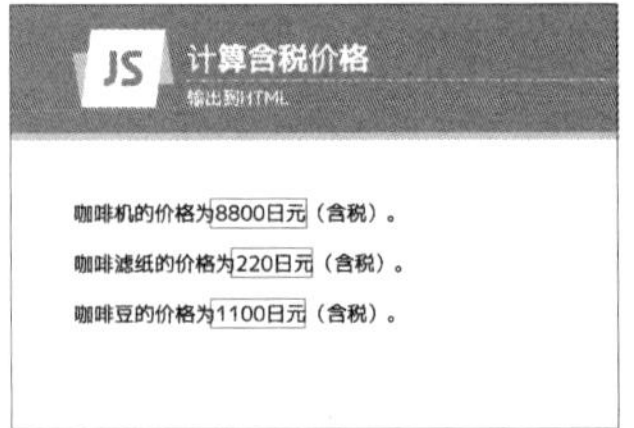

好处 3　可以整合相关处理

因为计算含税价格的程序是一个函数，所以即使税率发生变化，也只需要修改函数中的一个部分即可。函数的调用方法是不变的，所以只要修改函数里的税率，就可以更改所有商品的含税价格。

税率改变后只需要修改常量 tax

```
function total(price) {
  const tax = 0.1;
  return price + price * tax;
}
```

3.9 FizzBuzz——算术运算符

让我们用程序来实现 FizzBuzz 这个游戏吧。对 +、-、* 等用于计算的符号在之前都没有细说，因为这次练习中会使用求余数的% 符号，趁这个机会我们会对计算相关的运算符做一个补充说明。

▼本节的任务

"1、2、Fizz、4、Buzz……"并按照 FizzBuzz的规则将文本输出到控制台。

Step 1 考虑到处理流程的函数创建

FizzBuzz 是一种由几个人组成的，按"1""2"的报数游戏，用 3 除尽的时候用"Fizz!"代替数字，用 5 除尽的时候用"Buzz!"代替数字，到 3 或 5 都能除尽的时候用"FizBuzz!"代替本来的数字。游戏规则简单明了。规定报数的范围从 1 到 30。

这个程序需要用两个步骤来实现。首先，需要创建把数字作为参数，按照 FizzBuzz 的规则给出回答的函数。在动手编写程序之前，先整理一下思路。

关于这个问题不必想得太难。虽然答案不止一个，但这里介绍一种非常简单并且直接的方法。

如果要实现 FizzBuzz，需要具有创建如下功能的函数。

根据传递给函数的参数数值做如下处理：

1. 能同时被 3 和 5 整除的时候，返回 FizzBuzz！
2. 上面的情况之外，能被 3 整除的时候，返回 Fizz！
3. 上面的情况之外，能被 5 整除的时候，返回 Buzz！
4. 上面的情况之外，（既不能被 3 也不能被 5 整除）按原样返回数值。

按这个步骤顺序对参数做判定就可以了。除了是否能被整除这个判断之外，其他的功能都是可以通过之前练习过的功能来实现的，比如可以使用函数、if 语句等。另外，是否能整除可以根据“3 或 5 的余数是否为 0”来评价。

那么实际写一下程序吧。复制“template”文件夹，重命名为“3-09_fizzbuzz”。

List 3-09_fizzbuzz/step1/index. htm HTML

```
<body>
 …省略
</footer>
<script>
'use strict';

function fizzbuzz(num) {
  if(num % 3 === 0 && num % 5 === 0) {
    return 'fizzbuzz';
  } else if(num % 3 === 0) {
    return 'fizz';
  } else if(num % 5 === 0) {
    return 'buzz';
  } else {
    return num;
  }
}
</script>
</body>
```

好了 fizzbuzz 函数已经完成了。让我们来看看函数的功能是否和预期的一样。在定义函数之后追加如下代码，进行检验。

3-09_fizzbuzz/step1/index.ht HTML

```

console.log(fizzbuzz(1));
</script>
```

在浏览器中打开控制台，确认 index.html，则控制台上会显示 1。改变 fizzbuzz( ) 中( ) 内的数值，试试函数的功能是否正常。

Fig 向函数传送数值后，检验是否会按照 FizzBuzz 的规则进行输出

fizzbuzz(1)

fizzbuzz(3)

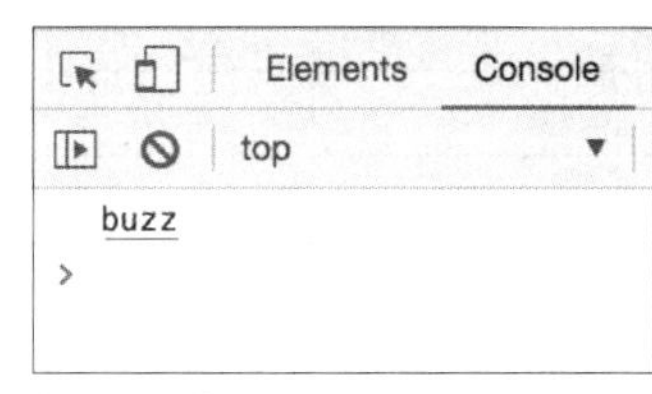

fizzbuzz(5)

解说

复习 if 语句的处理流程

这次编程的思路清晰了吗？在编程之前介绍的思路已经很清楚了，所以按照思路来编写就好了。就算自己没有办法很好地完成程序的编写，一行一行地解读代码也能成为一种练习。

就像 3.3 节解说的那样，一旦 if 语句的条件表达式判定结果为 true，就不会判定 if 语句后面的条件了。参考 3.3 节解说 “else if”。

如果参数给出的值是 15，能被 3 和 5 同时除尽，则在第一个 if 语句中条件表达式判定结果是 true。因为这样，第 2 个条件如下：

```
} else if(num % 3 === 0) {
```

第 3 个条件如下：

```
} else if(num % 5 === 0) {
```

两个条件都不会被判定。如果将 if 语句的顺序调换，先对第 2 个或第 3 个条件表达式进行判定，能同时被 3 和 5 整除的数字的判定就不能正常进行。

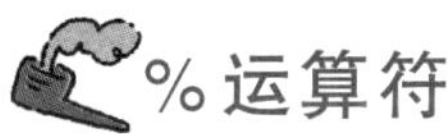

% 运算符

条件表达式中使用的% 符号是求余数的符号。

格式 求 a÷b 的余数

```
a% b
```

和计算相关的运算符表格

四则运算（加法、减法、乘法、除法）都是用% 以及 +、-、* 等符号来完成的。关于计算的运算符，在编程中经常会遇到，所以这里做了一些总结。

Table 关于计算的运算符

运 算 符	含 义
a+b	a+b
a-b	a-b
a*b	a×b
a/b	a÷b
a%b	a÷b 的余数
a**b	a 的 b 次方
a++或者++a	把 a+1 赋值给 a
a-或者--a	把 a-1 赋值给 a
a+=b	把 a+b 赋值给 a
a-=b	把 a-b 赋值给 a
a*=b	把 a×b 赋值给 a
a/=b	把 a÷b 赋值给 a
a%=b	把 a÷b 的余数赋值给 a

Step 2 对 30 为止的数字使用 FizzBuzz 规则

在 Step1 中实现了 fizzbuzz 函数。我们也利用 console. log 对函数的正确性做了确认。那么在 Step2 中，将连续评价 1 到 30 的数字，并试着将结果输出到控制台。

在上一节中已经提到函数是可以被多次调用的。试着把作为参数传送的数值从 1 开始不断加 1，如果调用函数 30 次，就可以完成 FizzBuzz 的游戏了。当然调用函数 30 次这个事情是不可能手动完成的，我们需要用到 while 语句。知道了要点后，让我们试着编写 fizzbuzz 函数的调用程序吧。

List 3-09_fizzbuzz/step2/index. ht HTML

```
function fizzbuzz(num) {
  …省略
}

let i = 1;
while(i <= 30) {
  console.log(fizzbuzz(i));
  i += 1;
}
</script>
```

在浏览器中打开 index.html 进行确认，在控制台中信息将显示如下。

Fig 1 到 30 的数字按照 FizzBuzz 的规则输出

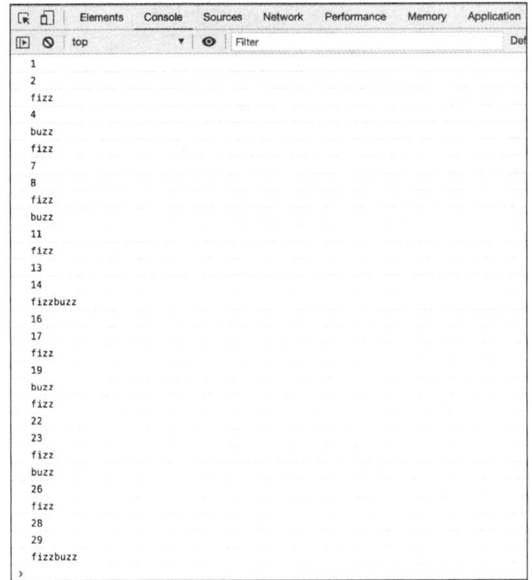

像这样在循环的语句中调用函数是经常使用的技巧。也可以说是固定的模式。

3.10 以列表形式显示项目——数组

3-10_array

本节将介绍新的数据类型：“数组”。到目前为止使用的各种数据，每一个变量（或常量）都只能保存一个数据。使用数组的话，可以将多个数据组合成一个变量（或常量）。在本节的练习中，要从保存任务清单数组中逐个取出数据，然后使用<ul>和<li>标签创建项目列表。

▼本节的任务

JS
以列表形式显示项目
将项目输出到HTML
任务列表
制作设计样本
整理资料
申请学习会
买牛奶
去看牙医

输出任务清单的项目。

Step 1 创建数组

到目前为止，我们已经接触并理解字符串和数字的概念了，数组可能比它们更难理解。因此，与其用大脑去理解的概念不如先动手编写一个程序来体会一下数组这种数据类型。Step1 的任务是创建一个数组并将其分配给变量 todo。编程前先复制“_template”文件夹，并重新命名为“3-10_array”，然后编辑 index.html。

List 3-10_array/step1/index.html HTML

```
<body>
  …省略
```

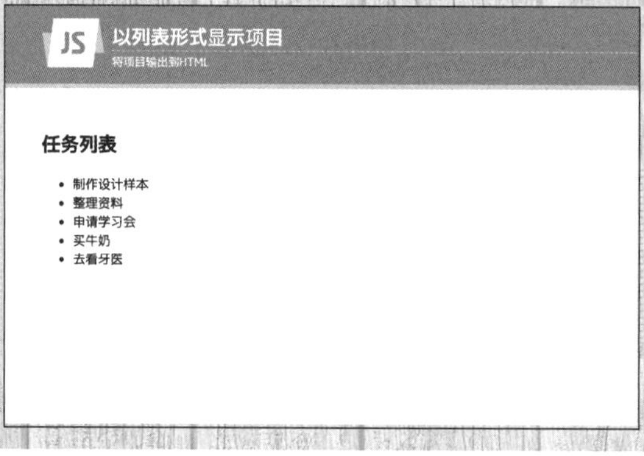

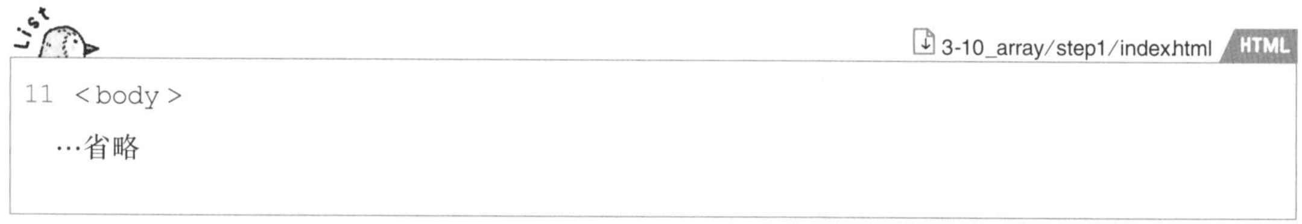

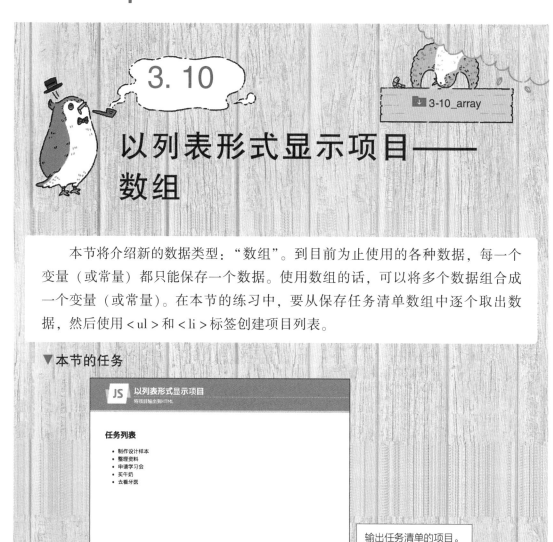

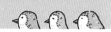

```
29 </footer>
30 <script>
31 'use strict';
32
33 let todo = ['制作设计样本', '整理资料', '申请学习会', '买牛奶']; </script>
34 </script>
35 </body>
```

在 33 行的代码中的“［ ～ ］”部分就是数组。

但是这里仅仅是定义并赋值数组，并没有实现在浏览器上显示数组内容。让我们先尝试把数组的第一个元素输出到控制台中。

List 3-10_array/step1/index. htm HTML

```
30 <script>
31 'use strict';
32
33 let todo = ['制作设计样本', '整理资料', '申请学习会', '买牛奶'];
34 console.log(todo[0]);
35 </script>
```

用浏览器确认 index.html，打开控制台后，发现显示了“制作设计样本”的字样。

Fig 在控制台中显示最初的项目

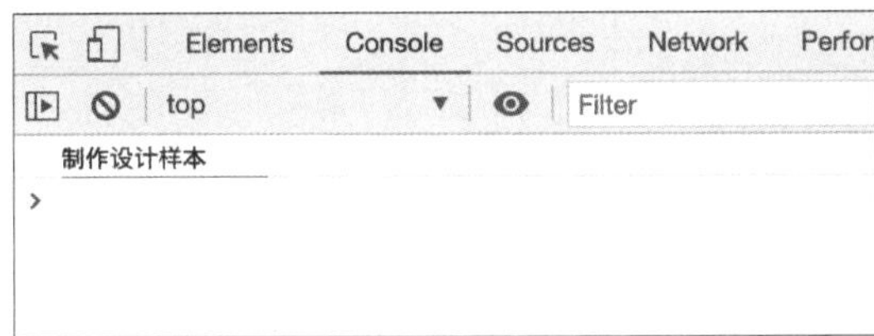

把 todo［0］的 0 方换成别的数字，确认一下动作。如果是数字 1 ~3，会显示［ ~ ］的文本中相对应的数据，如果是 4 以上，就会变成 undefined。

undefined 是“未定义”的意思，表示没有相应的数据在数组中。

Fig 用 todo［4］确认一下，显示为 undefined

解说

数组

去公司或学校的时候，钱包、手帕、笔记用具、笔记本计算机等都可以放在包里一起带着走。数组就像数据世界里的包一样，可用于多个数据的汇总和管理。

如果将多个数据（这次练习中任务清单的项目）用数组组织好，就可以把这些内容赋值给一个变量（或常量）中。如果不使用数组，把各个项目一个一个地代入变量中，随着任务的增加，变量的数量也会变大，最后变量的管理将是一个非常大的难题。但是如果使用数组，任务列表无论增加多少，使用的变量只需要一个。所以数据的管理会非常简单。

Fig　一个一个地创建变量会很麻烦

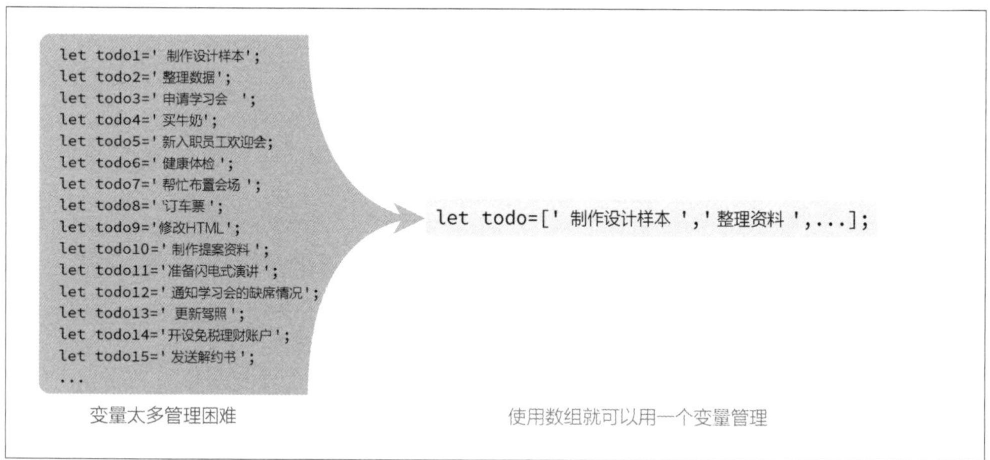

创建数组的方法

创建数组的时候使用方括号 [ ]。把创建数组赋值给变量的时候，可以用如下格式。

格式　创建 0 个项目的数组并赋值给变量

```
let 变量名 = [];
```

这样就可以创建数据的个数为0 的数组。就像一个包里面可以什么都没有，数组也可以是空的，没有数据的数组称为空数组。因为数组的数据是可以添加的，所以即使刚开始数据个数为 0 也没关系。

像这次的练习内容一样，如果从一开始就需要登录几个数据，可用逗号隔开每个数据，然后放进 [ ] 内。数组的数据个数是没有限制的。

格式 创建具有一个或多个数据的数组⊖

```
let 变量名 = [数据 0, 数据 1, 数据 2, ..., 数据 x];
```

从数组中读取数据

要从数组 todo 读取数据，读取方法如下。

格式 读取数组 todo 的数据

```
todo[索引号(index)]
```

索引号是什么？每一个保存到数组的数据都会被编号，按顺序编号为 0，1，2……。这个编号被称为“索引号（index）”或者“索引（index）”。

需要注意的是，第一个数据的索引号不是 1 而是 0。另外，如果指定了比保存的数据个数还大的索引号，则会返回 undefined。

Fig 索引号

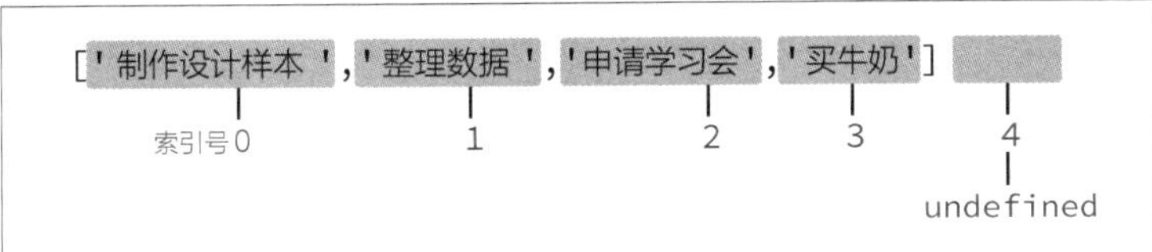

 Step 2 读取数组中的所有项目 

至此已经说明了数组的创建和基本数据的读取方法。接下来，将登录的数据全部读取，输出到控制台。这里会第一次出现使用 for…of 语句来读取数组数据。

List 3-10_array/step2/index.htm HTML

```
<script>
'use strict';

let todo = ['制作设计样本', '整理数据', '申请学习会', '买牛奶'];
for(let item of todo) {
  console.log(item);
}
</script>
```

⊖ 也可以用常量(const)来定义数组，而不是变量。如果用常量定义数组，则无法把其他数组赋值给该常量，但是可以针对已经定义的常量数组进行数据的修改、添加和删除。虽然可以修改用常量定义的东西，但是这与常量的特性相违背，所以原则上，数组是用变量来定义的。下一节提到的“对象”也因为同样的原因，会用变量定义。

使用浏览器打开控制台，确认 index.html。控制台上输出了所有保存在数组的数据。

Fig 在控制台上输出数组中所有的数据项目

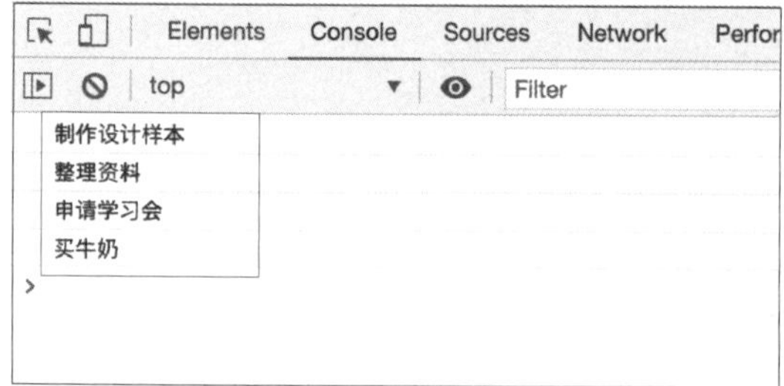

解 说

读取所有数组项目

要读取所有数组项目有几种方法，这里使用了“for…of 语句”。for…of 语句是循环的一种，该循环会重复执行｛～｝的处理，循环次数为数组的项目数。让我们来看看 for 循环的基本格式吧。

格式 for...of 语句

```
for(let 变量名 of 循环对象的数组) {
  在这里编写处理的内容
}
```

在 for 之后的( )是要点。首先，在 let 变量名的地方，定义循环中使用的变量。这次的练习在这里定义了变量 item。

```
for (let item of todo) {
```

每次循环处理时，定义的变量（item）都会代入一个数组的数据。也就是说，在第一次循环中，“制作设计样本”被代入到 item，下一次循环中，“数据整理”被代入到 item。这个变量 item 可以在接下来的｛～｝内的处理中被读取。

下面要关注的是 for 后面( )中指定循环处理的目标数组。

```
for (let itemof todo) {
```

然后在｛～｝内编写第 1 次循环的处理内容。因为数组的数据被赋值给了定义的变量，所以要活用这个变量来写具体的处理内容。这次的练习是在控制台上显示数组 todo 的数据，所以需要把变量 item 作为参数传递给 log 方法。

```
console.log (item);
```

使用 for...of 语句，不管什么数组都可以读取所有的数据。在实际编程中，比起利用索引号单独读取数据，利用 for…of 语句实现在循环中读取所有的数据，然后对各个数据进行处理的情况是比较常见的。这里介绍的 for... of 语句会有很多的使用场景，所以非常重要。

添加项目

如果任务清单的项目需要扩充，怎么把它们添加数组中呢？

数组本质上也是“对象”。所谓对象就是方法和属性的集合。参考 2.1 节的解说“JavaScript 的基本语法程序就是‘OO 执行 XX’的指令”。

数组对象当然有与操作数组数据相对应的方法。下面的 index.html 中，使用了追加数组元素的方法。

3-10_array/step3/index. htm HTML

```
<script>
'use strict';

let todo = ['制作设计样本', '整理数据', '申请学习会', '买牛奶'];
todo.push('去看牙医');
for(let item of todo) {
  console.log(item);
}
</script>
```

用浏览器打开控制台，然后确认 index.html，就会发现显示的项目增加了一个。

Fig 在控制台中显示的项目增加了一个

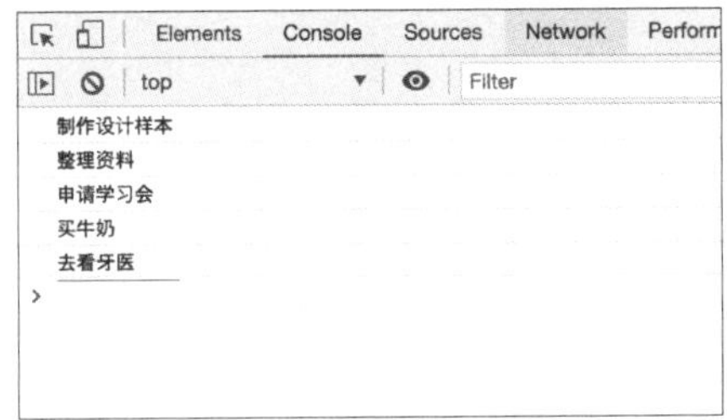

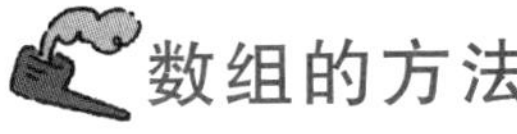

数组的方法

数组可以随时添加或删除元素。要操作数组需要使用数组对象[⊖]的方法。在练习中使

⊖ 正确的说法是 Array 对象。

用的 push 方法是将( )内的参数指定的数据追加到数组末尾的方法。

格式 添加数据到数组末尾

```
数组的变量名.push(要添加的数据)
```

数组还有其他各种各样的方法。作为参考，下面列举了在数组中添加、删除数据的主要方法。

Table 添加、删除数据的主要方法列表

方法名	含义
数组的变量名.pop( )	删除数组的最后一个数据
数组的变量名.push（数据）	添加数据到数组的末尾
数组的变量名.shift( )	删除数组的第一个数据
数组的变量名.unshift（数据 1，数据 2...）	在数组的开头添加数据 1，数据 2…

用 <li> ~ </li> 把每个项目都括起来

到目前为止，我们学习了定义数组、读取数组数据、添加数组元素等基本操作。在第 4 步和第 5 步中，让我们来挑战在 HTML 上显示数组数据吧。

首先，创建一个包含 <li> 和 </li> 的字符串，并将它们输出到控制台。我们可以使用名为“模板字符串”的功能。

另外，在 Step4 练习的程序中将使用“`”来完成模板字符串的功能。这个字符串叫作“backquote”。通常情况可以通过笔记本计算机键盘上 1 键的左边的键进行输入。

List 3-10_array/step4/index.html HTML

```
<script>
'use strict';

let todo = ['制作设计样本', '整理数据', '申请学习会', '买牛奶'];
todo.push('去看牙医');
for(let item of todo) {
  const li = `<li>${item}</li>`;
  console.log(li);
}
</script>
```

在浏览器中打开 index.html，然后打开控制台，可以看到各个项目被 <li> ~ </li>

标签包围起来。

Fig 数组的项目被 <li> ~ </li> 标签包围起来

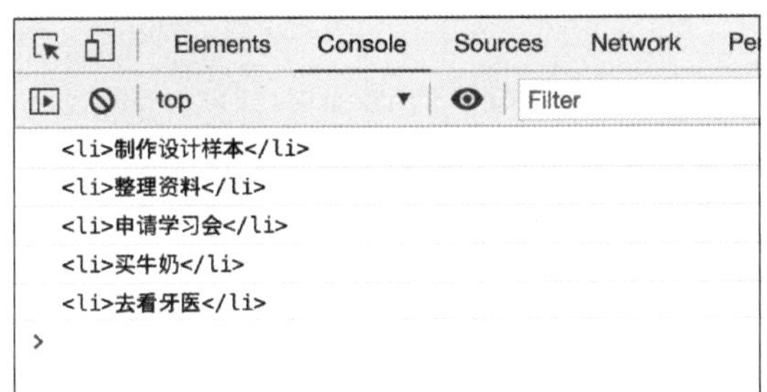

模板字符串

在这次的练习中，在 for…of 语句的 { ~ } 中，将数组 todo 的项目用 <li> 和 </li> 括起来做成字符串，并将其保存在常数 li 中。这个处理在第 36 行进行。

```
36  const li = `<li>${item}</li>`;
```

重要的是 = 右侧的部分。这个被 backquote（`）包围起来的形式组成的字符串称为"模板字符串"⊖。

模板字符串是指被 ` 包围起来的字符串数据，比起被 ' 或者 " 包围起来的字符串，有一些不一样的功能。其中一个是"替换字符串中的变量"的功能。需要替换的变量使用 ${变量名} 的形式来书写。

格式 在模板字符串中替换变量

```
${变量名}
```

在第 36 行中，<li> 和 </li> 字符串之间包含了 {$item}。item 是 for…of 语句中定义的变量，保存了数组 todo 的元素，参考 Step2"读取数组中的所有项目"。模板字符串在创建字符串时读取由 ${ ~ } 包围的变量的数据，并将其内容与前后字符串相连接，形成一个新的字符串。

利用这个特性，在这次练习中，使用 for…of 语句实现循环功能时，可以形成"<li> 制作设计样本 </li>""<li> 整理数据 </li>"……这样的字符串。这里，我们把这种实现方式与通常的字符串连接进行比较。

⊖ 虽然模板字符串这个概念的英文用词在 JavaScript 的 2016 年标准（ES2016）中已经改名为"Template Literals"。但还有些书中会习惯性地使用"Template Strings"这个名称。

Fig　通常的字符串连接和模板字符串的比较

通常的字符串连接	模板字符串
`const li = '<li>' + item + '</li>';`	``const li = `<li>${item}</li>`;``

使用通常的字符串连接的方法做相同的事情时，需要使用 + 运算符，这样会出现很多次 + 运算符，编写很麻烦，而且代码的阅读性也比较差。特别是在进行复杂的字符串连接时，使用模板字符串会更简单，之后也会更容易阅读，更容易理解代码的作用。

模板字符串的其他功能

${ ~ } 内的函数调用

模板字符串不仅能嵌入变量，也有其他的功能。实际上，不仅是变量，也可以嵌入函数。

比如 3.8 节的 Step2 中咖啡机价格的显示可以用来做练习。这个练习过程中，就会用到在字符串连接中的函数调用。

字符串连接中调用函数的示例（3-08_function/step2/index.html）。

```
document.getElementById('output').textContent = '咖啡机的价格为' +
total(8000) + '日元(含税)。';
```

这个程序可以用模板字符串来修改。

模板字符串修改的示例。也可以在 ${} 内调用函数。

```
document.getElementById('output').textContent = `咖啡机的价格为
${total(8000 日元(含税)。)}`;
```

读者会想："怎么不早点告诉我"，由于使用 + 来实现字符串连接的场景还是有很多的，所以两个都知道会比较好。

${ ~ } 内的计算

我们还将介绍另一个功能。利用模板字符串就算调用函数也可以完成计算。在下面的示例中，计算出 1800 × 2 以创建字符串 "2 个大人：3600 日元"，并将其赋值给常量 total。

利用模板字符串实现算术计算。

```
const total = `2个大人:${1800 * 2}日元`;
```

字符串的换行

此外，在普通字符串中不能在字符串中间换行，但使用模板字符串就可以。

Fig　使用模板字符串的时候可以换行

× 在通常的字符串中不能换行

```
const element = '<div>
  <p>3 倍积分活动实施中 </p>
</div>';
```

○ 模板字符串中可以换行

```
const element = `<div>
  <p>3 倍积分活动实施中 </p>
</div>`;
```

可以符串中换行这个功能，特别是在 HTML 中插入内容的时候非常方便。在 7.2 节“尝试使用 Web API 进行天气预报”中，我们将使用这个功能，编写更加复杂的用于操作 HTML 的程序。

Step 5　将项目输出到 HTML

那么作为最后一步，就是把任务清单输出到 HTML。将数组的数据显示在 HTML 上是经常进行的处理之一，所以实际动手编写一下吧。

到目前为止，我们可以把数组 todo 的各个元素包围在 <li> ~ </li> 里。<li> 是表示项目符号的标签，必须被父元素 <ul> ~ </ul>（或 <ol> ~ </ol>）包围。因此，首先在 HTML 中添加作为 <li> 父元素的 <ul> 标签。

为了方便 JavaScript 能对元素进行操作，在父元素的 <ul> 标签中添加“list”为 id 的属性值。

List　3-10_array/step5/index.htm　HTML

```
<section>
  <h1>任务列表</h1>
  <ul id="list">
  </ul>
</section>
```

现在编写在刚才添加的 <ul id="list"> ~ </ul> 标签中添加“<li> 数组 todo 的各个项目 </li>”的程序。在 Step4 中写的“console.log(li);”已经不需要了，可以删除。

List　3-10_array/step5/index.htm　HTML

```
<script>
'use strict';

let todo = ['制作设计样本', '整理数据', '申请学习会', '买牛奶'];
```

```
todo.push('去看牙医');
for(let item of todo) {
  const li = `<li>${item}</li>`;
  console.log(li);
  document.getElementById('list').insertAdjacentHTML('beforeend', li);
}
</script>
```

用浏览器打开 index.html 确认内容。任务列表被全部显示出来了吗？

Fig　数组 todo 的各个元素以项目符号的形式被显示出来

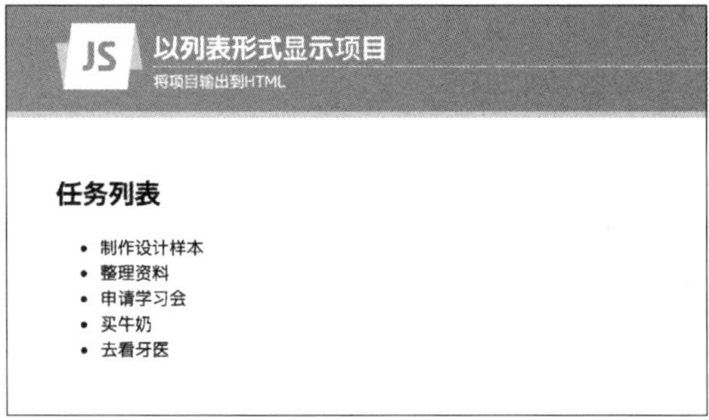

解说

在父元素（<ul>）中插入子元素（<li>）

在之前的练习中，虽然在元素的内容中插入文本，或者修改已存在的文本，但是从来没有追加过元素。

这次需要在<ul>~</ul>中插入<li>元素——li>标签和内容（任务清单）。迄今为止使用过的 Element 对象（参考“Element 对象”）的 textContent 属性只能插入或修改文本，不能插入 HTML 标签。为了实现这次的动作，必须使用其他的方法。

要在某个元素里插入其他元素的方法有很多种，这里介绍最通用的方法，那就是 insertAdjacentHTML 方法。

以这次的代码为例，看一下它的使用方法。

要使用此方法插入元素，请先获取要插入的元素。首先获取被插入的<ul>元素。

```
document.getElementById('list')
```

然后使用 insertAdjacentHTML 方法插入元素。

```
document.getElementById('list').insertAdjacentHTML()
```

insertAdjacentHTML 方法可以在获取元素的前后插入兄弟元素或者子元素。所以参数中需要指定“在哪里”“什么元素”这两个内容。

格式 insertAdjacentHTML 方法

```
获取的元素.insertAdjacentHTML('插入的位置', 插入的元素)
```

“插入的位置”的参数，是用来指定插入元素与获取元素的相对位置的。关于位置可以指定以下表格中的 4 个关键字中的一个来实现。这些关键词必须用引号（'）括起来。

Table 指定“插入的位置”的关键字

关键字	插入的位置	“插入的位置”的意思……
'beforebegin'	在获取元素的前面插入元素	在获取元素的开始标签的前面插入
'afterbegin'	以获取元素的子元素的形式插入元素 如果已经存在子元素，就在那个子元素的前面插入	在获取元素的开始标签的后面插入
'beforeend'	以获取元素的子元素的形式插入元素 如果已经存在子元素，就在那个子元素的后面插入	在获取元素的结束标签的前面插入
'afterend'	在获取元素的后面插入元素	在获取元素的结束标签的后面插入

元素插入的位置如下。

Fig insertAdjacentHTML 方法中的参数和“插入的位置”的关系

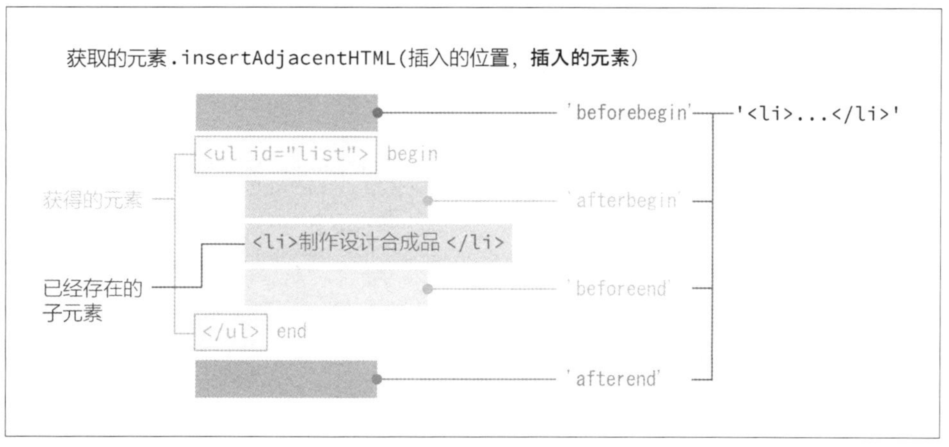

第 2 个参数，用来指定“插入的元素”。

以这次的程序为例，第 2 个参数指定了常量 li。要说这个常数 li 代入了什么，应该就是这个吧。

```
const li = `<li>${item}</li>`;
```

使用模板字符串创建字符串，例如“<li>制作设计合成品</li>”，并将其赋值给常量 li。这个常量在“beforeend”的位置，也就是将常量 li 反复插入获得的元素的结束标签（</ul>）前面。

insertAdjacentHTML 方法，虽然名字很长，但是使用这个方法进行元素的插入就会变得非常容易方便。只要知道插入或修改文本的 textContent 属性和插入元素的 insertAdjacentHTML 方法，就可以通过这两个工具演变出更多的 HTML 操作方法了[⊖]。

⊖ 有时候也需要删除已经存在的元素。关于删除元素的操作，可以参考 5.3 节“创建隐私政策同意面板 cookie”。

3.11 显示商品价格和库存——对象

在数组之后，我们将引入另一个新的数据类型："对象"。对象是指 window、document 这些吗？是的，基本上是一个概念。但是我们可以广泛地将对象理解为使用一个变量（或常量）管理多个数据的东西。上一节中的数组和这里的对象概念有相似的地方，因为它们都是将多个数据组合成一个来管理，但是两者也存在一些差异的。让我们在练习示例的过程中，体会它们之间的差别吧。

▼本节的任务

在表格中显示书的标题、价格和库存状况。

登记图书数据

类似于数组，对象也可以将多个数据合并为一个变量。虽然"归纳成一个"的理念是共通的，但是创建方法和读取数据的方法却是大不相同。让我们先编写程序体会一下吧。这里的任务是试着登记图书数据。

复制"_template"文件夹，重命名为"3-11_object"。

List 3-11_object/step1/indexhtml HTML

```
<body>
…省略
</footer>
<script>
'use strict';

let jsbook = {title: 'JavaScript 入门', price: 2500, stock: 3};
</script>
</body>
```

创建对象并将其赋值给变量 jsbook（以下称为 jsbook 对象）。jsbook 对象包含图书的标题，价格和库存的数据。

现在读取登记在 jsbook 对象中的数据，并输出到控制台上。首先读取整个数据。

List 3-11_object/step1/index. ht HTML

```
…省略
let jsbook = {title: 'JavaScript 入门', price: 2500, stock: 3};
console.log(jsbook);
</script>
```

在浏览器中确认 index.html 内容，打开控制台，可以看到 jsbook 对象的所有属性和值（如果浏览器只显示“Object”，请单击▶。当使用 Edge 显示为“object Object”时，需要刷新页面）。

Fig 在控制台上显示整个对象的数据

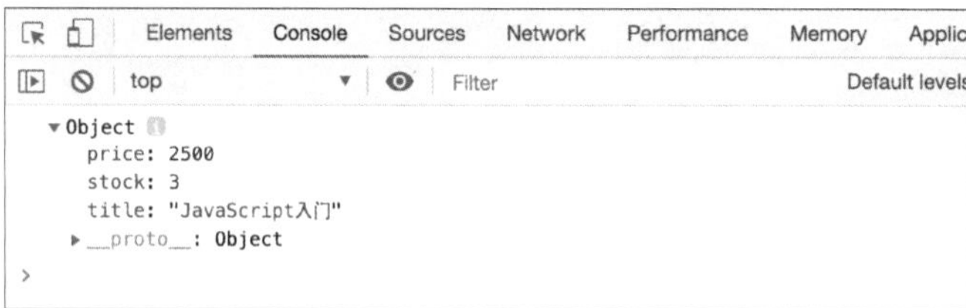

当变量（或常量）中保存了数据的时候，不论是字符串或数字，还是数组或对象，我们都可以通过变量名来读取变量里的所有数据。

如果是数组或对象等多个数据集中在一起的数据，全部数据读取出来大多数的时候也没有什么利用价值，还是需要一个一个地取出来，做个别处理。

下面我们尝试读取对象中的“图书的标题”数据。

List　3-11_object/step1/index. ht　HTML

```
…省略
33 let jsbook = {title: 'JavaScript 入门', price: 2500, stock: 3};
34 console.log(jsbook);
35 console.log(jsbook.title);
36 </script>
```

用浏览器确认 index.html 内容，然后打开控制台可以看到“JavaScript 入门”的文本。

Fig　显示对象中保存的“图书的标题”的数据

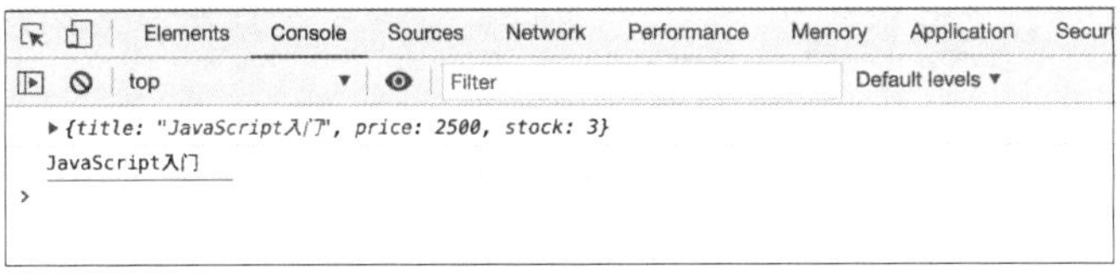

Elements　Console　Sources　Network　Performance　Memory　Application　Securi
top　Filter　Default levels
▸{title: "JavaScript入门", price: 2500, stock: 3}
JavaScript入门
›

第 33 行，对象的变量 jsbook 的 { ~ } 中有写着“title:”的地方。jsbook. title 的输出结果就是“title:”右边的“JavaScript 入门”了。

“jsbook. title”部分就很像“document. getElementById( ). textContent”的用法。这也难怪，因为“title”就是 jsbook 对象的属性。

事实上，读取对象属性数据还有另外一种写法。下面我们试着用别的方法来读取价格（price 属性）。

List　3-11_object/step1/index. ht　HTML

```
…省略
33 let jsbook = {title: 'JavaScript 入门', price: 2500, stock: 3};
34 console.log(jsbook);
35 console.log(jsbook.title);
36 console.log(jsbook['price']);
37 </script>
```

在浏览器中确认 index.html 的内容，打开控制台，可以看到 2500。这就是 jsbook 对象“price:”右边的数据。

Fig　登记在对象中的“价格”数据被显示

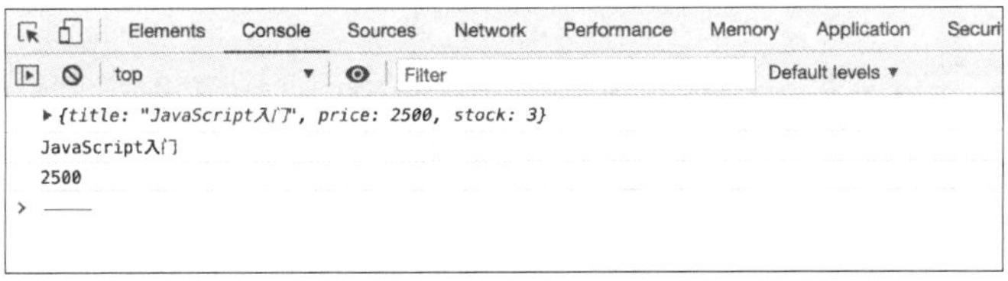

Elements　Console　Sources　Network　Performance　Memory　Application　Securi
top　Filter　Default levels
▸{title: "JavaScript入门", price: 2500, stock: 3}
JavaScript入门
2500
›

下面我们尝试修改属性数据。

让我们把库存（stock 属性）的数据修改成“10”吧。为了确认修改有效，我们将更新后的 stock 属性输出到控制台以便检查。

3-11_object/step1/index. ht HTML

```
…省略
let jsbook = {title: 'JavaScript 入门', price: 2500, stock: 3};
console.log(jsbook);
console.log(jsbook.title);
console.log(jsbook['price']);
jsbook.stock = 10;
console.log(jsbook.stock);
</script>
```

用浏览器打开 index.html，在控制台可以看到修改后的库存数据。

Fig 登记在对象中的“库存”数据被更新并显示

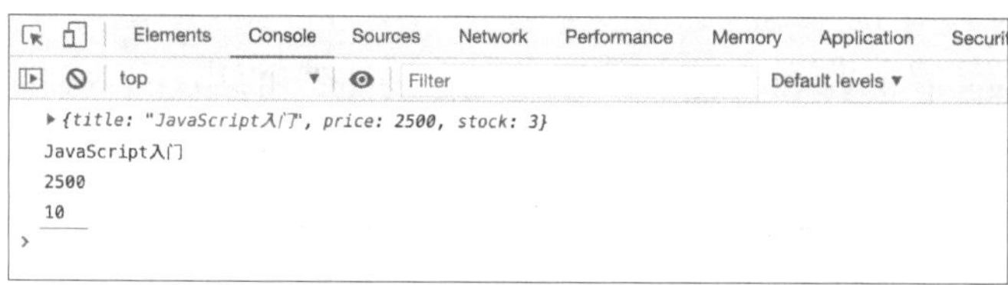

在修改属性数据的时候，也可以使用属性读取的另一种方法进行修改。“jsbook. stock = 10;”的部分也可以这样实现，代码如下。

```
jsbook['stock'] = 10;
```

目前为止，我们学习了以下 3 个基本操作，并且在练习中都有涉及。

1. 创建对象
2. 读取属性
3. 修改属性

解说

对象

稍微说明了一下，所谓对象是指“具有多个属性的数据汇总”。因为在各个属性中保存了数据，所以对象也可以是“将各种数据合并在一起，作为一个变量来处理的数据”。从这一点来看它和数组是一样的。

让我们来看看这次创建的 jsbook 对象吧。此对象包含三个属性，每个属性都保存有数据。在 jsbook 对象中，我们实现了把 3 个数据汇总在一起进行管理的功能。

- title 属性——保存数据：'JavaScript 入门'。
- price 属性——保存数据：2500。
- stock 属性——保存数据：3。

对象的创建方法

使用波浪括号（{}）可以创建对象。这类似于数组，通常也会将对象保存在变量中，创建方法如下。

格式　创建 0 个属性的对象，然后赋值给变量⊖

```
let 变量名 = {};
```

如果要在创建对象的同时登记属性名称及其数据，编写方法如下。用逗号分隔属性。最后一个“属性名：数据”也可以没有逗号。

格式　创建包含一个属性以上的对象

```
let 变量名 = {属性名1:数据，属性名2：数据，...，属性名X：数据};
```

当我们称其为“属性”时，它指的是属性名和其中保存的数据。仅引用属性名时，指的是“属性名”，引用每个属性中存储的数据时，指的是“数据”或“值”。

Fig　属性，属性名，数据（值）

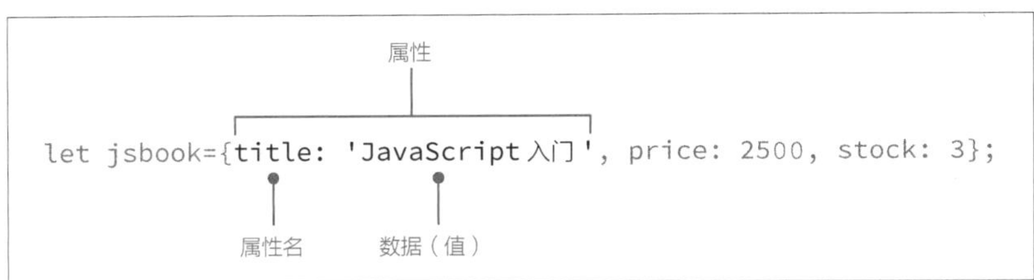

另外，和数组元素个数没有限制一样，属性的个数也是没有限制的。

那么我们来确认一下各个属性的书写方式吧。对于一个属性，需要用冒号把属性名和数据分隔开进行书写。冒号前后的半角空格可有可无。

格式　属性的格式

```
属性名：数据
```

属性名和变量・函数名一样可以自由选择，参考 3.2 节的解说“变量的命名方法”。实际上，属性名的命名自由度更高，没有特别的单词限制，就连“-”记号也是可以使用的⊖。

⊖ 和数组一样，对象也可以用常量来定义。

⊖ 在属性名称中使用-符号后，读取数据时只能使用后述的“读取属性的数据❷”方法。因为写法的选项会减少，所以一般不使用-符号。

从对象中读取数据 · 修改数据

你还记得从数组读取数据时使用了什么吗？对，是索引号。但是对象没有索引号，所以使用属性名称来代替。在练习中也提到了，从对象读取数据有两种方法。一种是用点连接对象名称（赋值对象的变量名）和属性名的方法。

格式　读取属性的数据❶

```
对象名.属性名
```

还有另一种可能会觉得有些特殊的写法，就是用 [ ] 包围属性名的方法。

格式　读取属性的数据❷

```
对象名['属性名']
```

使用第 2 种方法时必须注意的是，不仅需要用 [ ] 括起来，属性名还必须用单引号（或双引号）包围起来。更确切地说，必须将属性名当作字符串来使用。

再来看看修改属性数据的方法吧。

修改的时候，要在读取方法❶或者❷后面加上 =，然后在 = 右侧写上新的数据。

格式　修改属性的数据

```
对象名.属性名 = 新的数据; 或者
对象名['属性名'] = 新的数据;
```

和之前出现的对象是什么关系?

到现在为止，window 和 document 的对象，都是指有方法和属性的东西。虽然这次创建的对象只有属性，但实际上属性数据中也可以是函数。比如下面这样。

```
let obj = {
  addTax: function(num){
    return num * 1.08;
  }
};
```

上面的 addTax 属性的数据为一个函数。当属性的数据为函数的时候，那个属性就会被称为“方法”。

也就是说，大家可以创建同时拥有方法和属性的对象。但是这样需要运用“JavaScript 的面向对象编程”相关的知识，已经是进阶的技巧了，不在本书的介绍范围之内。本书主要学习的是创建只包含属性的对象，对多个数据进行统一管理的方法。在此之后，如果对面向对象编程相关知识感兴趣，可以在网上或者别的书籍上进行学习。

读取所有属性

学习数组的时候，使用 for…of 语句读取了登记的所有数据，参考 3.10 节的 Step2“读取数组中的所有项目”。对象也可以读取所有属性，但方法与数组不同。

那么就让我们读取保存在 jsbook 对象中的所有属性数据，在控制台上显示属性名和保存的数据内容吧。在 Step1 中写入的程序中，除了第一个定义对象并赋值给变量相关处理（第 33 行代码）之外，其他步骤的内容已经不需要了，可以全部删除或者注释掉。

什么是注释?

注释是指在不想执行的一行或者多行代码的开头写上//，或者用/*和*/将其包围起来。想暂时保留，但是不想立刻执行的时候，可以把它注释起来。

注释的示例

```
//console.log(jsbook);


或者
/*
console.log(jsbook.title);
console.log(jsbook['price']);
jsbook.stock =10;
console.log(jsbook.stock);
*/
```

接下来，编写读取属性的程序。在这里的示例没有使用注释而是删除了上面提到的内容。

List　3-11_object/step2/index.htm　HTML

```
<script>
'use strict';

let jsbook = {title: 'JavaScript', price: 2500, stock: 3};

for(let p in jsbook) {
  console.log(p + '=' + jsbook[p]);
}
</script>
```

用浏览器确认 index.html 内容，打开控制台后可以看到 jsbook 对象所有的属性以“属性名 = 数据”的形式显示出来。

Fig　在控制台上显示对象的所有属性

解说

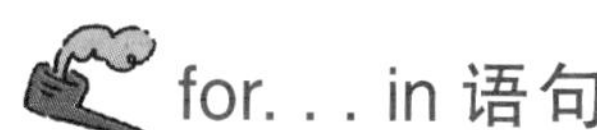

for. . . in 语句

这次的程序中的循环处理也是以 for 开始的，但是 for 后面( )里的内容和以前不一样。这是一个被称为“for…in”的专用循环语句，其目的是读取所有对象属性。循环数为对象中登记的属性的个数，循环过程中将执行 { ~ } 内的处理内容。

格式　for. . . in 语句

```
for(let 变量名 in 对象名) {
  处理内容
}
```

关于变量名，虽然命名是自由的，但是一般约定俗成的变量名为 p。

在 for. . . in 循环中，会把属性的属性名赋值给变量 p。例如第 1 次循环的时候，被赋值给变量 p 的属性名为 title。

想要读取属性名的时候，只需要书写 p 就可以了。

格式 读取属性名

> ※p 是变量名

如果想要读取保存在属性中的数据，读取方法如下。

```
jsbook[p]
```

这个方法在 Step1 中有介绍。参考 3.1 节的“读取属性的数据”。

格式 读取属性的数据

> 对象名[p]

在读取属性的数据时，读取方法是行不通的。

```
jsbook.p
```

这个写法的意思是“jsbook 对象的属性 p”。想要读取的不是 p 属性而是 title 属性的数据，所以在使用 for... in 语句的时候，想要读取对象中的数据，必须使用“ [ ]”的方法。

那么看一下接下来的处理内容。

```
36 console.log(p + '=' + jsbook[p]);
```

第 36 行代码会在控制台上显示“属性名 = 属性的数据”的信息。

不一定按顺序输出！

使用 for…in 语句可以读取所有对象的属性。但是这种方法有一点需要注意。这次练习程序的结果应该是按照登记属性的顺序，也就是 title→price→stock 属性的顺序来显示的，但是不一定总是这样的。

事实上，对象中的属性是没有顺序这个概念的。如果是用 for…in 语句读取所有属性，可能无法按属性的保存顺序进行输出。

另一方面，数组中的数据通过建立索引号是一个顺序数据，它的顺序是不会随意改变的。这是与对象和数列的一个很大区别。数组对数据的顺序很讲究，对象则没那么严谨。

输出到 HTML

作为对象数据的具体使用示例，这里介绍输出到 HTML 的方法：在表格单元格中插入 jsbook 对象属性的数据。首先在目标 HTML 文件 index.html 中，创建 3 列表格。在 3 个 <td> 中，id 属性从上到下依次为 title、price、stock。

3-11_object/step3/index.html HTML

```
<section>
  <table>
   <tr>
    <td id="title"></td>
    <td id="price"></td>
    <td id="stock"></td>
   </tr>
  </table>
</section>
```

如果需要规定表格的外观，则添加 CSS

如果要规定表格的外观，则添加 CSS。因为和程序本身的功能无关，所以并不是必须的。示例代码（3.11 object/step 3/index.html）中有为了在表格中画网格的 CSS，可以作为参考。

编写程序的准备工作完成了。在当前添加的 HTML 的各个 <td> 中插入 jsbook 对象的数据。编程中使用的都是至今为止使用过多次的功能。

因为 Step2 中写的 for... in 语句已经不需要了，要么注释掉，要么删除。

3-11_object/step3/index. htm HTML

```
<script>
'use strict';

let jsbook = {title: 'JavaScript', price: 2500, stock: 3};

document.getElementById('title').textContent = jsbook.title;
document.getElementById('price').textContent = jsbook.price + '日元';
document.getElementById('stock').textContent = jsbook.stock;
</script>
```

打开浏览器确认一下。在表格中显示了图书的数据。这个显示结果采用了 CSS 的样式。

Fig 登记在对象中的数据（图书的标题、价格、库存状况）显示在表格中

该选哪一个？数组 vs 对象

数组和对象都是用于将多个数据合并为一个数据的数据类型。那么怎么区分它们的使用呢？各自有什么特征吗？

因为数组和对象所具有的功能不同，所以在处理数据的时候要考虑哪一个更适合，但是要判断这一点多少会需要一点经验。

- 即使没有经验也容易选择的分类方法

虽然分类有些粗略，但这里将介绍一种比较好懂的方法。

假设大家已经使用了 Excel 等电子表格软件。想象一下，当使用 JavaScript 中的某些数据并将数据输入电子表格软件时，是想竖着还是横着输入数据？

如果是想竖着输入数据，比较适合使用数组。例如任务清单通常是竖着排列的。除此之外，能想到的还有如下示例：

▶ 省・县・市名。

▶ 携带物品清单。

▶ 学校的班级名册。

Fig 如果是想要竖着排列的数据，则更适合数组

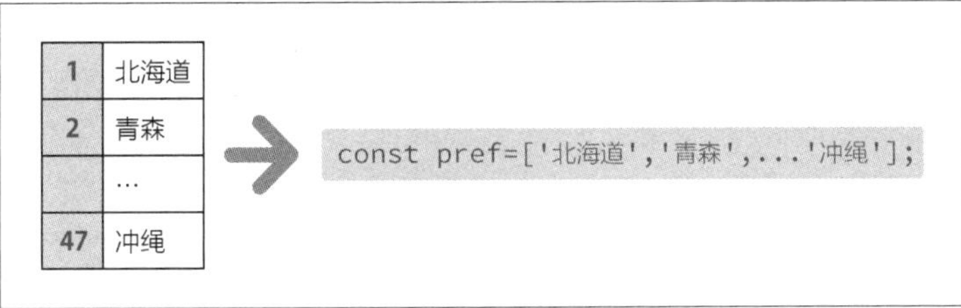

另一方面，如果想要将数据横向排列，则对象的数据类型比较合适。例如对象更适合管理相关联的多个数据。

▶ 游戏高分榜（玩家姓名和分数）。

▶ 计算机、智能手机的规格（尺寸、计算速度等）。

▶ 某商品的价格和库存数（这次的练习内容）。

Fig 想要横向排列的数据适合对象的数据类型

user	score	nation
HARU	999999999	JP

```
let high={user:'HARU', score:999999999, nation:'JP'};
```

● 纵横的表格

任务清单适合用数组表现。除了任务选项，我们还需要记录以下信息。

▶ 期限。

▶ 优先级别。

▶ 笔记。

如果把这些数据（期限、优先级别、笔记）输入到电子表格软件，应该是要把它们横着输入的。

Fig 向任务列表添加数据

	todo	due	priority	memo
1	设计	11/20	1	替换图片
2	准备飞机	11/22	3	
3	还书	12/1	2	拆掉便条纸

针对这种数据管理，JavaScript 可以有如下实现方案：

▶ 任务清单的单独项目用对象保存。

▶ 任务清单的多个项目则用数组进行整合。

于是就形成了对象和数组的组合实现方式。关于这种方式，可以参考 6.3 节的“检查空位情况”。

掌握编程的思考方式

在网络这个变化多端的世界，以前流行的东西经常会变得不那么流行。Web 网站和 Web 应用的开发也一样，经常使用的方法、技术现在也不怎么被使用了，那些受欢

迎的工具会被其他的东西代替。JavaScript 也不例外。“这种编程方法很酷”之类的技巧也会随着潮流而改变。

本书不是为了学习“最新”“流行”“高深”的开发手法而编写的。所以即使没有编程经验的人，也能很好地掌握，而且都是一些不太会随潮流变化的东西，本书重点介绍了基本的语法和功能。这些基础知识万变不离其宗，所以不需要担心跟不上潮流。

而且最重要的是掌握编程时的基本“思考方式”。为此，在编写程序之前，可以想象一下这个处理的流程是什么。如果没有办法很清晰地在脑海中勾勒出来，没必要钻牛角尖，继续学习本书的内容也许会受启发。最重要的是尝试想象这个努力是有意义的。

Fig 确认一下要做的事情，想象一下处理的流程

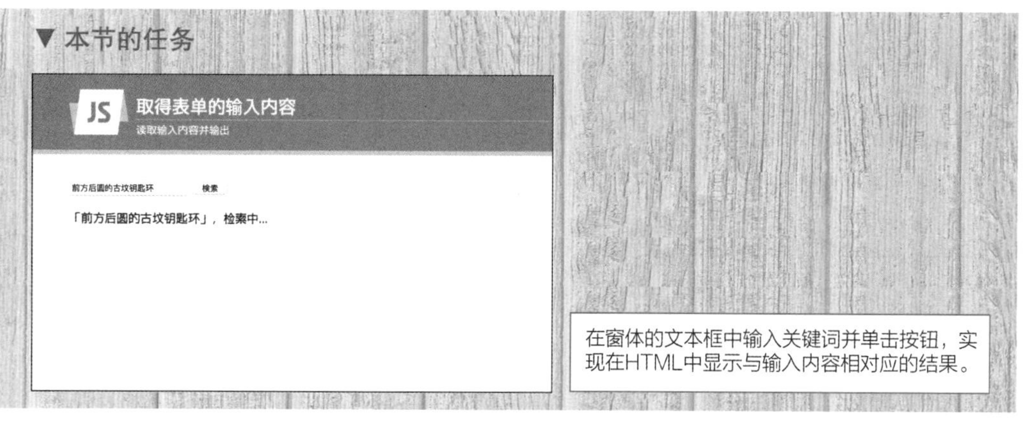

从第 4 章开始，要练习的程序渐渐变得复杂而有趣起来。到第 3 章为止介绍的功能也会以各种各样的形式得到应用，可以一边回想至今为止学习过的内容，一边想象“怎样才能实现”。如果能想象出来，程序设计会变得更有趣！

第 4 章　输入和数据处理

本章将重点学习 JavaScript 的“输入→处理→输出”中的输入和处理技术。让我们挑战在表单中取得输入内容（日期、数组）等数据并进行处理，再将其显示在 HTML 上的程序吧。此外，本章还将涉及“事件”—— 一个决定一系列处理的触发条件的概念。

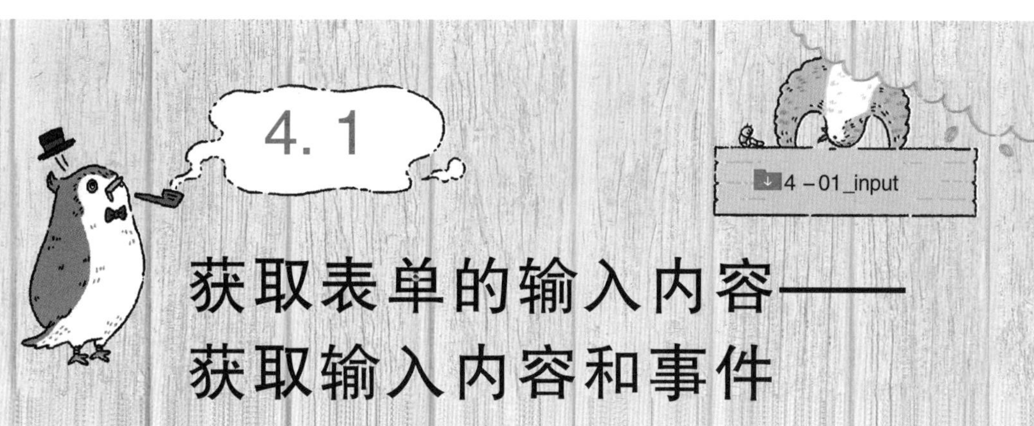

4.1 获取表单的输入内容——获取输入内容和事件

到现在为止，我们编写的程序都是在 HTML 被浏览器加载的同时，自动开始处理 JavaScript 内容的。在这次的示例中，则运用“事件”来控制浏览器执行程序的时机。具体内容包括：单击写有“检索”的按钮后，JavaScript 程序才会读取文本框中输入的内容，并将其显示在 HTML 上。

▼本节的任务

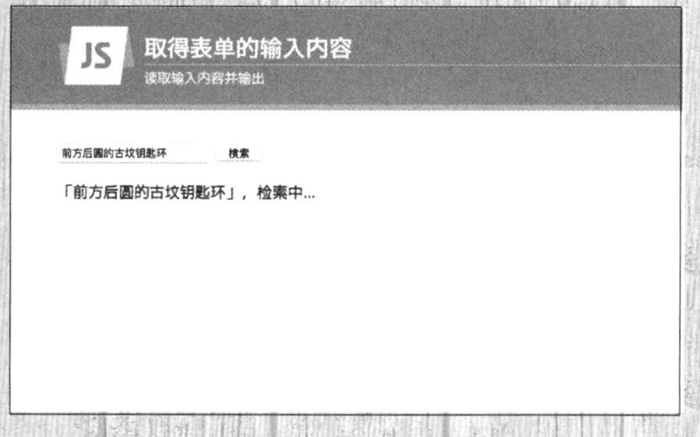

在表单的文本框中输入文本并单击按钮，将与输入文本相对应的内容显示在页面上。

Step 1 首先测试事件的功能

本练习中将引入“事件”和“获取文本框的输入内容”这两种新功能。首先，需要完成只有单击按钮才会触发功能的程序。

复制“_template”文件夹，重命名为“4-01_input”。首先修改 HTML，创建只有一个发送按钮的表单。这个表单将用到<form>标签，并且需要设置该标签中的 action 属性和 id 属性，这里我们把它们的值分别设为“#”和“form”。

4-01_input/step1/index.html HTML

```
<section>
  <form action="#" id="form">
    <input type="submit" value="检索">
  </form>
</section>
```

打开浏览器确认 index.html 内容，可以看到有一个名为“检索”的按钮，可以尝试着单击它。单击后根据浏览器，有可能在 URL 地址栏中的最后出现“#”或者“？#”

Fig 单击“检索”按钮后，URL 地址栏后面出现了“#”或者“？#”（因浏览器而异）

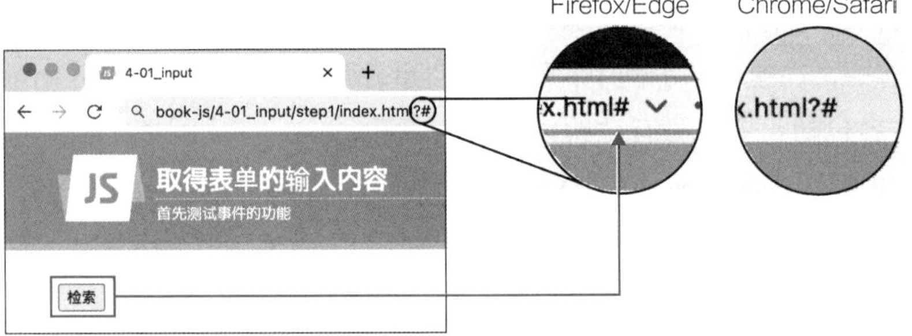

接下来编写关于“检索”事件的程序吧。首先从单击“检索”按钮后，控制台上显示“被单击了。”的信息开始吧。

4-01_input/step1/index.html HTML

```
<body>
…省略
</footer>
<script>
'use strict';

document.getElementById('form').onsubmit = function() {
  console.log('被单击了。');
};
</script>
</body>
```

完成后，打开控制台，然后确认 index.html。单击“检索”按钮，就会在控制台上显示“被单击了。”的信息⊖。

⊖ 在 Edge 上显示“被单击了。”的瞬间信息又会消失。下面的 Step2 也可能发生同样的事情。

Fig 单击“检索”按钮后，显示“被单击了。”

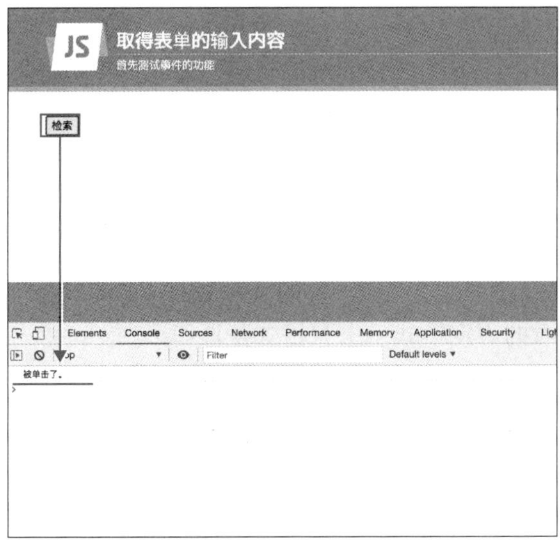

解说

事件

第 1 章介绍的“事件”在这里首次登场，参考 1.3 节的“处理流程的触发：事件”。

单击链接、按钮，或键盘的某个操作，或在页面读取完成或即将进入下一页之前，都会触发浏览器的“事件”。这次练习使用的 onsubmit 也是一个事件。下面仔细看一下相关内容。

被<form> ~</form>包围起来的是一个表单控件。如果单击表单中的“发送”按钮（<input type = "submit" value = "检索">），浏览器将向指定的页面发送输入的内容。对于要发送到哪里的信息，可以通过<form>标签的 action 属性来指定。

```
21  <form action = "#" id = "form">
```

action 属性通常指定发送数据的目的地的 URL。但是像这次练习这样哪里都不发送的情况下，一般用“#”代替 URL（#指的是“页面顶部”）。

该步骤程序的功能可以总结如下：

当单击“发送”按钮时，输入内容被发送到 action 属性指定的 URL。

onsubmit 事件作为触发条件，发生的时间点是在单击“发送”按钮后以及输入内容被发送到服务器之前。当 onsubmit 事件发生的时候，如果想用 JavaScript 做什么处理，可以把相关处理的函数赋值给 onsubmit 事件。具体实现如下。

```
document.getElementById('form')
```

首先，获取表单<form id = "form"> ～ </form>。接下来，需要把函数赋值给获取<form>元素的 onsubmit 事件（onsubmit 事件的属性）。

```
document.getElementById('form').onsubmit = function()
  { console.log('被单击了。');
};
```

函数的内容是，当 onsubmit 发生时需要进行处理的内容。这里执行的处理为在控制台上输出“被单击了。”

这个写法是在事件发生的时候执行处理时的固定模式。书写格式整理如下。

格式　元素事件的设定方法

```
获取的元素.onsubmit = function() {
  处理的内容
};
```

※onsubmit 这个部分，根据事件的种类不同而不同

“获取的元素”的某个事件（这里为 onsubmit 事件）处理的内容，通过函数的赋值来实现。通过这种方式可以设定当事件发生时需要执行的处理。

把函数赋值给事件的时候，不需要函数名，并且｛ ～ ｝里面没有 return。像这种没有名字也没有返回值的函数也是存在的。

读取输入内容并输出

接下来编写一个程序以获取文本框中的输入内容。当用户单击“检索”按钮时，读取在文本框中输入的内容。首先，编辑 HTML 以创建文本框。在文本框中，将 name 属性添加到文本框控件（<input type = "text">）。另外，在<form>？</ form>的下方添加“<p></ p>”，以确保有文本输出的空间。这个<p>标签的 id 属性为“output”。

List　4-01_input/step2/index.html　HTML

```html
<section>
  <form action = "#" id = "form">
    <input type = "text" name = "word">
    <input type = "submit" value = "检索">
  </form>
  <p id = "output"></p>
</section>
```

用浏览器确认 index.html 内容，可以看到页面上有文本框。

Fig 文本框被添加

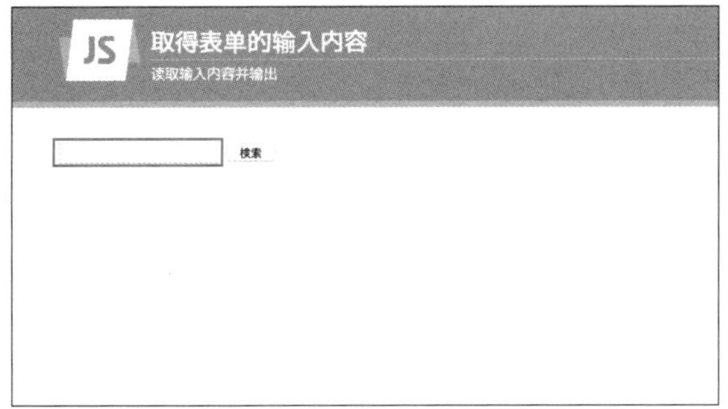

现在回顾一下表单的要点。

可以为表单部分定义许多属性，例如文本框、单选按钮、复选框和下拉菜单。在这些属性中，决定表单部件类型的 type 属性和提交数据时必不可少的 name 属性是非常重要的。

因为输入的数据被发送到服务器时，name 属性的值为服务器进行数据识别的“身份证”。用 JavaScript 来思考，name 属性值可以理解为保存输入内容的一个变量。

Fig name 属性和数据被发送时的情景

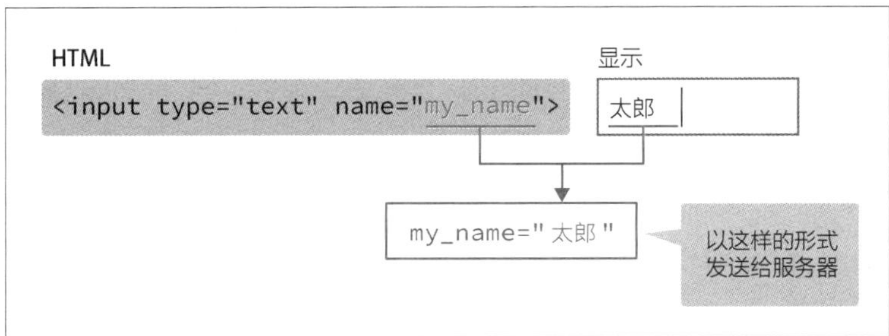

如果表单没有 name 属性的名称，则无法通过服务器端的程序对接收的数据进行处理。因此，通常在所有的表单部件上都要加上 name 属性。

当然，使用 JavaScript 读取的表单输入内容也是 name 属性的。

现在，让我们编写一个程序，当单击“发送”按钮时，使用 name 属性读取文本框的输入内容，并将其输出到<p id ="output"> </p>。Step1 中的 console. log 已经不需要了，可以注释掉，也可以删除。

List 4-01_input/step2/index. html HTML

```
document.getElementById('form').onsubmit = function() {
  const search = document.getElementById('form').word.value;
  document.getElementById('output').textContent = `“${search}”检索中...`;
};
```

在浏览器中确认动作。在文本框中随便输入什么，单击“检索”按钮，出现了一瞬间显示了什么，但是马上就消失了的现象⊖。

Fig　单击“检索”按钮后，输入的文本消失了

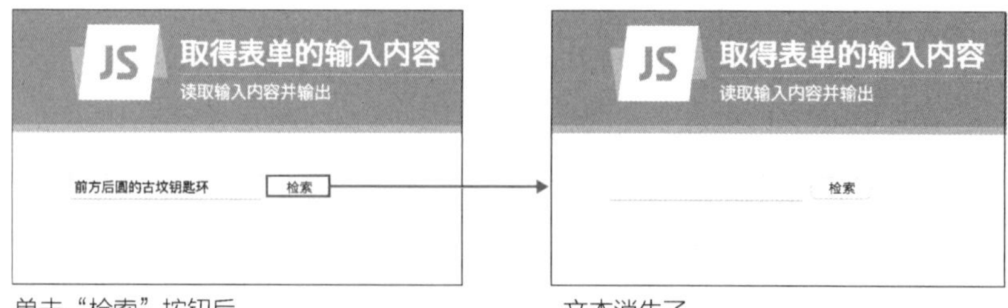

这有可能是浏览器的 bug，可以通过刷新页面解决。但是这里的情况是单击“检索”按钮后，有时候所有文本一瞬间消失了。在消失的那一瞬间，似乎可以看到页面上有显示类似“检索中...”的内容。

这表明程序确实是运行了。这时候再检查浏览器的地址栏，看看地址后面有没有"?#"的符号。

Fig　URL 后面添加的字符串

就像在 Step1 中介绍的表单基本动作那样，<form>在“发送”按钮被单击后，输入的数据会发送给 action 属性所指定的 URL。发送的内容就是 URL 后面添加的“? word = ＊＊＊”字符串。

但是浏览器在地址栏的 URL 稍微有点变化的时候，就会发出“显示下一页”的指令！然后移动到下一页。本次练习中，action 属性指定的 URL 是“#”，所以最终会移动到同一页（最顶部）。也就是说，一系列操作最后的效果是刷新页面。这就是上面的文本会消失的原因。

Fig　文本瞬间消失的原因在于刷新页面

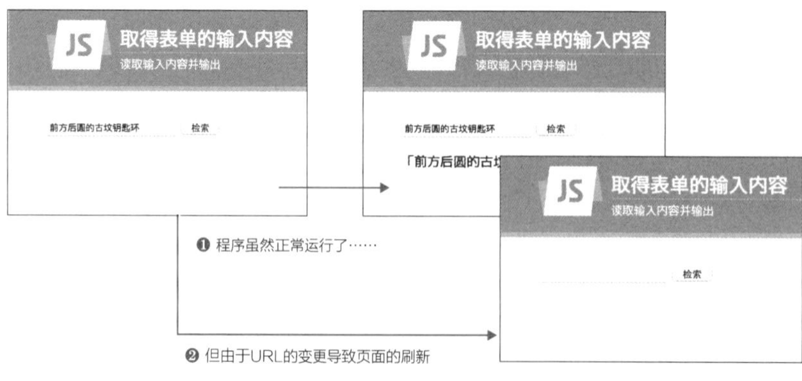

⊖ 也有什么都不显示的情况。即使不显示也没有问题，可以更换浏览器再确认一下。

为了解决这个问题，最好不要刷新页面。因此，需要取消“单击‘发送’按钮后发送数据，同时移动到 action 属性指定的页面”这个表单的默认动作。修改方式如下。

List 4-01_input/step2/index.html HTML

```
<script>
'use strict';

document.getElementById('form').onsubmit = function(event) {
  event.preventDefault();
  const search = document.getElementById('form').word.value;
  document.getElementById('output').textContent = `“${search}”，检索中...`;
};
</script>
```

然后重新在浏览器上确认一下。在文本框中输入任意内容，单击“检索”按钮后，文本框的下方<p id="output"></p>的部分会显示文本。因为取消了表单的默认动作，现在既不发送数据，也不移动到下一页。

Fig 显示“输入内容，检索中...”的信息

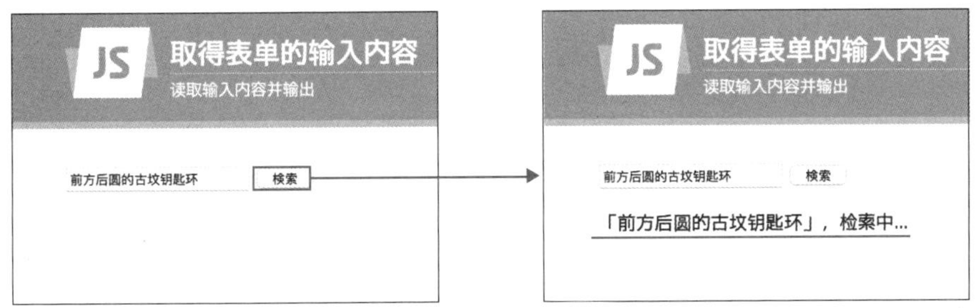

HTML 标签中有<form>和<a>等预先定义了一些存在默认动作的标签。使用事件进行处理时，默认动作经常会干扰主要功能，所以实际使用中经常会取消这样的默认动作。如果在执行 JavaScript 的功能中出现了“preventDefault()”，我们就知道该程序取消了 HTML 默认的动作。

读取表单的输入内容

虽然事件的处理也很重要，但是读取表单的输入内容也很重要。输入到表单部件（如文本框或文本区域）的内容可以按以下格式读取。

格式 输入内容的读取

```
获取的<form>元素.相关表单部件的 name 属性.value
```

下面再看看练习中编写的代码。

```
const search =
```

第 39 行定义了常量 search。接下来需要获取文本框的输入内容，并将其代入此处。

要读取输入内容，按照上面的格式，首先需要获取<form>元素。练习中的代码中要获取的元素为<form id="form"> ~ <form>。然后使用 getElementById 方法获取该元素。

```
const search = document.getElementById('form')
```

下一步才是最重要的。需要指定与读取输入内容相对应的表单部件的 name 属性。读取内容的文本框的 HTML 标签如下。

```
22 <input type="text" name="word">
```

下面是关于 JavaScript 中读取的部分。一看就知道在这里用“.”指定了文本框的 name 属性名"word"。

```
const search = document.getElementById('form').word
```

这样就可以获得文本框的<input>元素。然后需要调用输入的内容。输入的内容被保存在<input>元素的 value 属性中。

```
const search = document.getElementById('form').word.value
```

读取输入内容的程序到这里就结束了。最后把输入内容赋值给常量 search。

第 40 行的程序就是用来把文本框中输入的内容输出到<p id="output"> ~ </p>的部分。输出部分的处理需要借助 textContent 属性和模板字符串来完成。如果忘记或者对相关内容比较模糊，可以查看 2.4 节、3.10 节进行复习。

取消标签的默认动作

在这次练习中，为了显示效果，我们取消了<form>标签的默认动作，使得单击“发送”按钮时不会移动到下一页。用 JavaScript 编程的时候，因为经常会将默认动作取消，所以我们需要理解它的机制。

当某个元素的事件被触发时，在事件中定义的函数就会被执行。执行的时候，函数会接收“event（事件对象）”作为参数。想要取消默认动作的时候，就需要利用传递过来的事件对象 event。

具体来说，需要先让函数接收事件对象。

至于怎么接收，接收方法是在( )中写入需要传递的参数。在练习的程序中，事件对象以“event”的参数名被传递给了函数，所以事件对象被保存在了名为 event 的变量中。

```
document.getElementById('form').onsubmit = function(event)
```

传递给参数的是事件对象，既然是对象，就一定会有属性和方法。事实上，事件对象包含了以下的属性。

- 发生事件的种类（这里是 onsubmit）。
- 事件所在的标签（这里是<form id = "form">）。

除此之外，也包含了关于事件的动作变更的方法。

在事件对象所包含的方法中，有一个可以取消标签默认动作的方法“preventDefault”。要使用这个方法，需要在函数的 { ~ } 中添加如下处理。

取消标签的默认动作如下：

```
event.preventDefault();
```

4.2 以简易的方式显示日期和时间——Date 对象

在本节的练习中，将学习获取、设置、计算日期和时间。Date 对象在 2.4 节使用过。当时只是把取得的日期原封不动地直接输出到了 HTML 上，所以会出现一些比较生疏的格式标记。这次我们将对日期和时间进行处理，把它们以常用的 12 小时制显示出来。Date 对象的使用方法和对数据的处理是本节的重点。

▼本节的任务

JS 简单易懂地显示日期和时间
尝试用12小时制显示

最后访问的日期和时间：2021/3/1 9:11p.m.

取得现在的日期和时间，然后用12小时制的形式显示出来。

Step 1 显示年月日和时间

首先复制“_template”文件夹，重命名为“4-02_12hour”。确认 HTML 的显示区域并把日期和时间输出到<span id = "time"></span>。

List 4-02_12hour/step1/index.html HTML

```html
<section>
  <p>最后访问的日期和时间:<span id="time"></span></p>
</section>
```

获得日期后直接输出会怎么样呢？首先回顾一下 2.4 节示例代码的显示情况吧（见下图）。因为和平时看到的日期和时间显示格式相差甚远，所以只是看一眼的话，可能不知道显示的是什么东西。

Fig 2.4 节的显示例子

需要我们完成的是把上图的时间以这样的格式“2021/2/9 12：23”显示出来。显而易见，我们需要分别取得年、月、日、时、分的数据。尝试着编写程序吧。

List 4-02_12hour/step1/index.html HTML

```html
<script>
'use strict';

const now = new Date();
const year = now.getFullYear();
const month = now.getMonth();
const date = now.getDate();
const hour = now.getHours();
const min = now.getMinutes();

const output = `${year}/${month + 1}/${date} ${hour}:${min}`;
document.getElementById('time').textContent = output;
</script>
```

用浏览器确认一下吧。时间已经显示在了页面上。

Fig 用 24 小时制显示日期和时间

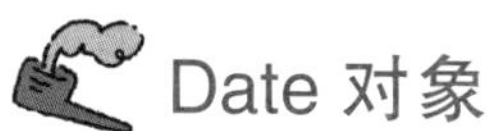 Date 对象

Date 对象用于处理日期和时间。Date 对象可以做以下事情。

1. 获取现在的日期和时间。
2. 设置过去和未来的日期和时间。
3. 对日期和时间进行计算。

1“获取现在的日期和时间”，在这次练习的范围之内。**2**“设置过去和未来的日期和时间”和**3**“对日期和时间进行计算”这两个功能是有关联的。例如通过设置未来的日期和时间，可以实现“天数的倒数”的计算功能[一]。

另外，关于**3**“对日期和时间进行计算”，日期和时间的计算并不是单纯的加减乘除。比如 4 月 27 日的 5 天后的计算，就不是通过 27＋5 计算而得 4 月 32 日。正确的日期是 5 月 2 日。如果使用了 Date 对象，不需要考虑日期计算本身的特殊条件，因此变得容易许多。

Date 对象是需要初始化的[二]

Date 对象当然有属性和方法。

使用 Date 对象的时候，是需要进行初始化的。这个初始化的方法在程序的第 33 行。

```
33 const now = new Date();
```

这行程序的意思是，初始化 Date 对象，然后赋值给常量 now。new 是用来初始化对象的关键字。也可以使用 new 对其他对象进行初始化。

赋值给常量 now 的数据是已经初始化了的 Date 对象。可以使用这个常量，获取日期和时间或进行日期和时间的计算。

另外，当初始化的时候，如果( )内没有传入参数，Date 对象就会记住初始化时的日

[一] 关于设置未来的日期和时间的内容将在第 5 章进行介绍。

[二] 在编程中正确的说法是“实例化”，或者“生成实例”，因为“实例”并不那么好理解，所以本书采用了“初始化”这个说法。

期和时间，并且初始化后仍然维持这种状态。

格式 初始化数据对象(存储初始化时的日期和时间的状态)

```
new Date()
```

使用 Date 对象计算日期和时间的时候，可以让初始化后的 Date 对象的常量 now，做如下事情。

▶ 给出“输出日期和时间”的指令，就会输出现在的日期和时间。

▶ 给出“计算 10 天后的日期”的指令，就会输出从现在开始 10 天后的日期。

上面提到的现在的日期和时间是计算的“基准日”。也就是说，初始化的 Date 对象能够记住基准日的日期和时间，所以上述日期和时间的输出、计算才能成立。

分别获取年、月、日

当要从初始化后的 Date 对象中读取年、月、日时，如果获取年，可以使用下面的程序，然后把年份赋值给常量 year。

```
const year = now.getFullYear();
```

按照这个方法，还可以获取月、日、时、分，然后分别赋值给 month、date、hour、min。

```
const month = now.getMonth();
const date = now.getDate();
const hour = now.getHours();
const min = now.getMinutes();
```

接在 now 后面的 getFullYear、getMonth 等，都是 Date 对象的方法。

这里需要注意的是读取月份的 getMonth 方法。使用此方法获取的月份是“实际月份 -1”的数字。也就是说，1 月是“0”，2 月是“1”……12 月读取的就是“11”这个数字。也就是说，如果想以人能明白的形式输出日期和时间，就必须在取得的月份的数字上加 1。

Table Date 对象读取日期和时间的方法

方　法	说　明
getFullYear()	获取年份
getMonth()	获取 0 ~ 11 数值代表月份（0 代表 1 月）
getDate()	获取日
getDay()	获取 0 ~ 6 数值代表星期（0 代表星期日）
getHours()	获得时
getMinutes()	获得分

（续）

方　法	说　明
getSeconds()	获得秒
getMilliseconds()	获取毫秒（0 ~ 999 的数值）
getTimezoneOffset()	获取时差
getTime()	获取现在距 1970 年 1 月 1 日 0 时的毫秒数
setFullYear（年）	设置年份
setMonth（月）	用 0 ~ 11 的数值设置月份
setDate（日）	设置日
setHours（时）	设置时
setMinutes（分）	设置分
setSeconds（秒）	设置秒
setMilliseconds（毫秒）	用 0 ~ 999 的数值设置毫秒
setTime（毫秒）	用距 1970 年 1 月 1 日 0 时的毫秒来设置时间

获取后就只剩下输出了

目前为止，我们分别获取了年、月、日、时、分，并把它们赋值给对应的常量。剩下的任务就是，把它们按照格式拼接成一个字符串就可以了。在这里我们通过模板字符串按照“年/月/日时：分”的格式完成字符串的连接后，把它赋值给常量 output。

```
40 const output = `${year}/${month + 1}/${date} ${hour}:${min}`;
```

正如刚才说明的那样，用 Date 对象 getMonth 方法获取的月份比实际月份数要少 1，所以在组成正确月份时，需要在常量 month 上加 1。

最后把常量 output 赋值给<span id = "time"></span>的 textContent 属性，本节的示例就完成了。

对象有需要初始化和不需要初始化之分

像 Date 这样的对象，在使用时需要用 new 关键字进行“初始化”。另一方面，4.3 节中介绍的 Math 对象、window 对象、document 对象是不需要初始化的。为什么有的对象需要初始化，有的对象不需要初始化呢？事实上，是否需要初始化对象有以下规定。

- ▶ 能创建多个对象的对象需要初始化。
- ▶ 不能创建多个对象的对象不需要初始化。

- Date 对象可以创建多个对象

以 Date 对象为例，需要初始化的对象，有“原始对象”，原始对象当然都是拥有方法和属性的。这样的对象在使用时，必须先创建原始对象的完整副本，并将其赋值给变量或者常量（准确的说法是将副本保存在内存中）。这个创建副本的过程就是“初始化”。Date 的原始对象虽然只有一个，但是它的副本是可以有很多个的。

Fig “初始化”就是创建原始对象的副本的过程

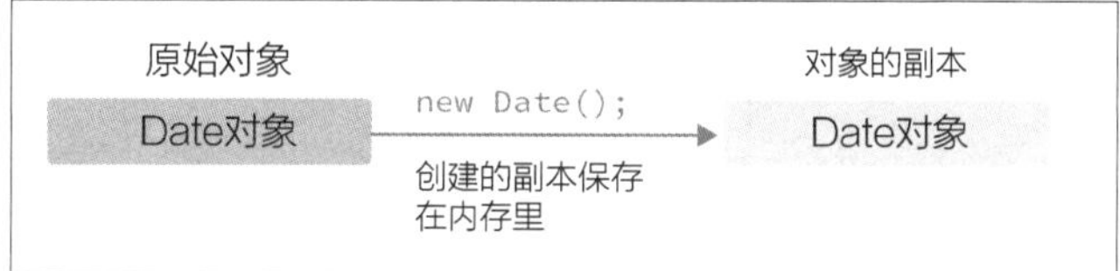

Fig 因为 Date 对象可以有多个副本，所以才能完成日期和时间的计算（需要两个或多个 Date 对象）

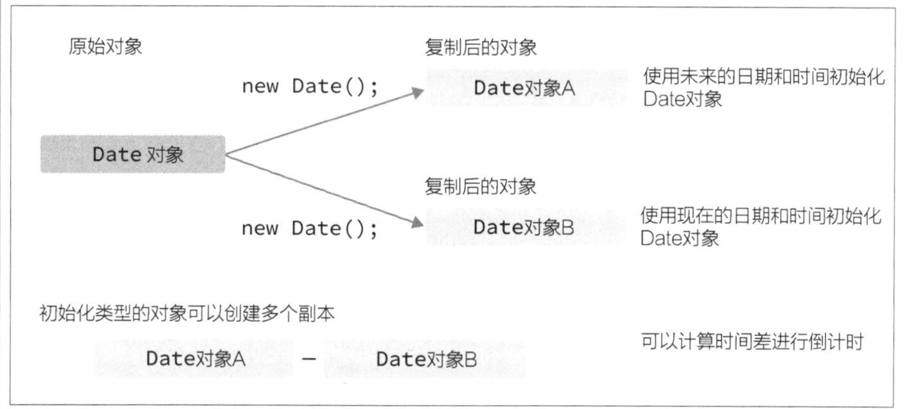

赋值给变量的 Date 对象，虽然拥有与原始对象相同的属性和方法，但是副本是可以拥有自己的属性值的。因为这个特性，所以才能实现“未来的日期时间 - 现在的日期时间”这样的计算。

- Math 对象没有办法创建副本。

另一方面，4.3 节介绍的 Math 对象是无法复制的。Math 对象属性全部是只读数据，无法修改，对象也不需要拥有自己独特的属性值。所以也没有根据原始对象来创建副本的必要。

- window 对象和 document 对象呢？

这些对象的属性值是可以修改的，但是不需要初始化。为什么呢？因为 window 对象是指浏览器窗口，document 对象是指在浏览器窗口中渲染的 HTML。对于 window 对象，虽然实际使用中可以打开多个窗口，但这些窗口都是独立存在的，不存在副本的概念。所以不需要初始化。同样对于 document 对象，也不需要初始化。

尝试用 12 小时制显示

在 Step1 中，如果直接输出用 Date 对象的 getHours 方法获取的数字，数字是以 24 小时制显示的。下面稍微修改一下这个程序，把时间变换成 12 小时制。因为 Date 对象没有办法获得 12 小时制的时间，所以需要对现有的数据进行处理。这可以用已经学过的知识来实现。动手之前先想想该怎么实现吧。

Fig 把 24 小时制转换成 12 小时制

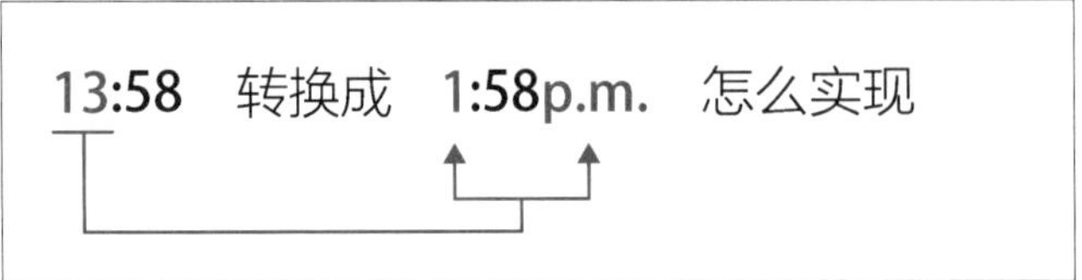

答案并不唯一，有很多方法。如果已经想到方法了，可以先根据那个想法尝试着编写程序。在这里只介绍其中一种解法。

List 4-02_12hour/step2/index.html HTML

```
<script>
'use strict';

const now = new Date();
const year = now.getFullYear();
const month = now.getMonth();
const date = now.getDate();
const hour = now.getHours();
const min = now.getMinutes();
let ampm = '';
if(hour <12) {
  ampm = 'a.m.';
} else {
  ampm = 'p.m.';
}

const output = `${year}/${month + 1}/${date} ${hour % 12}:${min} ${ampm}`;
document.getElementById('time').textContent = output;
</script>
```

用浏览器打开 index.html，确认结果已经是 12 小时制了。

Fig 时间以 12 小时制显示

解说

处理的流程

要将 24 小时制改成 12 小时制，需要大致区分两个处理。一个是判断当前时间是上午还是下午的处理。在显示“a. m.”“p. m.”时，需要使用这个处理结果。另一个是将 0 ~23 的数字转换为 0 ~ 11 的处理。记住这两个处理一定是需要的，来看看程序吧。

首先判断时间是上午还是下午，这是把“a. m.”或者“p. m.”赋值给变量的部分。

在添加的程序之前，需要先定义变量 ampm，把空的字符串（字符串的字数为零）赋值给 ampm。

```
let ampm = '';
```

然后对变量 hour 进行判断，如果数值比 12 小，也就是说现在的时间为 0 时 ~ 11 时，可以直接把“a. m.”赋值给变量 hour。如果变量 hour 的数值在 12 以上，也就是说现在的事件为 12 时 ~ 23 时，需要把“p. m.”赋值给变量 hour。

```
if(hour <12) {
  ampm = 'a.m.';
} else {
  ampm = 'p.m.';
}
```

接下来需要考虑的是把 0 ~ 23 的数字转换成 0 ~ 11 的部分，赋值给常量 output 时，使用下面的方法。计算 24 小时制的数值与 12 的余数就好了。把除以 12 的余数代入模板字符串。

```
${hour % 12}
```

这样就可以完成将 24 小时制的时间转换成 12 小时制的处理了。

关于数据的处理，需要用到 if 语句、变量或者常量、比较运算符、算术运算符、循环等。

然后要按照目标进行处理，最重要的还是思考“怎么处理”的过程。一边反复试行错误，一边慢慢掌握思考的方法吧。这次练习中的知识点总觉得有些模糊的人，请试着复习 3.3 节、3.4 节、3.6 节。

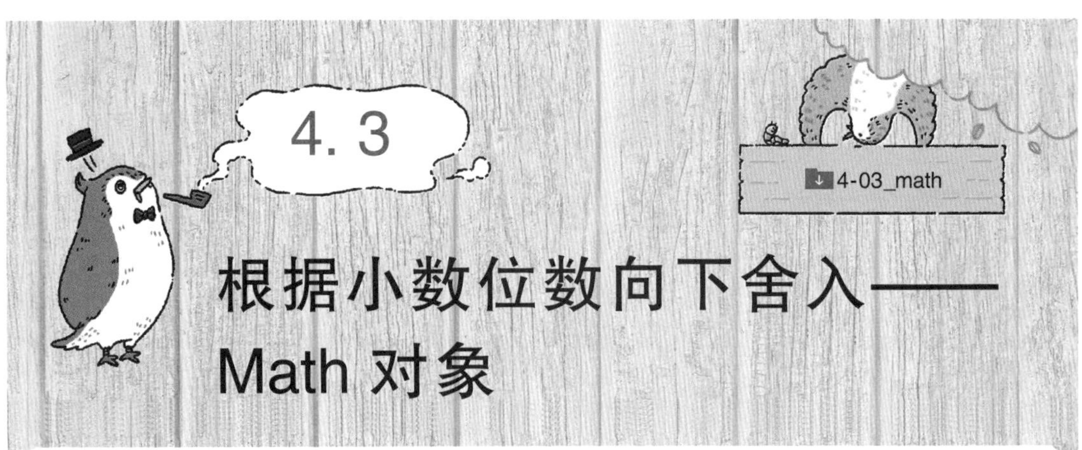

4.3 根据小数位数向下舍入——Math 对象

本节将完成“根据小数位数向下舍入”的函数的学习。比如以向下舍入的方式保留圆周率 2 位数，然后显示出来。需要进行四则运算等算术的时候，使用算术运算符就可以了，进行其他的计算时，则需要 Math 对象。本节的练习中将会用到 Math 对象的几个方法。

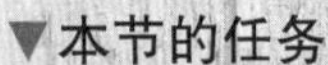

根据小数位向下舍入

四则运算以外的运算

圆周率为 3.141592653589793 。

一般的向下舍入后 3 。

保留两位小数向下舍入后 3.14 。

指定小数位数向下舍入，并显示数值。

四则运算以外的运算

在这次练习中，将创建根据指定的小数位数进行向下舍入的函数。创建的函数可以通过参数指定原始数字和需要保留的小数位数。

如果要创建具有这种功能的函数，需要使用到能进行数学计算的 Math 对象。为了熟悉 Math 对象，首先尝试着利用圆周率进行向下舍入，然后显示到页面上。

复制“_template”文件夹，然后重命名为“4-03_ math”，开始编程吧。

首先，编写在 HTML 上显示数字的内容。我们先定义好用于输出圆周率的 HTML 元素 <span id =" pi" ></span>，把向下舍入到整数位的圆周率输出到<span id =" floor" >

</span>的部分。

List 4-03_math/step1/index.html HTML

```
<section>
  <p>圆周率为<span id="pi"></span>。</p>
  <p>一般的向下舍入后<span id="floor"></span>。</p>
</section>
```

然后利用 JavaScript，分别把圆周率和一般的向下舍入的数值输出到相对应的<span>部分。

List 4-03_math/step1/index.html HTML

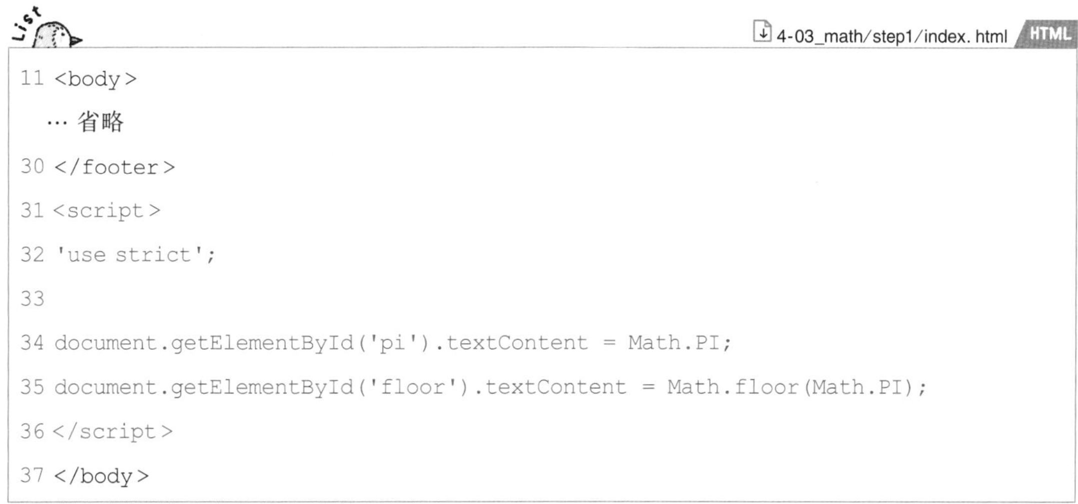

```
<body>
  … 省略
</footer>
<script>
'use strict';

document.getElementById('pi').textContent = Math.PI;
document.getElementById('floor').textContent = Math.floor(Math.PI);
</script>
</body>
```

打开浏览器确认 index.html 的结果。可以看到，第 1 行显示了圆周率 3.141592653589793，第 2 行显示了向下舍入到整数位的数值 3（下图中的数字部分用 CSS 规定了颜色）。

Fig 显示的圆周率和保留整数部分的向下舍入的数值 3

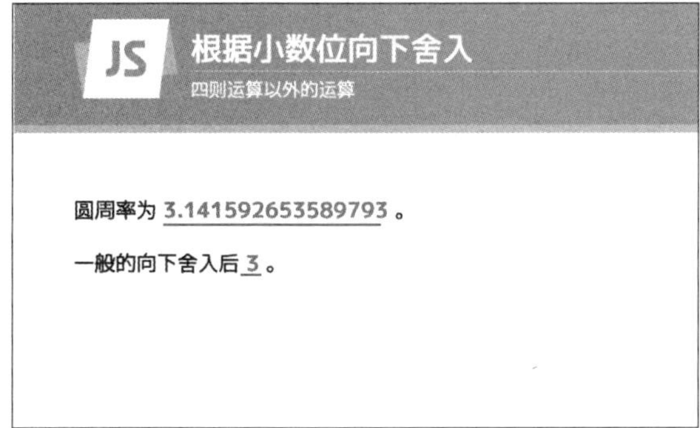

简单说明一下这次使用的功能。首先，因为 Math 也是对象，所以它是有方法和属性的。Math 对象属性定义了 8 个数学常量。Math. PI 是其中之一，表示圆周率。数值为 3. 141592653589793。

格式　圆周率

```
Math.PI
```

Math 对象的 floor 是把( )内的数值以保留整数的形式进行向下舍入处理的方法。以圆周率为例，floor 的结果为 3。

格式　保留整数进行向下舍入

```
Math.floor(数值)
```

关于 Math 对象的练习就到此为止，下面进入正题吧。如何指定小数的保留位数，将成为这次练习的重点。

Math 对象中能够进行向下舍入的只有 floor 方法⊖。那么使用这个方法，如何指定想要保留的小数位数呢?

思考是很重要的，就算思考过了没有答案也没有关系，在往下阅读之前，先尝试着思考一下。

想好了吗? 现在揭晓答案。既然 floor 会保留整数部分，那么把原本的数值中的小数点移动到想要保留的数位后面就可以了。具体的步骤如下。

1. 计算 10 的次方。想要保留的小数数位为 10 次方的指数。比如保留 2 位小数点时，就需要把原数字进行 2 回“乘以 10”的操作：原始数据 ×10 ×10。10 ×10 的这种计算在数学的概念中是次方。

2. 计算原始数据乘以步骤 1 的结果，实现小数位的移动。

3. 把小数点移动后的数值用于向下舍入（使用 floor 方法）。

4. 完成向下舍入后，用舍入完成后的数值除以步骤 1 的结果。

那么就让我们来编写程序吧。这里先创建函数，函数名为 point。

List　4-03_math/step1/index.html　HTML

```
<script>
'use strict';

document.getElementById('pi').textContent = Math.PI;
document.getElementById('floor').textContent = Math.floor(Math.PI);

```

⊖ 实际上也有 trunc 这样的方法，适用于舍去的对象数值为正整数的时候，进行的处理和 floor 方法相同。可以参考本节的解说“Math 对象”。

```
function point(num, digit) {
  const mover = 10 ** digit;
  return Math.floor(num * mover) / mover;
}
</script>
```

在创建新的函数时，我们需要对函数的结果或者作用进行检验。而检验比较直观的办法就是将结果输出到控制台。为了输出结果，需要添加 HTML 和对应的显示程序。下面的示例实现了将结果输出到<span id = "output"></span>的部分。

List 4-03_math/step1/index.html HTML

```
<section>
  <p>圆周率为<span id="pi"></span>。</p>
  <p>一般的向下舍入后<span id="floor"></span>。</p>
  <p>保留两位小数向下舍入后<span id="output"></span>。</p>
</section>
 … 省略
<script>
 … 省略
function point(num, digit) {
  const mover = 10 ** digit;
  return Math.floor(num * mover) / mover;
}

document.getElementById('output').textContent = point(Math.PI, 2);
</script>
</body>
```

完成后，在浏览器上确认结果。如果页面显示“保留两位小数向下舍入后 3.14。”，表示成功了。point 函数输出的部分是 3.14。

Fig 圆周率保留两位小数向下舍入后 3.14 被显示出来

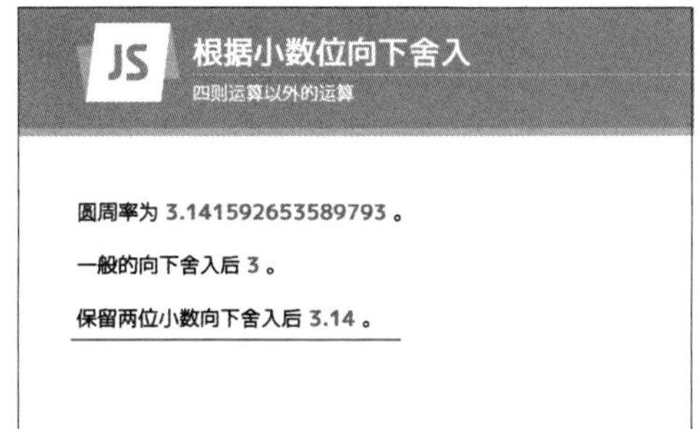

解说

Math 对象和函数 point 的处理

这里将解说创建好的 point 函数。这个函数接收两个参数，第一个为待处理的数值，第二个为需要保留的小数数位。这两个参数分别被赋值给 num、digit。

```
function point(num, digit) {
```

下一行的处理为计算 10 的次方指数为 digit，然后把计算结果赋值给常量 mover。

```
  const mover = 10 ** digit;
```

** 是次方运算符，“a ** b” 表示 “a 的 b 次方”。

格式　a 的 b 次方

```
a ** b
```

像这次的程序一样，point（Math. PI，2）调用时，参数 digit 将被赋值为 2，因此最终会将 $10^2=100$ 赋值给常量 mover。

在下一行中，计算结果返回到调用方。首先是 num * mover，然后用 floor 方法向下舍入，再用常量 mover 相除得到最终结果。

```
return Math.floor(num * mover) / mover;
```

确认一下具体的计算过程吧。num 为 Math. PI（实际的数值为 3. 1415...），这个数值与 mover 相乘。

3.141592653589793 × 100 ➡ 314.1592653589793

这样，小数点会向右移动 2 位。

把上面的结果保留整数并向下舍入后：

314.1592653589793 ➡ 314

最后把上面的数值除以 mover，小数点的位置又恢复了。

314 ➡ 3.14

最后计算的数值作为函数的返回值被返回，同时意味着函数的处理结束。这里的处理流程和之前的思路是一样的，表明思考能够帮助你有效地进行编程。

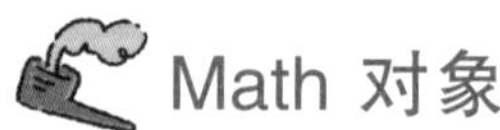

Math 对象

Math 对象集合了很多关于计算的方法，以及很多有数学含义（比如圆周率）的常量。

Math 对象的属性均为只读属性，所以不能被修改。因为圆周率这样的数学常量是不可以被轻易修改的。

Math 对象和 Date 对象不同，使用的时候不需要进行初始化。也就是说没有必要使用 new 关键字进行书写就能使用。参考 4.2 节的“对象有需要初始化和不需要初始化之分”。

Math 不需要初始化：

```
× let math = new Math();
```

最后介绍 Math 对象的主要方法和属性。可以完成和计算器一样的功能。在本书中虽然没有介绍，但是 HTML5 的<canvas>元素的绘制、CSS3 的 transform、transform3d 属性的值的计算等都会用到 Math 对象，对图形和动画感兴趣的人可以试着调查一下。

Table　用单引号括起来是否会影响程序对参数的处理

属　性	说　明
Math. PI	圆周率。约为 3. 14159
Math. SQRT1_2	1/2 的平方根。约 0. 707
Math. SQRT2	2 的平方根。约 1. 414

方　法	说　明
Math. abs（x）	x 的绝对值
Math. atan2（y，x）	坐标（x，y）与 X 轴的角度（弧度）
Math. ceil（x）	对 x 保留整数向上舍入
Math. cos（x）	x 的 cos 值
Math. floor（x）	对 x 保留整数向下舍入，得到比 x 小的整数。当 x 为负数时，需要注意处理结果 例如 Math. floor（－1. 1）➡－2
Math. max（a，b，...）	返回( )的参数 a、b... 中最大的数
Math. min（a，b，...）	返回( )的参数 a、b... 中最小的数
Math. pow（x，y）	x 的 y 次方
Math. random( )	大于等于 0 小于 1 的随机数
Math. round（x）	x 的四舍五入
Math. sin（x）	x 的 sin 值
Math. sqrt（x）	x 的平方根
Math. tan（x）	x 的 tan 值
Math. trunc（x）	舍弃 x 的小数部分。例如 Math. trunc（－1. 1）➡－1

在上面列表显示的 Math 对象的方法中，我们简单地说说 random 是怎样一个方法。

random 是用来生成大于等于 0 小于 1 的随机数的方法。( )中不包含任何参数。可以在浏览器的控制台中试着输入下面的程序看看结果。可以看到每次的结果都是不同的。

在控制台中输入的程序：

```
Math.random()
```

但是大于等于 0 小于 1 的数值并没有那么广的应用场景。通常会把它修改为大于等于 0 的所有整数，或者大于等于 1 的整数。想要生成大于等于 1 的随机整数，可以使用下面的书写方法。把 x 替换成想要生成随机数的上限。

```
Math.floor(Math.random() * x) + 1    如果模仿骰子,需要设定为 6
```

第 5 章　进一步的技巧

让我们运用目前为止所学到的知识和功能，编写一个更接近实际应用的程序。内容从使用 Date 对象对日期和时间进行计算开始，到跨页面的数据传输，包含了 cookie 等多种多样的数据输入处理和输出的示例。同时我们还将学习如何使用 id 属性以外的方法获取 HTML 元素，以及实现图像切换的方法。

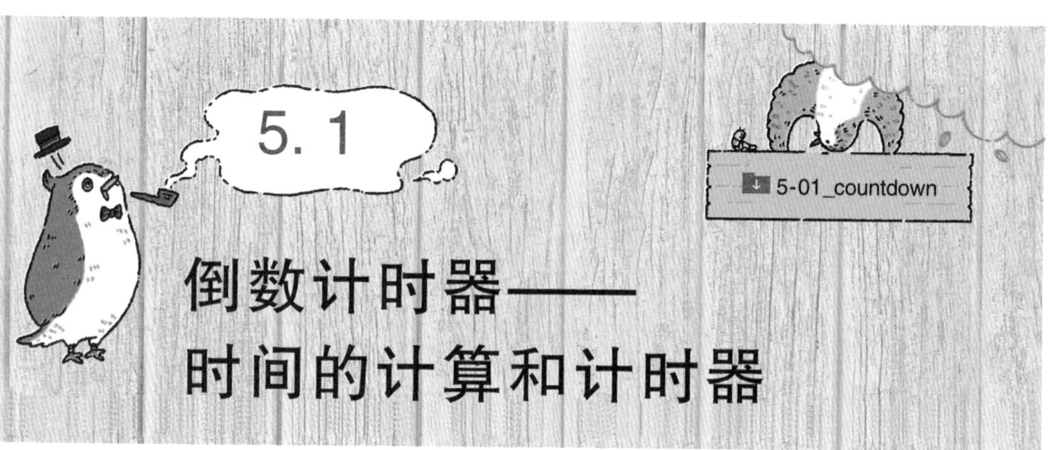
5-01_countdown

5.1 倒数计时器——时间的计算和计时器

让我们使用4.2节中介绍的Date对象创建一个类似于事件通知的网站首页上的倒数计时器。计算当天的剩余时间并用HTML显示。同样在应用篇中，我们将设置一个未来的日期和时间，并显示距该日期和时间的剩余时间。这里有两个要点：一个是通过从未来时间中减去当前时间来计算日期和时间。另一个是定时执行相同的处理（计算时间，然后输出到HTML并在页面上重新显示）。要实现定时处理，可以使用JavaScript的计时器功能。

▼本节的任务

JS
倒数计时器
创建一个函数来计算剩余时间
现在开始8时34分35秒以内下单的话打折50%！

JS
倒数计时器
应用示例：尝试改变显示方法
你知道吗？
离2025年大阪世界博览会
还有1522日8时间33分29秒

为了实现倒数计时器功能，每过1秒都需要重新进行从未来时间减去当前时间的计算。

Step 1 创建函数来计算剩余时间

创建一个名为countdown的函数，内容为计算剩余时间：从未来的时间减去现在的时间。创建的函数需要处理的流程如下。

1. 设定的未来时刻（本练习中称为目标时刻，并以参数形式接收）。

2. 从目标时刻中减去现在的时刻计算剩余时间。

3. 返回计算结果。

这个函数，在计算的时候，不论是目标时刻还是现在的时刻，都是以毫秒的形式进行的，所以需要从计算结果中算出“秒”“分”“时”“日”等数据。就按照这个流程编写程序吧。复制“_template”文件夹，重命名为“5-01_countdown”。

List 5-01_countdown/step1/index. html HTML

```
<body>
 …省略
<script>
'use strict';

function countdown(due) {
  const now = new Date();

  const rest = due.getTime() - now.getTime();
  const sec = Math.floor(rest/1 000 ) % 6 0 ;
  const min = Math.floor(rest/1 000/6 0 ) % 6 0 ;
  const hours = Math.floor(rest/1 000/6 0/6 0 ) % 24;
  const days = Math.floor(rest/1 000/6 0/6 0/24);
  const count = [days, hours, min, sec];

  return count;
}
</script>
</body>
```

当然这里写的是函数，如果不调用就不会被执行。首先，为了确认函数是否正确，在这里先调用 countdown 功能，并将结果输出到浏览器的控制台上。

另外，countdown 函数在被调用的时候，需要传递目标时刻作为参数。这里使用程序运行的同一天的 23 时 59 分 59 秒作为传递的参数，来初始化 Date 对象。

List 5-01_countdown/step1/indexhtml HTML

```
<script>
'use strict';

```

```
function countdown(due) {
  … 省略
}

let goal = new Date();
goal.setHours(23);
goal.setMinutes(59);
goal.setSeconds(59);

console.log(countdown(goal));
</script>
```

打开浏览器控制台，然后确认 index.html 内容。可以看到显示 4 个数字的数组：“0，23，58，20”。这个数组表示的是距目标时刻（同一天的 23 点 59 分 59 秒）的剩余时间，时间按“日，时，分，秒”的顺序被保存。如果没有显示 4 个数字，请单击“Array”左边的▶，展开数据。

Fig 显示当前时间距当天 23 点 59 分 59 秒的剩余时间

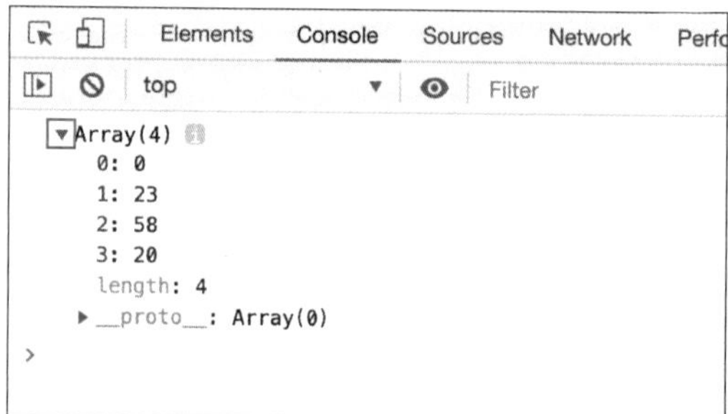

确认了函数动作正常后，接下来就剩下把数据输出到 HTML 了。按如下方法编辑 HTML。

List 5-01_countdown/step1/indexhtml HTML

```
<section>
  <p>现在开始<span id="timer"></span>以内下单的话打折 50%！</p>
</section>
```

List 5-01_countdown/step1/index.html HTML

```
<script>
 …省略
let goal = new Date();
```

```
goal.setHours(23);
goal.setMinutes(59);
goal.setSeconds(59);

console.log(countdown(goal));
const counter = countdown(goal);
const time = '${counter[1]}时 ${counter[2]}分 ${counter[3]}秒';
document.getElementById('timer').textContent = time;
</script>
```

用浏览器确认结果吧。可以看到“现在开始 8 时 34 分 35 秒以内下单的话打折 50%！”显示在页面上。

Fig 页面上显示距目标时间的剩余时间

JS
倒数计时器
创建一个函数来计算剩余时间
现在开始8时34分35秒以内下单的话打折50%！

让我们来确认一下 HTML 上显示内容的程序。首先，将 countdown 函数计算的剩余时间的数组赋值给常量 counter。

```
const counter = countdown(goal);
```

利用常量 counter 中保存的数据和模板字符串，创建“？时△分□秒”的字符串，并将其代入常量 time。没有用到数组中索引为 0 的数据。

```
const time = '${counter[1]}时 ${counter[2]}分 ${counter[3]}秒';
```

然后用它替换<span id = 'timer'></span>的文本内容。

```
document.getElementById('timer').textContent = time;
```

解说

Date 对象的时间设定

这次练习的重点是理解 countdown 函数的机制。首先来了解一下 Date 对象设定时间的方法。

就像在 4.2 节中说的那样，一个 Date 对象会记住一个“基准日”。在代码中有两个 Date 对象，需要让其中一个 Date 对象的基准日是目标的未来时刻。为了实现 Date 对象的初始化，我们首先以现在的日期和时间对 Date 对象进行初始化。

```
let goal = new Date();
```

通过如下方法，设定未来时刻的时、分、秒。

```
goal.setHours(23);
goal.setMinutes(59);
goal.setSeconds(59);
```

setHours、setMinutes、setSeconds 是分别设定时、分、秒的 Date 对象的方法。参考：4.2 节解说“Date 对象”。请注意，这里没有设定年、月、日。

在设定目标时刻之前，goal 是以使用 new 关键字的时间被初始化的 Date 对象，但之后又对其时、分、秒进行了未来时刻的设定。所以最终 goal 记住的日期和时间为“现在的年，现在的月，现在的日，23 时 59 分 59 秒”。也就是说，goal 设定了“打开此页面的一天的最后的时刻”。

 countdown 函数的处理

进入本节的正题。来看看 countdown 函数的处理内容吧。这个函数接收设定了未来时刻的 Date 对象作为参数，参数名为 due。

```
function countdown(due) {
```

在下一行中初始化另一个 Date 对象，并将其赋值给常量 now。我们将不对这个被初始化后的 Date 对象设定任何日期和时间，Date 对象中的日期和时间表示“现在的时刻”。

```
  const now = new Date();
```

下一行就很重要了。把参数 due 的毫秒数减去现在时刻的毫秒数。然后把结果赋值给常量 rest。

```
  const rest = due.getTime() - now.getTime();
```

Date 对象的 getTime 方法是从 1970 年 1 月 1 日 0 时 0 分开始，到对象基准日期和时间所经过的毫秒数。例如现在是 2020 年 9 月 30 日 15 点 00 分，getTime 方法会得到 16014560000 毫秒⊖。这个数字是同一天的 23 点 59 分 59 秒的毫秒数减去现在时刻对应的

⊖ 在控制台中输入程序并确认：`new Date (2020, 8, 30, 15, 0, 0). getTime();`

毫秒数。

```
16 0 1477999 000 - 16 0 14456 00000 = 32399 000 •———赋值给常量 rest
```

之后，我们可以根据这个常量 rest 的毫秒数值，计算出相对应的“秒”“分”“时”“日”。首先从秒开始。因为原来的数值是毫秒，所以如果除以 1000，就得到秒数。如果再把它除以 60，就变成分钟了，不满一分钟的是秒数。如果计算秒数除以 60 的余数，就可以得到时间中的“秒”。随后将计算结果赋值给常量 sec。

```
const sec = Math.floor(rest / 1000) % 60;
//rest = 32399000,32399000 ÷1000 ÷60 =539 余数为 59
```

下面就是计算“分”。毫秒的数值除以 1000 秒，然后除以 60，就可以得到“分”。此时，如果出现小数点，那是不满一分钟的秒数，所以用 floor 方法截断小数。然后把这个数字除以 60，得到的余数就是“分”。将计算结果赋值给常量 min。

```
const min = Math.floor(rest / 1000 / 60) % 60;
//32399000 ÷1000 ÷60 =539.983333....
//(截断小数)539 ÷60 =8 余数为 59
```

下面就是计算“时”。毫秒的数值除以 1000 得到秒，除以 60，再除以 60，就得到小时。小数点以下不满一小时，所以通过 Math. floor 舍去。

然后把结果除以 24 的余数就是“时”了（除以 24 得到的整数部分是时间的日的部分）。将计算结果赋值给常量 hours。

```
const hours = Math.floor(rest / 1000 / 60 / 60) % 24;
//32399000 ÷1000 ÷60 ÷60 =8.999722...
//(截断小数)8 ÷24 =0 余数为 8
```

最后要计算的是“日”。这次因为计算的是同一天的 23 点 59 分 59 秒为止的剩余时间，所以日必定是 0。不过，姑且确认一下。毫秒的数值除以 1000，除以 60，除以 60，除以 24，得到的就是日。当然小数点以下需要截断。将计算结果赋值给常量 days。

```
const days = Math.floor(rest / 1000 / 60 / 60 / 24);
//32399000 ÷1000 ÷60 ÷60 ÷24 =0.374988...
//(截断小数)0
```

就这样，“日”“时”“分”“秒”的结果都出来了。将这些数值组成数组并赋值给常量 count，然后将该数组返回给调用方。

```
const count = [days, hours, min, sec];

return count;
```

至此 countdown 函数的处理内容结束了。虽然数字的计算有点麻烦，但是这种工作只需要完成一次，之后就可以随时调用了。这就是函数的好处。

为什么在计算秒数时会采用向下舍入?

在除法中算得的“余数”应该是整数。因此，在计算秒的公式“rest/100% 60”，得到的结果出现小数点的数值是很奇怪的，但是为什么会出现呢?

Fig 秒计算的时候，如果不使用 Math. floor，秒会出现小数点以下的数值（页面变更为 const sec = rest/100%；时的数值。示例代码为 5-01_countdown/extra/index.html）

倒数计时器
创建一个函数来计算剩余时间
现在开始8时35分25.998999999999796秒以内下单的话打折50%！
为什么余数有小数?

包括 JavaScript 在内的很多编程语言都会把十进制的数值转换成二进制数来计算。如果用二进制数计算有小数点的数值，就会出现误差（因为计算机精度有限）。

其实不仅仅是 JavaScript，很多编程语言都会发生这个问题。因此，在计算绝对不能出现误差的时候（比如关于银行中钱的计算），会使用专用的编程语言和方法（JavaScript 没有那样的方法）。

高性能计算机在这一方面还是有点差强人意的。

每一秒钟重新计算

对 Step1 中创建的程序进行改造，使距离目标时刻的剩余时间一秒一秒地变化。那么每一秒进行如下处理。

1. 重新计算剩余时间。
2. 创建剩余时间的文本。
3. 输出到 HTML。

也就是说，需要每隔一秒重复执行在 Step1 中编写的程序。因此，首先将之前编写的 3 行代码归纳为函数。函数名为 recalc。

List 5-01_countdown/step2/index.html HTML

```
<script>
 …省略
function recalc() {
  const counter = countdown(goal);
  const time = '${counter[1]}时${counter[2]}分${counter[3]}秒';
  document.getElementById('timer').textContent = time;
}
</script>
```

—在 Step1 中写下的程序

每过一秒就调用这个函数。添加下一个程序。请不要忘记在 recalc 功能中也有一行代码需要添加。

关于小数的计算，会出现十进制数可以除尽，但是二进制数却无法除尽的情况。如果小数不能用二进制除尽，那么计算就会产生误差。想详细了解的人请试着用“二进制误差”“二进制舍入误差”等关键词进行检索。

List 5-01_countdown/step2/index.html HTML

```
<script>
 …省略
function recalc() {
  const counter = countdown(goal);
  const time = `${counter[1]}时${counter[2]}分${counter[3]}秒`;
  document.getElementById('timer').textContent = time;
  refresh();
}

function refresh() {
  setTimeout(recalc, 1000);
}

recalc();
</script>
```

在浏览器中确认。可以看到剩余时间在减少。

Fig 距目标时刻的剩余时间在不断减少

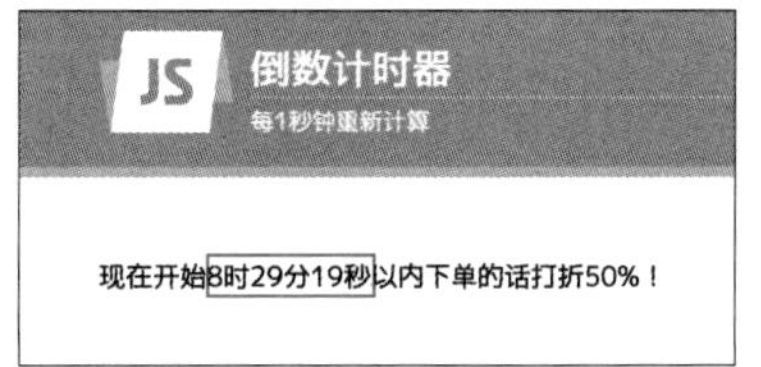

…

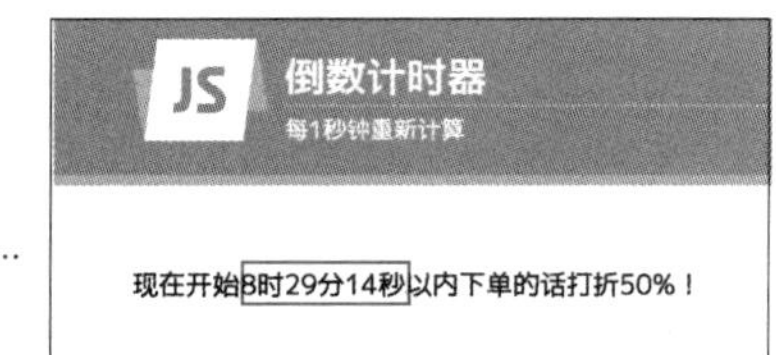

解说

在一定时间内反复执行函数

让我们用图形来确认程序的处理流程吧。<script>～</script>上写的程序几乎都是函数的，所以不会在未调用的情况下执行。为了执行处理内容，读入 HTML 并设置 Date 对象的变量 goal 后（Step1 中的部分），我们需要调用 recalc 函数。

Fig 程序的处理流程（前半部分）

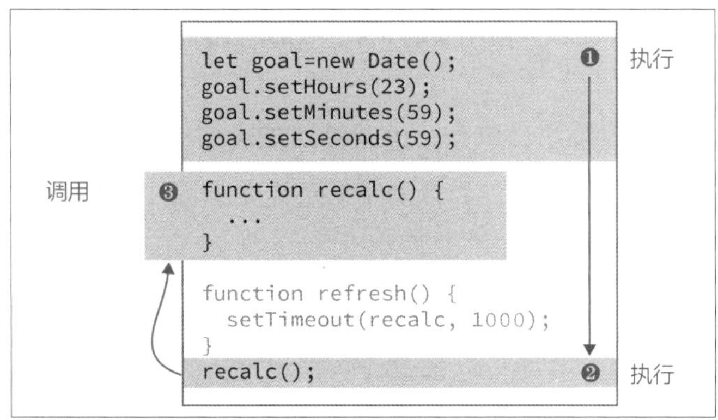

recalc 函数调用 countdown 函数来计算剩余时间，用模板字符串对文本进行整形后，输出到 HTML。到此为止的处理是前半部分（参照上图）。

我们看到处理的后半部分（参照下图）。在 recalc 函数处理内容的最后，会调用 refresh 函数。refrresh 函数里面有 setTimeout 方法，详细内容将在后面说明，意思是“每过一秒后执行 recalc 函数”。

……一秒后，执行 recalc 函数，并调用 refresh 函数。再过一秒就再次执行 recalc……这样会一直持续下去，计算所得的剩余时间也会不断变化。

Fig 程序的处理流程（后半部分）

```
ⓐ
function recalc() {
    const counter=countdown(goal);      ┐
    const time=counter[1]+'时间'+...+'秒';│ 执行
    document.getElementById('timer')...;┘
    refresh();
}

function refresh() {
    setTimeout(recalc, 1000);
}
                        ↓ 1秒后转ⓐ へ
```

setTimeout 方法

setTimeout 是在“等待一定时间”后执行一次“指定函数”的方法。首先确认书写的格式吧。

格式 过了“等待时间”后执行一次“函数”

```
setTimeout(函数, 待等待时间)
```

需要的参数有两个。一个是需要执行的函数，另一个是执行函数的等待时间，等待时间的单位为毫秒。

在指定执行函数的时候有需要注意的地方。需要执行的函数后面不能接()。

为什么不能在要执行的函数后面接()？

不能理解为什么传递给 setTimeout 方法的函数不能接()！为了那些不能理解的读者，这里对此做了解释。如果已经知道原因的读者，可以跳过。

让我们尝试着把接有()的函数传递给 setTimeout，执行一下试试看。

List 5-01_countdown/step2/index. html HTML

```
function refresh() {
  setTimeout(recalc(), 1000);
}
```

打开控制台确认执行结果，会出现“超过最多调用数”的信息。页面上的剩余时间也没有变化。

Fig 接上()后会出现错误

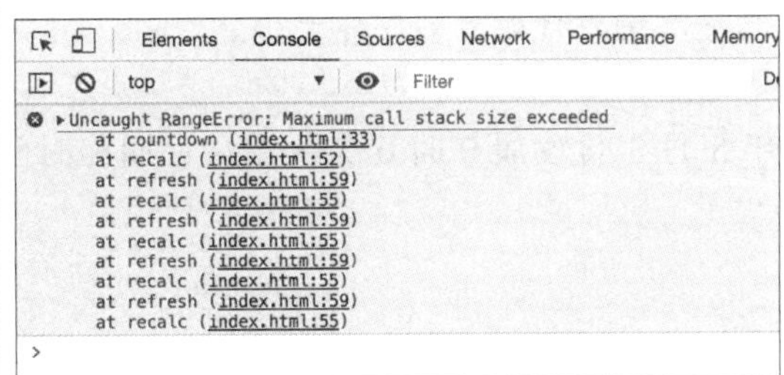

recalc 函数会调用 refresh 函数，然后 refresh 函数再次执行 setTimeout 方法，在 setTimeout 执行完成之前，就立即执行 recalc 函数……如此一来，一瞬间就会积累很多次 recalc 函数的计算。最后当达到了浏览器的可执行循环数的上限时，会出现错误。这就是 setTimeout 方法中传递的函数名后面，不能接()的理由。

应用示例：尝试改变显示方法

作为应用示例，让我们制作一个具有视觉冲击力的倒数计时器吧。该倒数计时器将计算距大阪世博会开幕日（2025 年 5 月 3 日）为止的剩余时间⊖。

比起重新编写，修改 Step2 的示例会更快一些。同时又可以知道哪些地方做了变更，会更有趣也能学到东西。这里介绍修改的方法。

首先修改 HTML。创建 4 个不同 id 属性的<span></span>标签，并在这些标签中分别输出剩余时间的“日”“时”“分”“秒”。

5-01_countdown/step3/index. html HTML

```
<section>
  <p>现在开始<span id="timer"></span>以内下单的话打折 50%！</p>   (删除线)
  <h2><span>你知道吗？</span><br>
    离 2025 年大阪世界博览会</h2>
  <p class="timer">还有<span id="day"></span>日<span id="hour"></span>时
 <span id="min"></span>分<span id="sec"></span>秒</p>
  </section>
```

有余力的话可以学着添加 CSS

因为与程序的功能实现无关，所以 CSS 的添加不是必须的，但是为了能给人带来更大的视觉冲击力，如果有时间，也尝试着追加 CSS 样式吧。参考示例文件“5-01 countdown/step3/index. html”的 CSS，可随意更改倒数计时器的字体大小。

开始修改程序。把目标时间设定为 2025 年 5 月 3 日凌晨 0 时 0 分。注意日期和时间的指定与 Step2 进行的处理不一样的地方。

5-01_countdown/step3/index. html HTML

```
const goal = new Date(2025, 4, 3);
```

修改输出 HTML 的 recalc 功能。不是像 Step2 那样通过字符串连接来创建文本，而是

⊖ 计算距 2025 年 5 月 3 日凌晨 0 点的时间。URL https：//www. expo2025. or. jp

直接在 HTML 的 4 个<span>～</span>中输出日期和时间。

List　5-01_countdown/step3/index.html　HTML

```
function recalc() {
  const counter = countdown(goal);
  document.getElementById('day').textContent = counter[0];
  document.getElementById('hour').textContent = counter[1];
  document.getElementById('min').textContent = counter[2];
  document.getElementById('sec').textContent = counter[3];
  refresh();
}
```

到这里基本上完成了，并且功能也是正常的，再让页面的显示变得稍微帅气一点吧。目前，由于时间的数字是直接显示的，所以剩余时间会出现“3 分”“4 秒”这样的一位数，也会出现“43 秒”这样的两位数。这样文本整体的长度就会发生变化。

Fig　剩余时间的数字位数是一位数还是两位数会导致文本长度的变化

JS
倒数计时器
应用示例：尝试改变显示方法
你知道吗？
离2025年大阪世界博览会
还有1522日12时间59分4秒
还有1522日12时间59分54秒

显示数位的变化导致剩余时间的显示位置经常偏离，很不好看，所以需要统一数位（在分和秒只显示一位时，在开头添加“0”），使得数字总是以两位数的形式显示。稍微调整一下在 HTML 上显示时间的 recalc 函数。

List　5-01_countdown/step3/index.html　HTML

```
function recalc() {
  const counter = countdown(goal);
  document.getElementById('day').textContent = counter[0];
```

```
document.getElementById('hour').textContent = counter[1];
document.getElementById('min').textContent = String(counter[2]).
padStart(2, '0');
document.getElementById('sec').textContent = String(counter[3]).
padStart(2, '0');
refresh();
}
```

到这里程序就完成了。用浏览器确认一下结果吧。页面上的分数和秒数都是两位数字，很整齐。

另外，在 index.html 中的 <head> ～ </head> 内，可以添加 CSS 格式，实现让部分字体变大的效果。

Fig 距大阪世界博览会举办日（2025 年 5 月 3 日）的倒数计时器

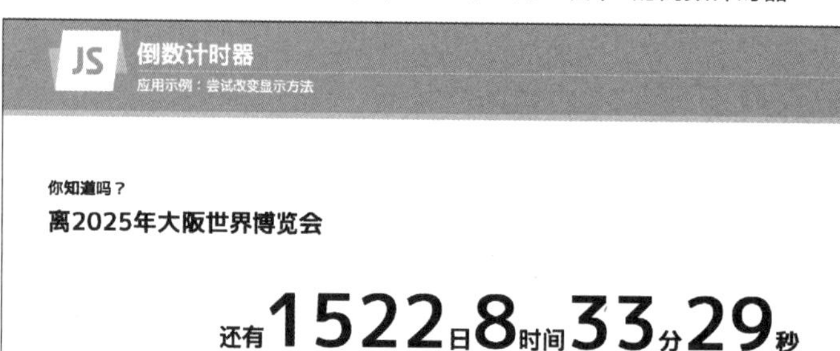
JS
倒数计时器
应用示例：尝试改变显示方法
你知道吗？
离2025年大阪世界博览会
还有1522日8时间33分29秒

解说

设定 Date 对象的日期和时间的另一种方法

对于作为目标时刻使用的 Date 对象，我们使用了与以往不同的方法对其进行了初始化。

```
const goal = new Date(2025, 4, 3);
```

在“new Date( )”的( )中设定参数，就可以在初始化的时候设置 Date 对象的初始日期和时间。格式如下。参数中“年”“月”是必须的。之后的参数可有可无。后面的参数省略，就会采用默认数值，默认为“1 日 0 时 0 分 0 秒”。请注意，“月”必须是“实际的月份 -1”的数量。这次想要设定“5 月”，所以指定的参数必须是 4。

格式 在设置日期和时间的状态下初始化 Date 对象

```
new Date(年, 月, 日, 时, 分, 秒, 毫秒)
```

 String 对象和 padStart 方法

让我们来看看创建倒数计时器最后添加的程序吧。这是为了对齐数字的位数而追加的。因此，当剩余时间为“1 分”或“6 秒”的时候，程序会在开头添加“0”，使其变成两位数。

添加的程序（剩余时间的秒的部分）

```
document.getElementById('min').textContent = String(counter[2]).
padStart(2, '0');
```

这里使用了 padStart 这个方法。看看这个方法的格式。

格式 padStart 方法

```
字符串.padStart(对齐字数, 填充字符)
```

padStart 是对齐字符串长度的方法。如果提供的字符串长度比对齐字数少，该方法就会用“填充字符”在字符串开头补充缺失的长度。

比如对齐字数设为 2，填充字符设为'0'。

- ▶ 字符串为 4，该方法在 4 的前面添加'0'，生成'04'。
- ▶ 字符串为 16，该方法不做处理，输出'16'。

为了让字符串能保持两位数，在长度不够的字符串前面添加'0'。在要对齐数字或字符串时非常有用。

字符串是什么？字符串是用引号（'）括起来的一连串的字符（文字、字母、符号等）。

JavaScript 中有一个对象用于处理字符串数据，称为“String 对象”。既然是对象，那么就一定有方法和属性。padStart 就是 String 对象的方法之一。

但是在对齐字符串中使用的“分”（counter [2]）和“秒”（counter [3]）是“数值类型”，数值类型不是 String 对象，所以不能使用 String 对象的方法。

因此，需要将数值数据转换成字符串数据。添加的程序中的 String 就是将( )中的数据转换成字符串。参考：3.4 节“数据和数据型 - parseInt 方法的作用”。也就是说“把数字的 1 变成字符串的‘1’”。

(counter [2]) 分的数值被转换成字符串类型

```
String(counter[2]).padStart(2, '0')
```

这样通过把数值转换成字符串，才能使用 String 对象的 padStart 方法。

5.2

5-02_location

使用下拉菜单跳转到指定页面——URL 的操作、真伪值属性的设定

本节我们将实现从下拉菜单中选择选项后，跳转到指定页面的程序。程序并没有那么长，但是有好几个话题。一个是为了跳转到别的页面，需要修改 URL。另一个则是操作 HTML 用来设置与表单标签相关的真伪值属性。本文还将介绍获取没有 id 属性的 HTML 元素的方法，以及目前为止没有用到的一些技术。

▼本节的任务

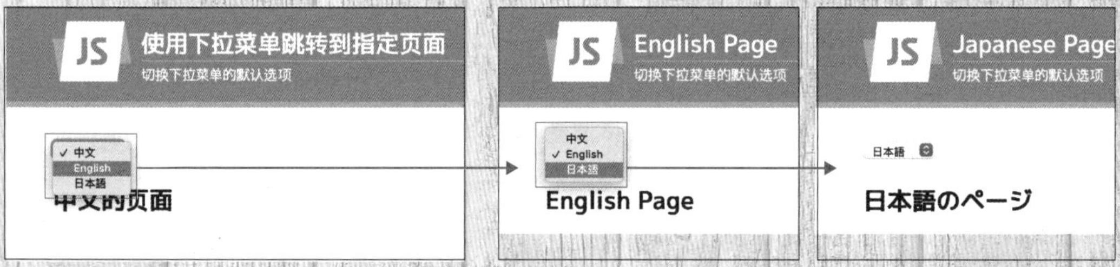

从表单下拉菜单中选择一个选项后，跳转到指定的页面。

在选定后跳转页面

准备 3 个 HTML 文件，从下拉菜单中实现页面之间的跳转。复制“template”文件夹，重命名为“5-02_location”。因为每个 HTML 文件都有相同的程序，所以这次另外准备外部 JavaScript 文件作为通用文件。如下图所示，准备 3 个 HTML 文件和 1 个 JS 文件，共计 4 个文件。复制 index. html 来创建 3 个 HTML 文件吧。

Fig 文件构成

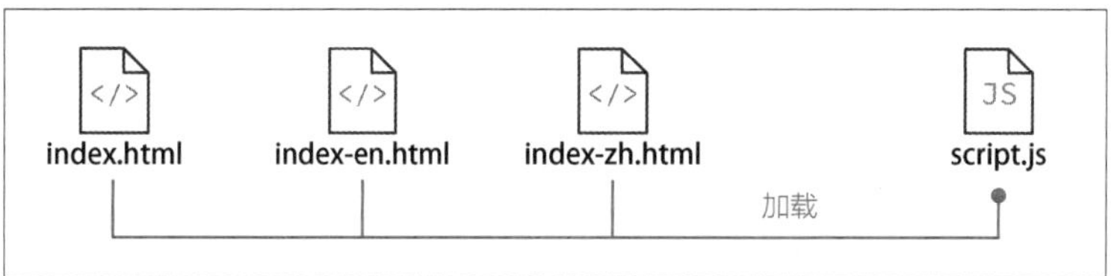

文件准备好后，首先编写 HTML。创建下拉菜单，添加用于读取 JS 文件的<script>标签。3 个 HTML 文件的内容大致相同。

<form>的 id 属性设为“form”，<select>的 name 属性设为“select”。另外需要设置<option>的 value 属性为各个 HTML 文件。

```
<body>
  …省略
<section>
  <form id = "form">
    <select name = "select">
      <option value = "index.html">中文</option>
      <option value = "index - en.html">English</option>
      <option value = "index - jp.html">日文</option>
    </select>
  </form>
  <h2>中文的页面</h2> ●————※
</section>
  …省略
</footer>
<script src = "script.js"></script>
</body>
```

※与程序功能没有直接关系，但是为了区分各个语言的页面，所以添加“中文的页面”“English Page”这样的标识。

HTML 的下拉菜单

下拉菜单可以通过<select>标签来实现，下拉菜单的选择项目会在子元素<option>标签中定义。还需要添加表单组件的 name 属性值，并且添加<option>的

value 属性。下拉菜单设置好后，<select>的 name 属性和<option>的 value 都会被发送给服务器。

各个属性的作用，可以参考 4.1 节的 Step2 “读取输入内容并输出”。

在文本编辑器中编写名为“script.js”的程序，保存的位置和 index.html 相同。

List　5-02_location/step1/script.j　JavaScript

```
01 'use strict';
02
03 document.getElementById('form').select.onchange = function()
{ 04   location.href = document.getElementById('form').select.value;
05 }
```

4 个文件准备好后，用浏览器打开 index.html 确认内容。打开下拉菜单后，单击想跳转到的页面，可以看到页面的跳转。但是这时候，一旦到了英文页面或日文页面，就回不到中文页面了（用菜单选择也回不去）。这个问题将在 Step2 中解决。

Fig　操作下拉菜单后，转到各国语言页面

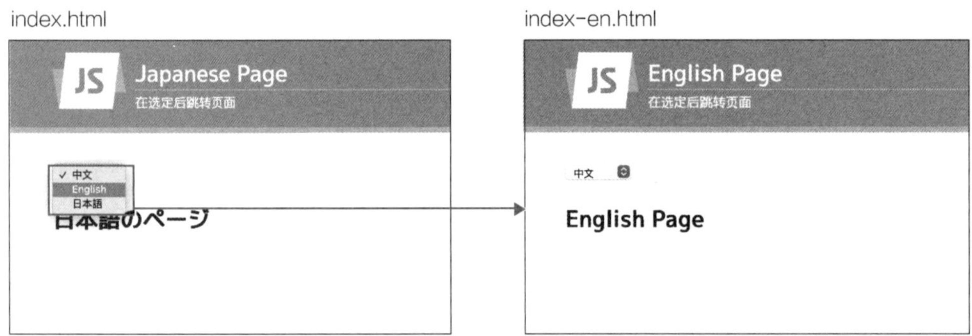

事件的设定，数据的取得，URL 的修改

除了“'use strict';”这一行，script.js 是一个总共只有 3 行的程序。虽然很短，但是包含了很多内容。首先我们来看看第 3 行关于时间的设定。

```
03 document.getElementById('form').select.onchange = function() {
```

onchange 事件在表单的输入内容发生变化时被触发：文本框，就是当输入内容发生变化时被触发，下拉菜单，就是切换项目时被触发。如果忘记事件的机制和编程方法，可

以参考 4.1 节的解说“事件”。

从代码可以知道下拉菜单的 onchange 事件在<select>的地方发生。

```
document.getElementById('form').select
```

所以需要取得 <select name="select"> 这个元素。要获取 <form> ~ </form> 元素，需要指定表单的 name 属性值。

当<select> 发生了 onchange 的事件后，function 的处理将被执行。看一下程序第 4 行的等号 = 右边的部分。在这里的作用是获取 <select> 的 value 属性。

```
document.getElementById('form').select.value;
```

“嗯？HTML 中添加了 value 属性的不是 <option> 吗，怎么在这里指定的是 <select> 呢……”

确实是这样的。但是按照规定，要知道下拉菜单中 <option> 的 value 时，需要通过<option>的父元素 <select> 的 value 来读取。如果下拉菜单中的“English”被选择，上面的程序获取的就是与其相对应的<option>的 value 属性：index-en.html。如果选择“中文”，就会读取 index-cn. html，并且把读取的数值赋值给 location. href。

```
location.href = document.getElementById('form').select.value;
```

location 对象的 href 属性，用来表示页面的 URL。

格式　替换 URL(指定新的 URL)

```
location.href = 新的 URL
```

浏览器的 URL 变更后，就会立即跳转到新的 URL 页面。因此 href 属性被变更后，会立即跳转到下一个页面。

location 对象和 window 等对象相同，在浏览器启动时，就会被自动创建。该对象拥有调查 URL、管理浏览履历的功能。

切换下拉菜单的默认选项

不管是英文页面（index-en.html）还是中文页面（index-jp. html），如果下拉菜单的第一个选项不能随着页面的跳转而切换，总觉得缺了点什么（如下图所示）。

Fig 明明是英文页面却显示中文，明明是日文页面却显示中文，总觉得不对劲……

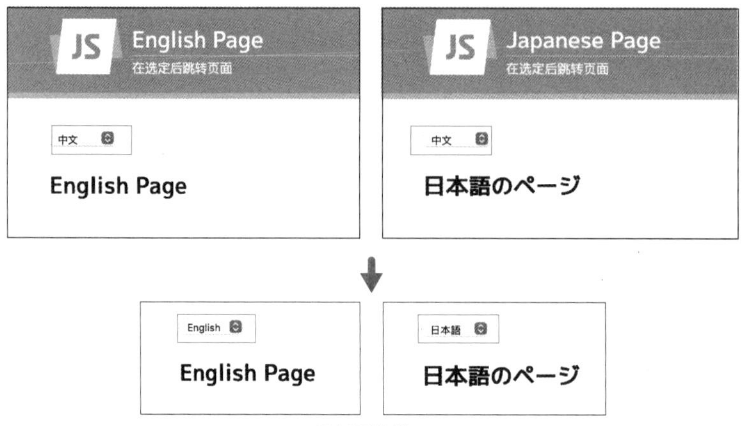

最好是这样！

当然编辑各个 HTML 是可以实现的，但是这样的话，每个语言相对应的 HTML 都会产生顺序的差异（内容一样），修改的时候会很麻烦。因此，需要创建一个程序，来改变下拉菜单的项目的选择状态。实现选择状态的切换，需要用到<option>标签的 selected 属性。

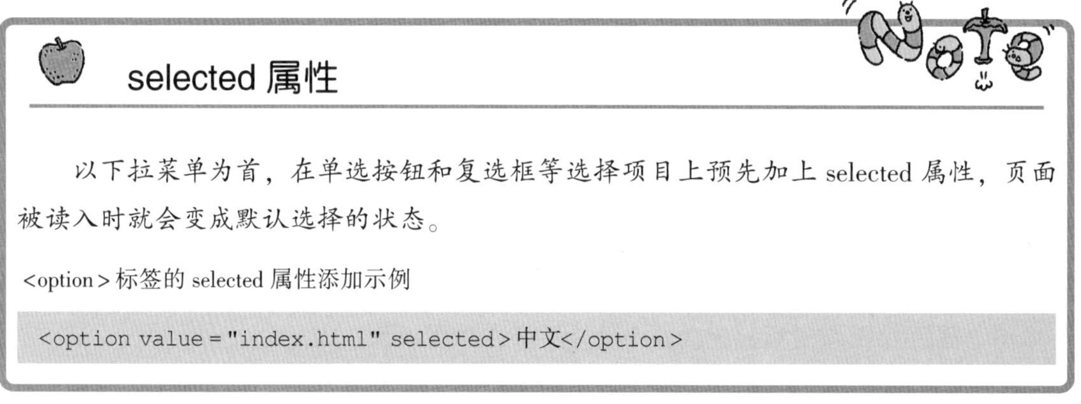

selected 属性

以下拉菜单为首，在单选按钮和复选框等选择项目上预先加上 selected 属性，页面被读入时就会变成默认选择的状态。

<option>标签的 selected 属性添加示例

```
<option value="index.html" selected>中文</option>
```

首先在 3 个 HTML 文件的<>标签中添加 lang 属性，以便可以判断现在显示的是哪种语言的页面。

5-02_location/step2/index. html HTML

```
02 <html lang="zh">
```

5-02_location/step2/index－en. html HTML

```
02 <html lang="en">
```

5-02_location/step2/index－jp. html 5－2 HTML

```
02 <html lang="jp">
```

Table 是否用单引号括起来，会影响程序对参数的处理

语　言	语言代码
ja	日文
en	英文
zh	中文
es	西班牙文
ko	韩文

现在开始编辑 script.js，添加在读入页面时切换默认选项的程序。具体实现有如下两个步骤。

1. 调查<html>标签的 lang 属性。
2. 添加与 lang 属性相对应的<option>标签的 selected 属性。

但是<html>标签和<option>标签都没有 id 属性。无法使用 getElementById 的方法取得元素，也无法读取或追加属性值。因此，这次需要使用别的方法获取元素。

Fig <html> 和 <option>标签没有 id 属性，所以不能使用 getElementById 方法

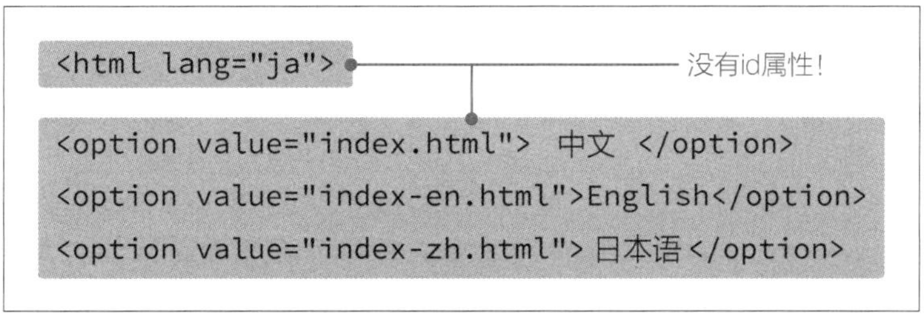

```
<html lang="ja">
<option value="index.html"> 中文 </option>
<option value="index-en.html">English</option>
<option value="index-zh.html"> 日本语 </option>
```

没有id属性!

另外，selected 属性为真伪值，没有具体的数值，如何才能添加真伪值的属性呢？带着这两点思考，先尝试着编写程序吧。

List 5-02_location/step2/script. JavaScript

```
'use strict';

const lang = document.querySelector('html').lang;

if(lang === 'ja') {
 document.querySelector('option[value="index.html"]').selected = true;
} else if(lang === 'en') {
 document.querySelector('option[value="index-en.html"]').selected = true;
} else if(lang === 'zh') {
   document.querySelector('option[value="index-jp.html"]').selected = true;
```

```
}

document.getElementById('form').select.onchange = function() {
  location.href = document.getElementById('form').select.value;
}
```

用浏览器确认结果。显示英文页面的时候，下拉菜单中的“English”被勾选。显示日语页面的时候，勾选下拉菜单中的“日本语”。现在可以从英文页面和日文页面跳转回中文页面了。

Fig 根据显示页，下拉菜单最初显示的项目也会发生变化

index-en.html

index-jp.html

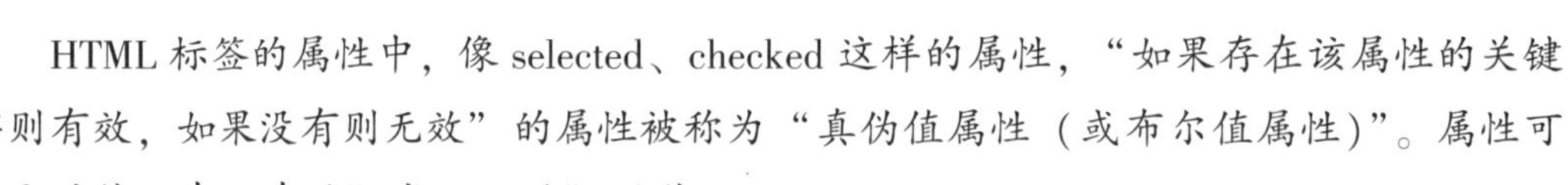

真伪值属性是什么?

HTML 标签的属性中，像 selected、checked 这样的属性，“如果存在该属性的关键字则有效，如果没有则无效”的属性被称为“真伪值属性（或布尔值属性）”。属性可以取的值只有“有效”或“无效”两种。

例如在复选框中，如果有 checked 属性，那么 UI 中对应选项就会默认被勾选。

Fig 复选框中添加 checked 属性和未添加 checked 属性时的显示

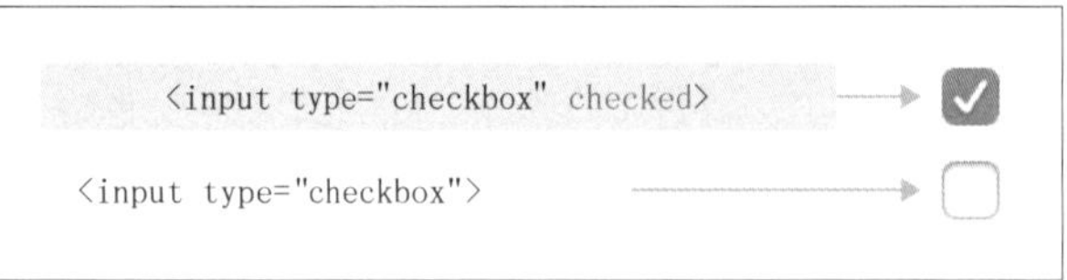

解说

document. querySelector 方法

为了更好地对程序的整体流程有个了解，首先解说在整个程序中我们使用了什么

工具。

在这次练习中，我们第一次使用了 document 对象的 querySelector 方法。该方法获得与( )中写入的“选择器”相匹配的元素。这里的选择器是指 CSS 的选择器。也就是说，可以在 JavaScript 中使用 CSS 的选择器获取元素。这样操作就会变得既简单又方便。

格式 使用 CSS 选择器获取元素

```
document.querySelector('CSS 选择器')
```

让我们来看看具体的示例吧。在程序的第 3 行，获取 HTML 的部分编写如下。

```
document.querySelector('html')
```

querySelector 方法的( )中的参数为'html'，它的效果是获取 HTML 文件中的 <html> ~ </html> 部分。CSS 选择器会获取指定标签名的所有元素。另外，querySelector 方法在 if 语句中也可以使用。比如最上面的 if 语句中，使用到的获取元素方法如下。

```
document.querySelector('option[value="index.html"]')
```

这个的意思是，匹配在 <option> 标签中 value 属性为“index.html”的元素。也就是说获取 HTML 的“<option value="index.html"> 中文 </option>”部分。

这里的“option value="index.html"”选择器，在 CSS 中被称为属性选择器。当“○○="△△"”形式的选择器出现的时候，就会匹配“○○的属性值为△△”的元素。为了方便理解，这里举一个使用 CSS 选择器的例子。

属性选择器的示例。在 CSS 中使用 <option value="index.html"> 获取元素

```
option[value="index.html"] {
  …省略
}
```

querySelector 方法可以使用所有的 CSS 选择器。不知道 CSS 选择器的读者，可以在网上使用“CSS 选择器”关键词进行查阅。

那么有多个元素匹配会怎么样？

使用 CSS 选择器的时候，有可能会匹配到多个元素。

```
document.querySelector('option')
```

这种情况下，虽然 CSS 会获取 HTML 中所有的 <option> 标签，但是 querySelector 方法只会获取最先匹配到的元素。

Fig querySelector 可以获取的元素为最先匹配的那一个

```
document.querySelector('option')
<option value="index.html">中文</option>
<option value="index-en.html">English</option>
<option value="index-zh.html">日本语</option>
```

如果想要获取所有匹配的元素，可以使用别的方法。具体将在5.4节中介绍。

获取没有id属性的元素和真伪值属性的设定

下面让我们掌握程序的流程吧。

在浏览器读取页面后，在Step1中创建的下拉菜单的onchange事件以外的内容会被执行。首先定义常量lang，并把<html>元素的lang属性值代入。

```
const lang = document.querySelector('html').lang;
```

接着通过if语句添加对应的<option>标签的selected属性。

```
if(lang === 'zh') {
  document.querySelector('option[value="index.html"]').selected = true;
} else if(lang === 'en') {
  document.querySelector('option[value="index-en.html"]').selected = true;
} else if(lang === 'jp') {
  document.querySelector('option[value="index-jp.html"]').selected = true;
}
```

具体来看看这里的if语句中的处理内容。

比如index.html（中文的页面）被打开后，'zh'就被保存在常量lang中。在这种情况下，最开始的if语句的比较表达式的结果为true，所以获取“<option value="index.html">中文</option>”的元素，然后把selected的属性值设为true的处理。

```
document.querySelector('option[value="index.html"]').selected = true;
```

把身为真伪值属性的selected属性设为true，selected属性就被激活。也就是说，实质上是在<option>标签中添加了selected属性。

获取的<option>标签中添加selected属性的情况如下：

```
<option value="index.html" selected>中文</option>
```

同样，打开index-en.html（英语的页面）的时候，添加“<option value="index-en.html">English</option>”的属性，打开index-jp.html（日文的页面）的时候添加

"<option value = "index-jp. html"> 日文</option>" 的属性。

像这样可以通过赋值 true 来添加 HTML 标签的真伪值属性（selected 属性、checked 属性等）。同样也可以通过赋值 false 来删除真伪值属性。

下拉菜单的 onchange 事件发生的时机

只有在选择了和现在不同的"option"的时候，下拉菜单中的 onchange 事件才会被触发。所以只是操作了下拉菜单，并不是一定会触发 onchange 事件。

比如现在下拉菜单上选择的是中文（<option value = "index.html"> 中文 </option>）。操作下拉菜单，再次选择"中文"，onchange 事件是不会被触发的。另外，在 Step1 中的 <option> 标签中没有设置 selected 属性，所以不管跳转到哪一页，最先在下拉菜单中选择的都是"中文"。也就是说，不管怎么选择菜单上的"中文"选项，onchange 事件都不会被触发。这就是一旦跳转到英文页面，就没有办法通过下拉菜单回到中文页面的原因（因为 onchange 事件不会被触发）。

Fig 如果选择的项目不变，不会触发 onchange 事件

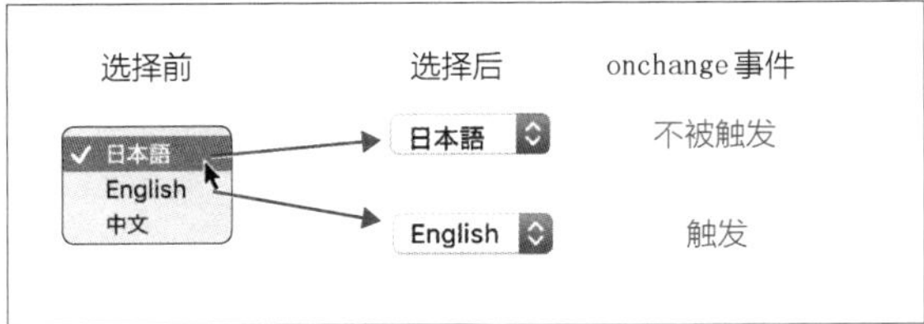

switch 语句

这次练习中使用了 if…else 语句，无论哪个条件表达式，都是在检验常量 lang 的数值。如果 === 的左侧（这里是常量 lang）都相同，也可以使用 switch 语句代替 if 句。

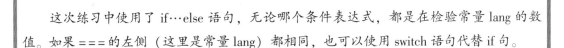

```
switch(调查对象)
  { case 值为○○:
      值为○○时执行的程序
      break;
  case 值为 △△:
      值为△△时执行的程序
```

```
break;
  default:
不符合以上任何 case 的情况下,执行的程序
}
```

case 的数目可以根据实际情况进行调整，default 如果不需要，也可以没有。用 switch 实现本次练习的写法如下。

List 5-02_location/extra/script.js JavaScript

```
switch(lang) { case 'zh':
document.querySelector('option[value="index.html"]').selected = true;
break;
case 'en':
document.querySelector('option[value="index-en.html"]').selected = true;
break;
case 'jp':
document.querySelector('option[value="index-jp.html"]').selected = true;
break;
}
```

能用 switch 语句写的条件是一定能用 if 语句来实现的，但具体实现方法不一定需要记住。大多数时候使用 switch 语句是为了增加程序的易读性，只要记住还有 switch 这样的写法就足够了。

5.3 创建隐私政策同意面板——cookie

在页面下方显示网页的隐私政策同意面板。面板上有“同意”按钮，单击后将隐藏面板。为了判断以前是否单击过“同意”按钮，需要使用到 cookie 这个机制。

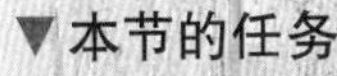

▼本节的任务

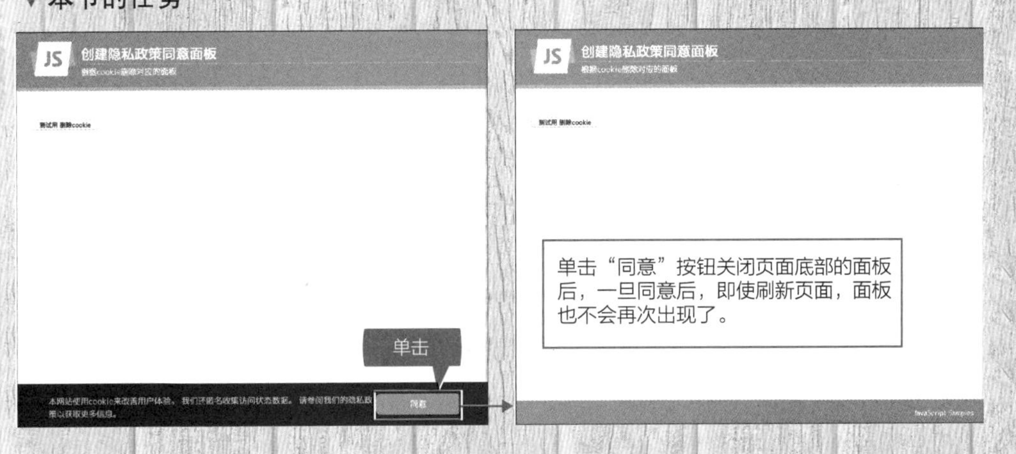

Step 1 准备一个测试专用的简易 Web 服务器

JavaScript 的有些功能，没有安全的运行环境是没有办法正常使用的，本节中使用的 cookie 就是这样一个功能。cookie 的情况是，不经过 Web 服务器就无法正常运作。

也有其他像 cookie 一样必须经过 Web 服务器才能使用的功能[⊖]，如果使用 JavaScript 编程，早晚都会需要用到 Web 服务器的，在这里安装用于测试的简易 Web 服务器（本地

⊖ 用 JavaScript 对离线文件（保存在计算机上的文件）进行打开等处理时，需要通过 Web 服务器进行。6.3 节的示例也需通过 Web 服务器来操作。

Web 服务器）。

本地 Web 服务器的搭建方法有很多，这里使用最简单的利用“Served”的方法。方法很简单，大家都跟着做一遍吧。从下面的 URL 下载应用程序。

▶ 下载 Served

URL　http：//enjalot. github. io/served/

从该页面中，下载合适的文件并解压。如果操作系统是 Windows，可以生成“Served-win32-x64”文件夹㊀。打开文件夹，双击 Served. exe。如果是 macOS，双击程序图标。

当 Served 窗口被打开的同时，Web 服务器就启动了。

Fig　双击 Served

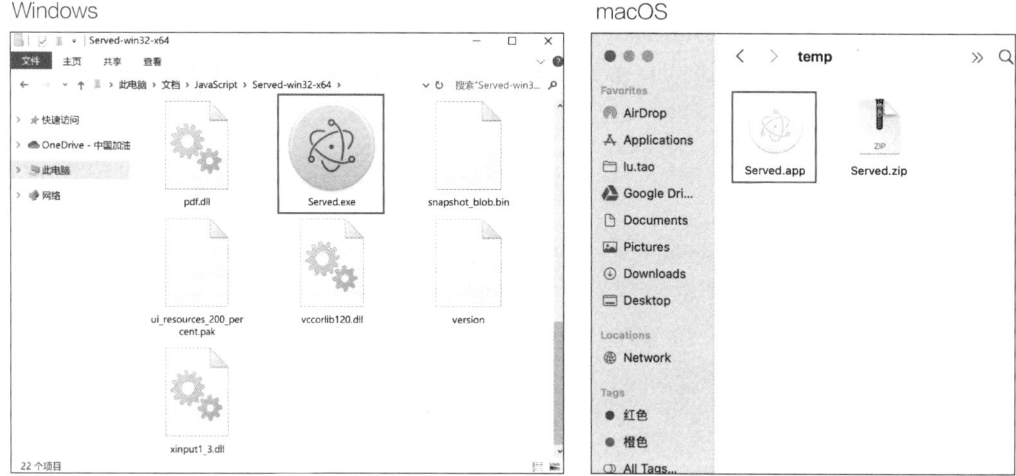

确认本书的示例代码或者练习结果的时候，把“book-js”的文件中的“local. html”拖曳到 Served 窗口。参考 1. 6 节 Fig“示例代码的基本结构”。

Fig　拖曳 local. html 到窗口，单击生成的 URL 连接

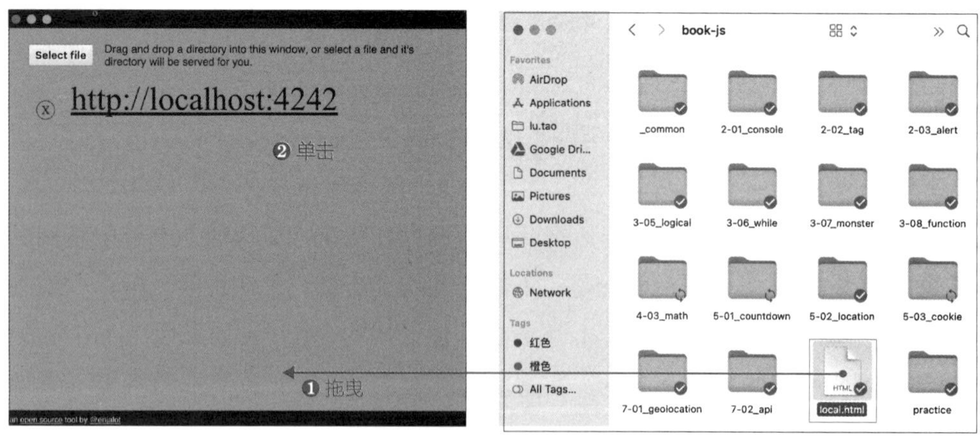

㊀ 下载 64bit 版本的情况。

单击后会启动浏览器。浏览器中会显示文件夹列表，单击要确认的示例文件夹，打开对应的 HTML 文件。例如确认本节要完成的示例时，按照“5-03_cookie”文件夹、“step2”文件夹的顺序单击进入。和通常的 Web 服务器一样，当文件夹中有“index. htm”时，就会打开 index.html 的内容⊖。

Fig 确认 Step2 示例成品的情况

练习中完成的其他文件也可以这样来确认。单击进入“practice”文件夹后，就可以打开 HTML 文件了。

为什么要先拖曳 local. html 到 Served 窗口?

Served 将保存在 Served 窗口中的 HTML 文件（刚开始被拖曳的 HTML）的文件夹设置为本地 Web 服务器的“根目录”。根目录是指 Web 服务器打开时最上层的文件夹。我们无法访问更上层的文件夹或文件。

作为本书示例基础的模板 HTML 文件（index.html）需要读取在两层以上的“common”文件夹中的 style. css 等文件。如果把各节的 index.html 单独拖曳并启动 Web 服务器，拖曳的位置就会变成根目录，从而出现无法读取的文件。为了防止这种情况，所以就拖曳最上层的 local. html。

Step 1 cookie 的读取、写入、删除

通过本地 Web 服务器打开 HTML 文件，cookie 就能正常工作了。下面开始编程吧。

⊖ 不仅是本节的示例，其他的示例也可以用 Served 打开。但是 Served 的 Web 服务器是使用“http://”进行通信的，因此需要使用“https://”进行通信的程序不能正常运行。因此第 7 章中利用位置信息的示例没有办法用该方法打开，还是需要双击对应的 HTML 文件来确认网页内容。

这个示例还有 2 个步骤。在 Step2 中我们将编辑 HTML，创建隐私政策同意面板。此外，在程序中，我们将学习读取、写入、删除 cookie 的基本操作。

Cookie 是一种用于在浏览器中存储数据的小型文本文件（某些网站为了辨别用户身份，进行 Session 跟踪而存储在用户本地终端上的数据，通常经过加密并由用户客户端计算机暂时或永久保存的信息），但是由于操作 cookie 用的接口（API）比较复杂，直接通过原生接口操作会很麻烦。因此，这次我们将使用一个开源程序库来操作 cookie。让我们在练习中继续了解 cookie 吧。

复制“template”文件夹，重命名为“5-03_cookie”。首先编辑 HTML，这次的 HTML 有点特殊，需要在</footer>结束标签下面添加内容。

List 5-03_cookie/step1/index. html HTML

```
… 省略
</div><! - - /.container - ->
</footer>

<div id="privacy-panel">
  <p>本网站使用 cookie 来改善用户体验。我们还可匿名收集访问状态数据。请参阅我们的隐私政策以获取更多信息。</p>
  <button id="agreebtn">同意</button>
</div>

</body>
</html>
```

为了在页面下方显示面板，也需要添加 CSS。复制示例的“5-03_ cookie/step 2/panel. css”到该 index.html 相同的位置。

Fig 复制成品示例的 panel. css

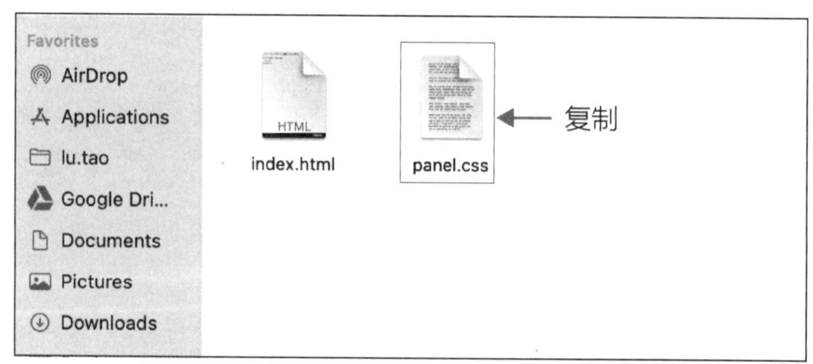

CSS 文件的复制结束后，尝试在 index.html 里加载。

5-03_cookie/step2/index. html HTML

```
<head>
  … 省略
<link href="../../_common/css/style.css" rel="stylesheet">
<link href="panel.css" rel="stylesheet">
</head>
```

HTML 已经准备好了，下面就让我们编写程序吧。

在本步骤（Step2）中，我们将确认读取页面时是否保存了 cookie，并在控制台上显示“发现 cookie”，否则显示“未发现 cookie”的信息。此外，单击“确认”按钮后，还将添加保存 cookie 的事件。

为了操作 cookie 的数据，我们将使用名为“js-cookie”的开源程序库（外部程序）。为了使用该程序库，首先将示例数据的“_common/scripts/js. cookie. js”加载到 index.html。然后在<script>~</script>之间添加相关的程序吧。

另外，在使用任何程序库时，都需要先加载。

5-03_cookie/step2/index. html HTML

```
<div id="privacy-panel">
  … 省略
</div>

<script src="../../_common/scripts/js.cookie.js"></script>
<script>
'use strict';

const agree = Cookies.get('cookie-agree');
if(agree === 'yes') {
  console.log('发现 cookie');
} else {
  console.log('未发现 cookie');
  document.getElementById('agreebtn').onclick = function() {
    Cookies.set('cookie-agree', 'yes', {expires: 7});
  };
}
</script>
</body>
```

使用Step1中安装的Served，在浏览器中打开index.html，并打开控制台。第一次打开index.html的时候，控制台上应该会显示“未发现cookie”。

单击“同意”按钮，刷新页面后，控制台上就显示“发现cookie”的信息。

Fig 单击“同意”按钮，刷新页面后，输出到控制台的文字会发生变化

单击后，刷新

什么是程序库？什么是开源？

程序写多了，会发现很多处理是经常出现并且通用的，每次都要将之前写过的内容再写一遍是很烦琐的事情，于是就有了将这些处理写成库的需求。

库是一个辅助程序，不仅可以减少编程工作，也可以将通用的但却麻烦的处理进行模块化，实现开箱即用。为了操作cookie，实际上必须编写许多复杂的处理过程，但是本练习中使用的js-cookie库可以使这些处理变得很简单，调用一个方法就可以解决编程需求。

另外，这个js-cookie库是“开源”的。开源是指公开了源代码，可以相对自由利用并改造其代码的软件。

但是这样的开源软件（OSS）是有“许可证条款”的。根据这个许可证条款，可能会有“不能删除作者的名字”“禁止商业使用”等各种各样的限制。为了向作者表示敬意，并且尊重作者的意志，使用OSS时一定要先确认许可证条款。

通过单击“同意”按钮生成cookie数据，有效期限为一个星期。作为隐私政策同意面板这样一个应用场景，这是可以理解的，但是时间成本就太高了。因此，让我们添加一个删除cookie的按钮吧。

在<section>～</section>之间添加一行HTML。

List　5-03_cookie/step2/index.html　HTML

```
<section>
  <p><button id="testbtn">测试用 删除 cookie</button></p>
</section>
```

接下来将添加“单击按钮来删除 cookie”的程序。

List　5-03_cookie/step2/index.html　HTML

```
<script>
 … 省略

// 删除 cookie(测试用)
document.getElementById('testbtn').onclick = function() {
  Cookies.remove('cookie-agree');
};
</script>
```

单击“测试用 删除 cookie”的按钮，就可以删除 cookie，并可以回到“未发现 cookie”的状态。

Fig　添加“测试用 删除 cookie”按钮

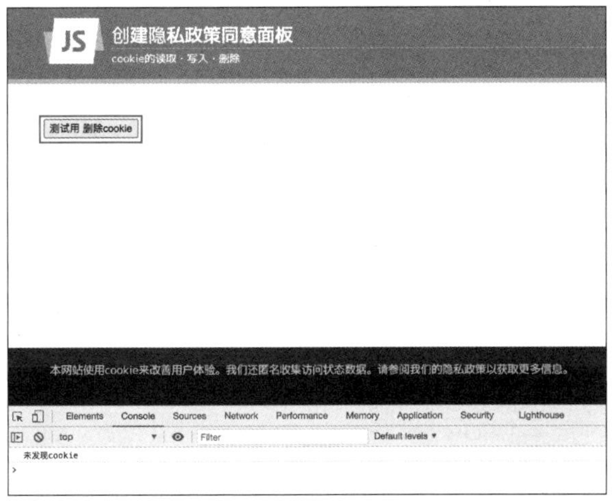

什么是 cookie

为了理解程序的流程，首先解说 cookie 是什么。

cookie 是保存在浏览器中的小型文本文件。cookie 的数据在浏览器和 Web 服务器之间被接收或是发送，主要用于 EC 网站和 SNS 网站等用户登录信息的管理。

cookie 是在浏览器和 Web 服务器之间进行传输的数据，但也可以利用 JavaScript 对其进行读取和写入。利用 JavaScript 处理 cookie 数据可以保存下面提到的数据。

▶ 像这次的示例或是简单的问卷调查等使用场景，记录是否回答过，是否单击过按钮的信息。

▶ 记录访问网站的次数。

▶ 保存字体大小、背景颜色、语言等网站设置信息。

在 cookie 上以“变量名 = 值”的形式（用 JavaScript 的概念来说，就是“变量”）来写入数据，这次练习中保存的数据如下。

```
agree='yes'
```

另外，保存在 cookie 中的变量名称有时也会被称为“cookie 名”。

程序的流程

那么确认一下这次的程序需要处理的流程吧。

页面打开后读取名为“cookie-agree”的 cookie 值，并赋值给常量 agree。Cookies. get 方法是 js-cookie 程序库提供的方法，读取( )内参数指定的 cookie 值。

```
const agree = Cookies.get('cookie-agree');
```

这个 cookie（cookie-agree）只有单击“同意”按钮后才会生成，没有对应 cookie 的时候得到的返回值为“undefined”。

在下一个 if 语句中，按照常量 agree 的值（即 cookie agree 中保存的值）来分配处理。如果 agree 的值是“yes”，则继续执行 { ~ } 的处理，将“发现 cookie”的文本输出到控制台。

```
if(agree === 'yes') {
  console.log('发现 cookie');
```

值为“yes”以外的情况下，执行 else 相对应的处理。首先，将“未发现 cookie”的文本输出到控制台。

```
} else {
  console.log('未发现 cookie');
```

下一行代码的作用是对“同意”按钮设定事件。因为要设定事件，必须先获取元素，按钮的 HTML 如下。

```
<button id="agreebtn">同意</button>
```

id 属性为“agreebtn”。使用这个来获取元素，然后设定 onclick 事件。

```
document.getElementById('agreebtn').onclick = function() {
```

这个 onclick 的事件，在获取的按钮元素被单击时触发⊖。参考 4.1 节的解说“事件”。让我们来看看 function() {} 里面的处理吧。

```
Cookies.set('cookie-agree', 'yes', {expires: 7});
```

这里把数值（“yes”）设定在“cookie-agree”的 cookie 里面。Cookies.set 也是 js-cookie 程序库提供的方法，在指定的条件下保存 cookie。() 内的参数如下。

格式 在指定条件下保存 cookie 的 js-cookie 库的方法

```
Cookies.set('cookie名', '值', {expires: 有效期限});
```

cookie 是有有效期限的。练习中我们将其设定为 7，说明 cookie 将在保存后 7 天内有效。7 天过后，这个 cookie 就会消失。

顺便说一下，如果没有设定有效期，cookie 的数据会在关闭浏览器的同时消失。另外，不能设定为“无限期”。如果想要长期有效地保存 cookie 数据，可以指定 10 年、20 年这样的有效期限。

最后，确认一下添加的删除 cookie 的程序吧。

```
document.getElementById('testbtn').onclick = function() {
 Cookies.remove('cookie-agree');
};
```

单击“测试用 删除 cookie”按钮后，Cookies.remove 方法被执行。这也是 js-cookie 程序库的方法，删除() 内指定的 cookie。

js-cookie 程序库

如之前介绍的那样，js-cookie 库是开源的库，本书的练习中收录了 2.0.2 版本。最新版可以从下面的 URL 下载。

URL https://github.com/js-cookie/js-cookie

根据 cookie 删除对应的面板

Step3 中添加了在保存 cookie 数据时，删除隐私策略同意面板的 HTML 处理。

⊖ 在智能手机或者平板计算机等触摸终端上“单击”的时候也会被触发。

具体实现的操作是，当以下条件（两个条件其实是一回事）满足的时候需要删除HTML中<div id = "privercy-panel">~</div>的部分，使其内容不在页面上显示。

- cookie “cookie-agree” 被保存，并且值为'yes'。
- 在“同意”按钮被单击的时候。

接下来就让我们来完成编程吧。在Step2中写的console. log方法已经不需要了，所以删除或者注释掉。

List 5-03_cookie/step3/index. html HTML

```
<script src="../../_common/scripts/js.cookie.js"></script>
<script>
'use strict';

const agree = Cookies.get('cookie-agree');
const panel = document.getElementById('privacy-panel');
if(agree === 'yes')
  { console.log('发现cookie');
  document.body.removeChild(panel);
} else {
  console.log('未发现cookie');
  document.getElementById('agreebtn').onclick = function() {
    Cookies.set('cookie-agree', 'yes', {expires: 7});
    document.body.removeChild(panel);
  };
}

// 删除cookie(测试用)
document.getElementById('testbtn').onclick = function() {
  Cookies.remove('cookie-agree');
};
</script>
```

使用Served在浏览器中确认index.html。如果已经保存了cookie，可单击“测试用 删除cookie”按钮，然后刷新页面。

刚开始的时候，页面下方会显示隐私政策同意面板。单击“同意”按钮后，将不再显示面板。之后即使刷新页面也不会显示面板（因为cookie已经保存了“同意”这个状态了）。

Fig 单击“同意”按钮后，面板将会消失

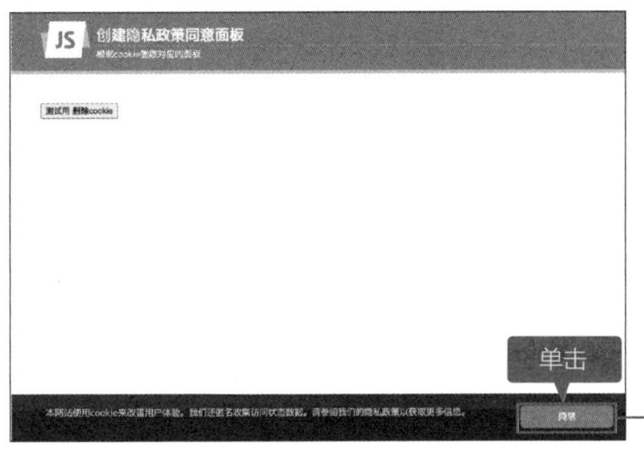

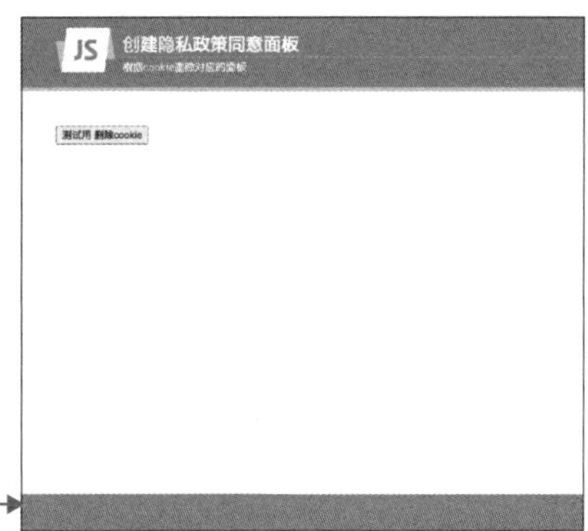

程序的流程

这次添加的程序基本上可以理解为“当对应的 cookie 存在的时候就删除面板的 HTML”的处理。因为会接触到新的方法，让我们详细地看一下代码吧。页面加载后，cookie“cookie-agree”的内容被保存到常量 agree 后，获取隐私政策同意面板的 HTML，并将其代入常量 panel。这一行代码中，<div id = "privacy-panel"> ~</div>被赋值给 常量 panel。

```
42 const panel = document.getElementById('privacy-panel');
```

在接下来的 if 语句中，如果常量 agree 的值是“yes”，则删除常量 panel 中的元素。

使用 removeChild 方法删除已有的 HTML 元素。该方法将删除“获得的元素”中的子元素或孙元素。在( )内的参数指定要删除的元素。

格式 删除 HTML 元素

```
获取的元素.removeChild(删除的元素);
```

你知道常量 panel 中的元素（<div id = "privercy-panel"> ~</div>）的父元素是什么吗？从 HTML 的代码中，我们可以知道它是<body>父元素。所以要使用 removeChild 方法首先必须获取<body>元素。

获取<body 元素>意外地简单，如下所示。

```
document.body
```

“document 对象的 body 属性”就是<body>元素了。因此，即使没有 id 属性等，<body>元素也能简单取得，然后执行 removeChild 方法就可以了。

```
document.body.removeChild(panel);
```

此外，为了在单击“同意”按钮后立即隐藏面板，我们将这个删除处理放到了按钮的 onclick 事件中了。

```
document.getElementById('agreebtn').onclick = function() {
  Cookies.set('cookie-agree', 'yes', {expires: 7});
  document.body.removeChild(panel);
};
```

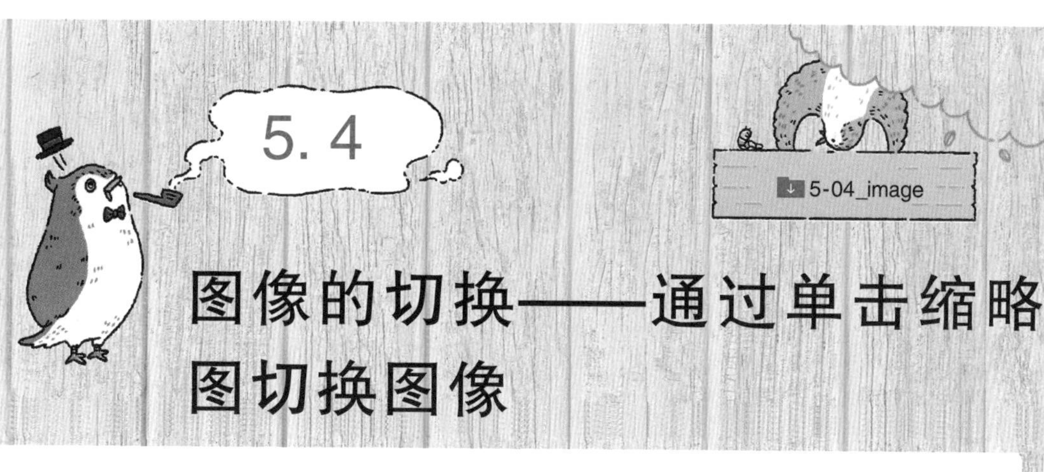

图像的切换——通过单击缩略图切换图像

在网站上经常能看到“单击缩略图可切换图像”的功能。是不是觉得很难？完全没有那回事，其实它本质上就是修改 HTML 中<img>标签的 src 属性。在本节的练习中，将使用 HTML 的 data-＊属性来实现图像的切换功能。

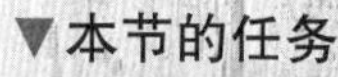

单击缩略图，切换显示的图像。

使用 HTML 的 data-＊属性

首先编辑 HTML，在页面上显示一张大图像和 4 张缩略图。

用来显示大图的 <img> 标签用<div>～</div>围起来，缩略图的 <img> 标签用<li>～</li>围起来。然后在大图上添加 id 属性：“bigimg”，在所有的缩略图上添加 class 属性：“thumb”。

同时给 4 张缩略图的 <img>标签中添加 data-image 属性。在单击缩略图切换显示图像的时候，需要指定作为大图显示的文件名给这个 data-image 属性。这次的程序中，data-image 属性起到了非常重要的作用。

这次正好需要处理图像，为了配合图像让我们也加入 CSS，使页面更美观吧。

复制“_template”文件夹，重命名为“5-04_image”。可以使用自己喜欢的图像，也可以使用我们在示例中提供的图像。

CSS 内容如下。

List 5-04_image/step1/index.html HTML

```
<style>
section img {
  max-width: 100%;
}
.center {
  margin: 0 auto 0 auto;
  max-width: 90%;
  width: 500px;
}
ul {
  display: flex;
  margin: 0;
  padding: 0;
  list-style-type: none;
}
li {
  flex: 1 1 auto;
  margin-right: 8px;
}
li:last-of-type {
  margin-right: 0;
}
</style>
```

这样 HTML 和 CSS 就完成了。现在开始写程序，在本次的步骤中，为了调查 data-image 属性的特性，首先取得它的值并输出到控制台。

List 5-04_image/step1/index.html HTML

```
<body>
  …省略
```

```
</footer>
<script>
'use strict';

const thumbs = document.querySelectorAll('.thumb');
thumbs.forEach(function(item, index) {
  item.onclick = function() {
    console.log(this.dataset.image);
  }
});
</script>
</body>
```

在浏览器中确认 index.html 内容，同时打开控制台。单击缩略图后，在控制台上输出 data-image 属性。

Fig 单击缩略图后，在控制台上输出 data-image 属性

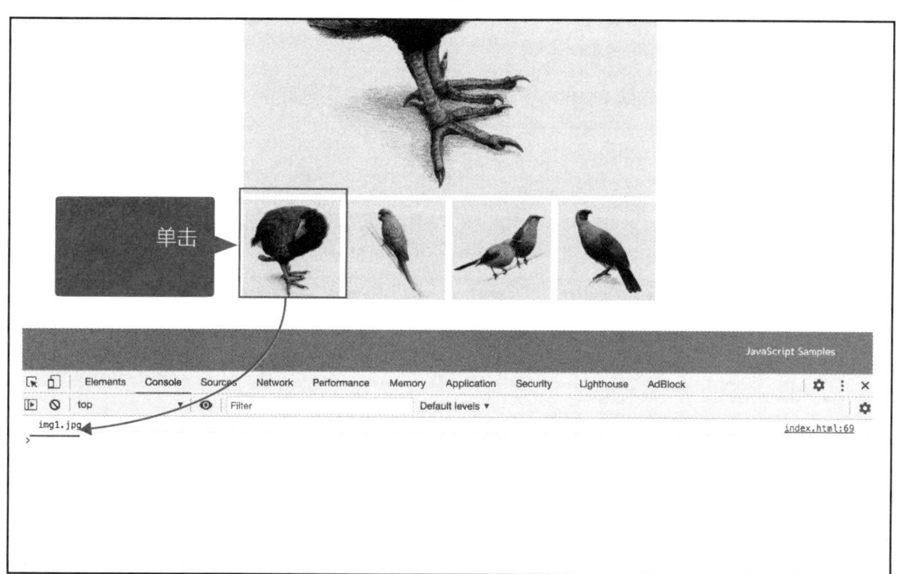

 querySelector All 方法与多个元素的处理

本次的程序有两个要点，一个是获取多个元素并设定所有元素的事件；另一个是对缩略图的<img>标签中添加的 data-image 属性进行处理。首先说明多个元素的取得和事件

的设定。该程序的基本结构如下：

获取元素→设定事件→创建事件被触发时的处理。

这种模式目前为止已经出现过很多次了。处理流程本身是非常简单的。但是这回是第一次使用 HTML 的 class 属性进行元素的获取，并设定元素事件的。下面一行一行来看代码吧。

```
const thumbs = document.querySelectorAll('.thumb');
```

在 5.2 节中，我们用到过 document 对象的 querySelector 方法。参考 5.2 节的解说“document. querySelector 方法”。在 5.2 节中，querySelector 方法只获取了一个元素。本节使用的 querySelectorAll 方法则会获取与在( )中指定的 CSS 选择器所匹配的全部元素。

格式　获取所有匹配元素

```
document.querySelectorAll('CSS 选择器')
```

因为选择器指定了“. thumb”，所以获取了所有的<img class = "thumb" …> 的元素。之后，将获取的元素代入常量 thumbs 中，那么 thumbs 中的数据是什么呢，让我们用“console. log（thumbs）;”进行确认吧。

Fig　添加“console. log（thumbs）;”然后确认 thumbs 中的数据内容（确认后删除）

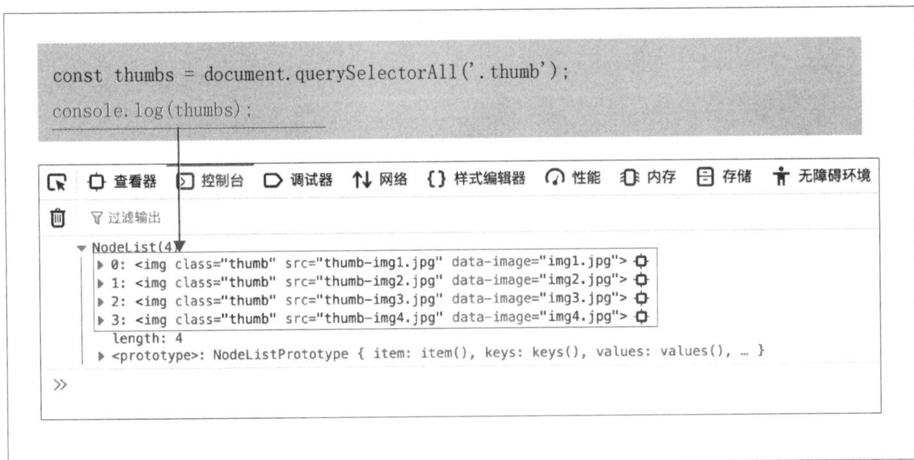

从控制台的输出可以看出，匹配的元素是以“数组”的形式获得的[⊖]。为了将这些获取的元素全部设定事件，这里将介绍实现循环的一种新方法：forEach。

⊖ 送给想详细了解的人。如果使用 querySelectorAll 方法，实际上元素是作为 NodeList 对象获取的。此 NodeList 对象可以通过 forEach 方法对获取的多个元素进行循环处理，但 NodeList 对象实际上并不是数组对象，所以 3. 10 节的解说“数组的方法”中介绍的方法是不适用的。但为了方便理解，还是使用数组这个词来进行介绍。

数组的另一种循环方式：forEach

为了循环处理数组中的各个元素，在 3.10 节中我们使用了 for...of 语句。这次使用数组对象的 forEach 方法。首先，确认一下 forEach 方法的使用格式吧。

格式 数组的各个元素的循环处理

```
数组.forEach(function(item, index){
  在这里编写处理内容
});
```

forEach 方法使用的参数为 “function() {}”。此函数的 {~} 中编写的处理内容将对所有元素做循环处理。

定义的函数中有两个参数。

第一个参数为 item，在循环中将数组中的元素逐个赋值给这个参数。首次循环时被赋值为第一个数组元素。

第二个参数为 index。这个 index 将被赋值为数组的检索号。首次循环时，被赋的值为 “0”。

Fig 函数参数的代入值

```
thumbs.forEach(function( item, index ){
    ...
)};
```

次数	item	index
1	<img src="thumb-img1.jpg"…>	0
2	<img src="thumb-img2.jpg"…>	1
3	<img src="thumb-img3.jpg"…>	2
…	…	…

让我们来看看循环的具体处理吧，也就是函数的 {~} 内的程序。在该处理中，在参数 item 中保存的元素中设置了 onclick 事件。单击元素时，将执行在 = 之后的 function 的 {~} 内的处理。

this

```
item.onclick = function() {
  console.log(this.dataset.image);
}
```

事件发生后，console.log 在 log 方法() 中出现的 “this” 指的是事件（onclick 事件）发生的元素，也就是被单击的元素。this 可以在设定事件的函数中使用。

data-＊属性和 dataset 属性

“data-＊属性？难道不是 data-image 属性吗？”

data-＊属性⊖中的"＊"部分可以用任意字符串代替⊖，这是一个比较罕见的属性类型。

这次我们用“image”替代了＊的部分。

Fig data-＊属性

```
< 标签名 data-image="img1.jpg">
```

这个部分可以自由决定

data-＊属性的用法正如这次练习中介绍的，需要用到 JavaScript 对属性的值进行读取。读取 data-＊属性的方法如下。

格式 使用 JavaScript 读取 data-＊属性的值

```
获取的元素.dataset.＊部分使用的名字
```

Fig 读取 <img> 标签的 data-image 属性

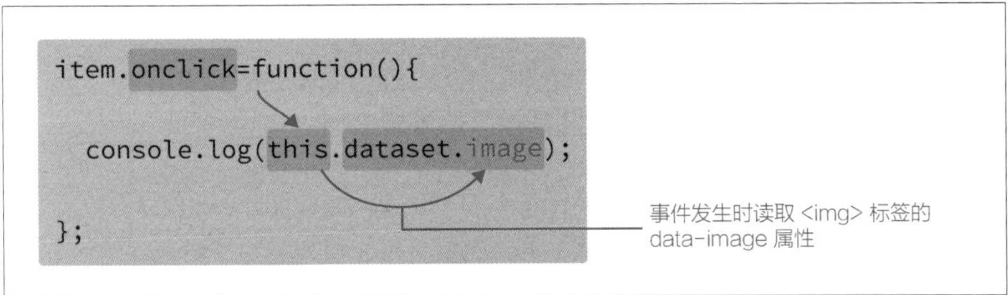
item.onclick=function(){
console.log(this.dataset.image);
};
事件发生时读取 <img> 标签的
data-image 属性

事先在 HTML 中设置 data-＊属性，然后通过 JavaScript 来读取它的属性值。几乎在所有的标签中都可以添加 data-＊属性。

这里只是读取 data-image 属性的值并输出到控制台，在下一步中我们将使用此值来切换大图像。

Step
2

切换图像

使用 data-image 属性的值，在单击缩略图时切换大图。实际操作是将想要显示的大图

⊖ 称为“data-＊属性”或者“自定义数据属性”。

⊖ 但是＊的部分不能用以“xm”开头的字符串。另外，不能使用大写字母和分号（;）。

替换现有的<img>标签的 src 属性。接下来用程序来实现吧。

5-04_image/step2/index.html　HTML

```
63 <script>
64 'use strict';
65
66 const thumbs = document.querySelectorAll('.thumb');
67 thumbs.forEach(function(item, index){
68   item.onclick = function() {
69     document.getElementById('bigimg').src = this.dataset.image;
70   }
71 });
72 </script>
```

在浏览器中确认修改内容。在单击缩略图的时候，可以切换大图像。

Fig　单击缩略图可切换大图像

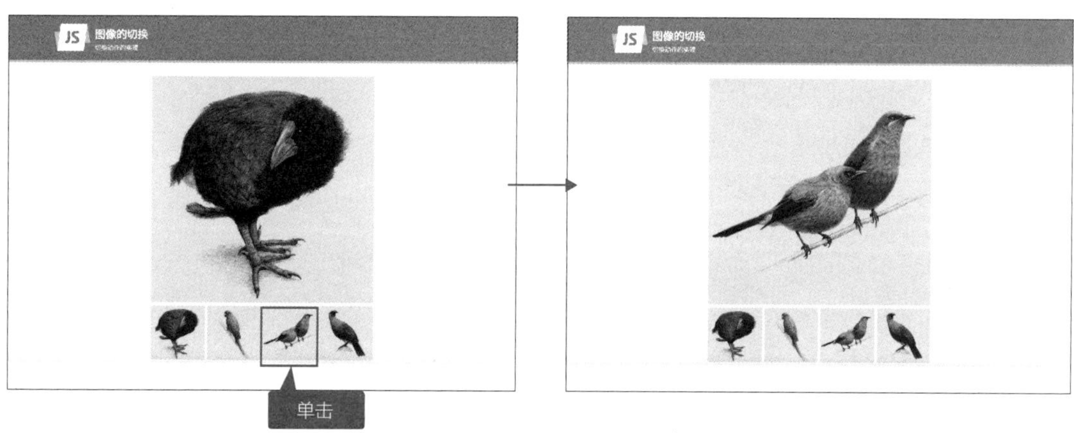

属性的修改

让我们来看看这次修改的第 69 行的代码吧。首先，获取 id 属性为“bigimg”的元素，将 onclick 事件发生的<img>标签中包含的 data-image 属性的值交给 src 属性。

```
document.getElementById('bigimg').src = this.dataset.image;
```

就这样，将<id = "bigimg">的 src 属性修改成了被单击的<class = "thumb">标签的 data-image 属性值。

修改<img>元素的 src 属性就能切换显示的图像。这是一个十分简单的逻辑。

读取、修改 HTML 标签的属性

到目前为止，我们还没有详细地解释过属性值的读取和修改，不仅是 src 属性，许多 HTML 标签的属性都可以按以下格式进行读写。

格式 读取属性值

```
获取的元素.属性
```

格式 修改属性值

```
获取的元素.属性 = 值;
```

但是如 5.2 节中所述，如果要修改真伪值属性的值，请用 true 或 false 替代原有的值。参考 5.2 节解说“获取没有 id 属性的元素和真伪值属性的设定”。

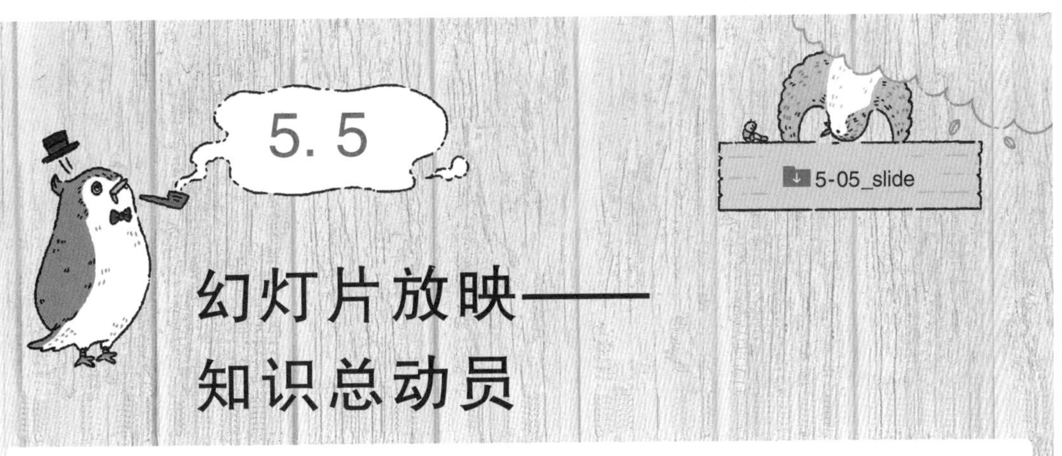

5.5 幻灯片放映——知识总动员

在第5章的结尾，让我们结合到目前为止的知识来创建幻灯片。本节并没有很多新功能出现，但是让我们在想象处理流程和变量状态的同时，对实现的功能进行组装吧。

▼本节的任务

单击“下一步”“上一步”按钮后，图像将依次更换。

Step 1 单击按钮切换图像

在这次制作的幻灯片放映中，将包含以下两个功能。

▶ 单击“下一步”“上一步”按钮后，按数组登记的顺序切换图像。

▶ 显示当前正在查看的图像顺序号。

在该Step中，我们将创建一个函数，该函数在单击按钮时显示下一张图像（或上一张图像），这是幻灯片放映所需的最低要求。与往常一样，首先编写HTML。由于按钮将显示为元素的背景图像，因此还需要编写CSS。复制“_template”文件夹，重命名为

“5-05_slide”。准备 5 张图像或从完成的示例代码中复制使用。

List 5-05_slide/step1/index. html HTML

```
<section>
  <div class="slide">
    <div class="image_box">
      <img id="main_image" src="images/image1.jpg">
    </div>
    <div class="toolbar">
      <div class="nav">
        <div id="prev"></div>
        <div id="next"></div>
      </div>
    </div>
  </div>
</section>
```

首先，将简要解释 HTML 的结构。<img id ="main_image"... >由<div class ="image_box">？ </ div >包围，是单击按钮时发生切换的大图像。请记住，此<img >的 id 属性是"main_image"。

另外，<div class="toolbar" > ~ </div> 是用于操作幻灯片放映的工具栏。其中有两个按钮。

▶ “上一个” 按钮 <div id="prev" ></div>

▶ “下一个” 按钮 <div id="next" ></div>

在此示例中，给需要用程序控制的元素添加 id 属性，给要适用 CSS 的元素添加 class 属性。要了解程序的流程，请注意具有 id 属性的元素，并添加 CSS。

List 5-05_slide/step1/index. html HTML

```
<head>
  …省略
<style>
.slide {
  margin: 0 auto;
  border: 1px solid black;
  width: 720px;
  background-color: black;
```

```
}
img {
  max - width: 100% ;
}
.toolbar {
  overflow: hidden;
  text - align: center;
}
.nav {
  display: flex;
  justify - content: center;
  align - items: center;
  padding: 16px 0;
}
#prev {
  margin - right: 0.5rem;
  width: 16px;
  height: 16px;
  background: url(images/arrow - left.svg) no - repeat;
}
#next {
  margin - left: 0.5rem;
  width: 16px;
  height: 16px;
  background: url(images/arrow - right.svg) no - repeat;
}
</style>
</head>
```

这里不会详细介绍 CSS，但是请注意，我们已经为#prev 和#next 设置了背景图像，这是按钮的图像。如果要检查是否有任何错误，可以在浏览器中打开 index.html 并检查显示。

现在继续编写该程序。这有点长，但是在编写程序的时候，尝试想象需要给哪个元素设定事件，以及事件的函数具体的操作内容。

List　5-05_slide/step1/index. html　HTML

```
<body>
…省略
</footer>
<script>
'use strict';

const images = ['images/image1.jpg', 'images/image2.jpg', 'images/image3.
  jpg', 'images/image4.jpg', 'images/image5.jpg'];
let current = 0;

function changeImage(num) {
  if(current + num >= 0 && current + num < images.length) {
    current += num;
    document.getElementById('main_image').src = images[current];
  }
};

document.getElementById('prev').onclick = function() {
  changeImage(-1);
};
document.getElementById('next').onclick = function() {
  changeImage(1);
};
</script>
</body>
```

在浏览器中确认幻灯片放映的动作。单击“<”“>”按钮后会切换图像。

Fig　单击“<”“>”按钮后会切换图像

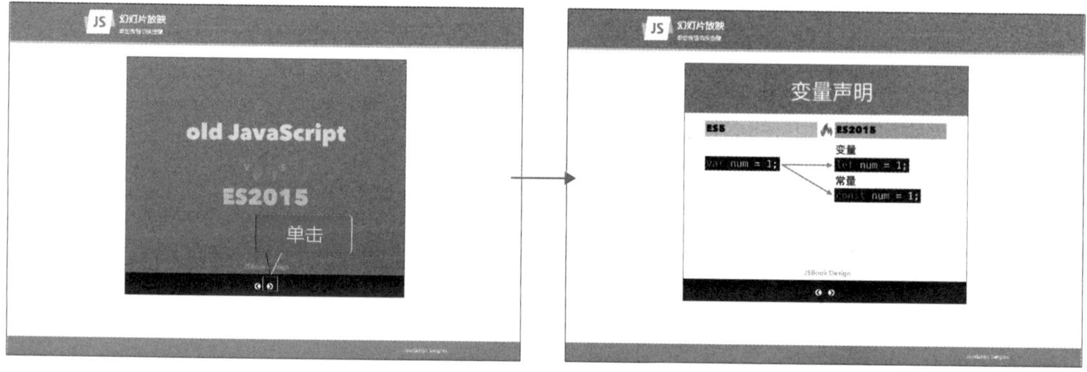

解说

图像的路径，时间的设定，函数的处理内容

因为处理的结构很紧凑，所以程序就没有分段一起写了。让我们来看看代码吧。

在开头定义需要的常量和变量。首先定义数组变量 images，包含了所有使用到的大图的路径。然后定义变量 current，用 current 来保存现在需要显示图像的索引号。

```
const images = ['images/image1.jpg', 'images/image2.jpg', 'images/ image3.jpg',
  'images/image4.jpg', 'images/image5.jpg'];
let current = 0;
```

接下来看看单击按钮的事件定义吧。按钮的 HTML 定义为 <div id = "prev"></div> 和 <div id = "next"></div>。不管单击哪一个，都会调用 changeImage 函数。但是不同的是 <div id = "prev"></div> 被单击后传递的参数为 -1，<div id = "next"></div> 被单击后传递参数为 1。

```
document.getElementById('prev').onclick = function() {
  changeImage(-1);
};
document.getElementById('next').onclick = function() {
  changeImage(1);
};
```

现在可以看一下 changeImage 被调用时的处理内容。首先我们注意到，传递的参数（1 或者 -1）被保存在变量 num 中。

```
function changeImage(num) {
```

在下一行的 if 语句中的条件表达式中出现了新的要素：“length”。length 是数组的属性，表示保存在该数组中数据的个数。

格式　调查数组中数据的个数

```
数组.length
```

images. length 表示 images 数组中数据的个数。现在编写程序的工具都聚齐了。下面我们来看看 changeImage 函数中的 if 语句的条件表达式吧。

```
  if(current + num > = 0 && current + num <images.length) {
```

如果“current + num”结果大于 0，并且“current + num”比数组的数据个数要小的时候，表达式判定结果才会为 true，就会执行紧接的｛～｝中的处理内容。那么表达式为 true 的情况具体是什么呢。先考虑一下加载页面后，第一次单击按钮的时候，表达式的情况。变量 current 的初始值为 0。如果单击“下一个”按钮，那么传递给 changeImage 函数的 num 参数就为 1。

current + num = 0 + 1 = 1

“current + num”结果大于 0，所以 && 左侧表达式结果为 true。同时因为数组的 images 数据的个数为 5（images. length 为 5），“current + num”小于 5，所以该表达式结果为 True。最终条件表达式的整体结果为 true。

相反，如果最先单击的是“上一个”按钮，那么传递给 num 的就是 -1，计算结果为：

current + num = 0 + (-1) = -1

&& 左侧的条件表达式为 false，所以｛～｝中的处理结果不会被执行。

每单击一次“下一个”按钮，在显示下一张图像的同时，变量 current 都会加 1。到最后一张图像的时候，如果再单击一次“下一个”按钮，计算结果为：

current + num = 4 + 1 = 5

这样 && 右侧的条件表达式为 false，所以不会执行紧接的｛～｝里的处理内容。

总结一下，如果在 if 语句中，当“current + num”在 0～4 之间，也就是说在数组的索引号范围之内，条件表达式结果为 true。这样就能实现数组中表示的图像之间的切换了。

接下来看看 if 语句中条件表达式结果为 true 时的处理吧。首先要做的是计算变量 current 与 num 相加，并把结果重新赋值给变量 current。所以每显示下一张图像的时候，就会对 current 的值加 1。显示上一张图像的时候，因为传递的参数 num 为 -1，所以会对 current 的值减 1。

```
81    current + = num;
```

在下一行中，实现的是获取 <img id = "main_image" ... >元素，将数组 images 中索引号为 current 的图像路径赋值给获取元素的 src 属性。

```
82  document.getElementById('main_image').src = images[current];
```

替换<img>标签的 src 属性，来实现图像的切换。替换 src 属性后，页面显示的图像也会切换的情况在 5.4 节中已经知道了。

显示图像属于第几张

在单击“<”和“>”按钮的时候，需要显示现在的图像是第几张的信息。为了实

现这个功能，我们需要添加 HTML、CSS 的程序。不着急，一点一点编写吧。首先添加 HTML 的部分。需要添加 id 属性为"page"的 <div> 标签。

List 5-05_slide/step2/index. html HTML

```
<section>
  <div class = "slide">
 …省略
    <div class = "toolbar">
      <div class = "nav">
          <div id = "prev"></div>
          <div id = "page"></div>
          <div id = "next"></div>
      </div>
    </div>
  </div>
</section>
```

然后添加 CSS 的内容。

List 5-05_slide/step2/index. html HTML

```
 <style>
 …省略
#page {
  color: white;
}
</style>
```

最后需要添加相对应的程序。创建在 <div id = "page"></div> 内输出文本名为 pangeNum 的函数，这个函数会被调用两次。一次是页面加载的时候，另一次是发生在 changeImage 函数被调用的时候。

List 5-05_slide/step2/index. html HTML

```
<script>
'use strict';

const images = ['images/image1.jpg', 'images/image2.jpg', 'images/image3. jpg',
  'images/image4.jpg', 'images/image5.jpg'];
```

```
let current = 0;

function changeImage(num) {
  if(current + num >= 0 && current + num < images.length) {
    current += num;
    document.getElementById('main_image').src = images[current];
    pageNum();
  }
};

function pageNum() {
  document.getElementById('page').textContent = `${current + 1}/${images.length}`;
}

pageNum();

document.getElementById('prev').onclick = function() {
  changeImage(-1);
};
document.getElementById('next').onclick = function() {
  changeImage(1);
};
</script>
```

在浏览器确认时，会发现在“<”和“>”之间出现“图像编号/总数”的文字。

Fig 在“<”和“>”按钮之间显示“图像编号/总数”

 pageNum 函数的处理内容

让我们来确认添加的 pageNum 函数的内容吧。这个函数并没有参数，而且处理内容也只有一行。在这一行中，我们获取 <div id = "page" ></div> 元素。

```
document.getElementById('page').textContent =
```

然后用通过赋值运算符 “ = ” 来设置获取元素的文本内容。对于 “ = ” 右侧的值需要设置的文本内容，我们使用模板字符串来得到想要的内容。

```
document.getElementById ('page').textContent = `${current + 1}/${images.length}`;
```

在右侧的代码中，${current + 1} 表示的是图像的编号。虽然在数组中的各个图像的编号是 0 ~ 4 的数字，但是为了符合人的阅读习惯，我们给图像的索引号加上 1，形成一般意义上的图像编号（1 ~ 5 的数字，表示在一组图像中的第几张）。

关于 ${images.length} 的部分表示的是图像的总数。数组的 length 属性表示的是数组中数据的个数，这里为 5。模板字符串形成的文本如下。

```
图像的编号/图像总数
```

另外，images 数组中保存的数据个数不一定是 5 个。可以尝试添加喜欢的图像或者删除不需要的图像。

图像的预加载

在幻灯片放映的练习中，除了 HTML 的<img>标签中的图像 image1.jpg 在最初会被页面加载（读取）以外，其他的画像在显示之前都不会被读取。每次单击按钮的时候，浏览器会下载图像，然后读取图像的内容并显示。在显示图像之前，需要下载图像，所以在切换图像的时候，有可能会出现等待下载的切换延迟。

如果想要尽量减少切换图像之间延迟，可以在加载页面的时候读取所有可能用到的图像，这种技巧被称为“预加载”。添加下面的程序后，就能实现图像的预加载了。

5-05_slide/extra/index.html HTML

```
<script>
'use strict';

const images = ['images/image1.jpg', 'images/image2.jpg', 'images/ image3.jpg
  ', 'images/image4.jpg', 'images/image5.jpg'];
images.forEach(function(item, index) {
  preloadImage(item);
});
let current = 0;
 … 省略
function preloadImage(path) {
  let imgTag = document.createElement('img');
  imgTag.src = path;
}

pageNum();
 … 省略
</script>
```

在 HTML 被加载后，按数组 images 中的数据个数做循环处理，处理内容为把图像的路径作为参数调用 preloadImage 函数读取相对应的图像。

preloadImage 函数 { ~ } 内的处理内容如下。

```
  let imgTag = document.createElement('img');
  imgTag.src = path;
```

其中，createElement 作用是生成( )中指定的标签类型的元素，并保存在内存中的一种方法。生成的标签并没有插入到 HTML 中，所以不会在页面中显示。在这里，我们又把生成的<img>元素赋值给变量 imgTag。

然后把数组 images 中的图像路径赋值给变量 imgTag 的 src 属性。

这样，就算没有在 HTML 中显示，但是计算内存中已经保存了图像数据。

如果有暂时还没有使用，但有可能在之后的使用中需要下载的内容，可以通过这种技术事先下载到内存中，这种行为称为缓存[⊖]。由于被缓存的文件已经事先被下载了，所以在需要用到文件时就可以直接使用，省去了等待下载完成的时间。

这种预加载技术，在幻灯片放映中显示大尺寸图像时经常被使用。非常实用，请记住。

⊖ 缓存（cache）是为了让数据能尽快被访问而将其暂时保存的策略。这里的缓存是指提前下载图像。

什么是 DOM 操作?

我们已经提到过很多次了，JavaScript 进行的处理大致可以分为“输入”“处理”“输出”3 种类型。在“输出”相关的处理中，例如修改被标签框起来的文本或者属性，添加或删除 HTML 元素，或是一系列关于 HTML 或者 CSS 的修改操作均被“DOM（Document Object Model）操作”。参考 1.2 节的解说“‘修改’的例子”。在本章中后半部分的 5.4 节、5.5 节都是 DOM 操作的典型示例。

当然现实中的网站或者网页程序中是不会使用 console.log 方法的，使用 alert 方法显示提醒对话框的例子也是不多见的。大多数都是对输入的数据进行处理，然后通过修改 HTML 或者 CSS 来达到输出数据的目的。在 JavaScript 中的“输出”大部分都是 DOM 操作。

在第 6 章中，我们将尝试使用让 DOM 操作变得简单的程序库：jQuery。

第 6 章　jQuery 入门

本章将介绍使用 jQuery 进行编程的方法。jQuery 是为了用简洁的写法达到同样操作效果而设计的 JavaScript 程序库。jQuery 以擅长 DOM（Document Object Model）操作著称，只需要数行的程序就能高效地制作 UI（User Interface）。在本章的最后一个示例中，我们将尝试挑战 jQuery 的另一个看家本领：Ajax。

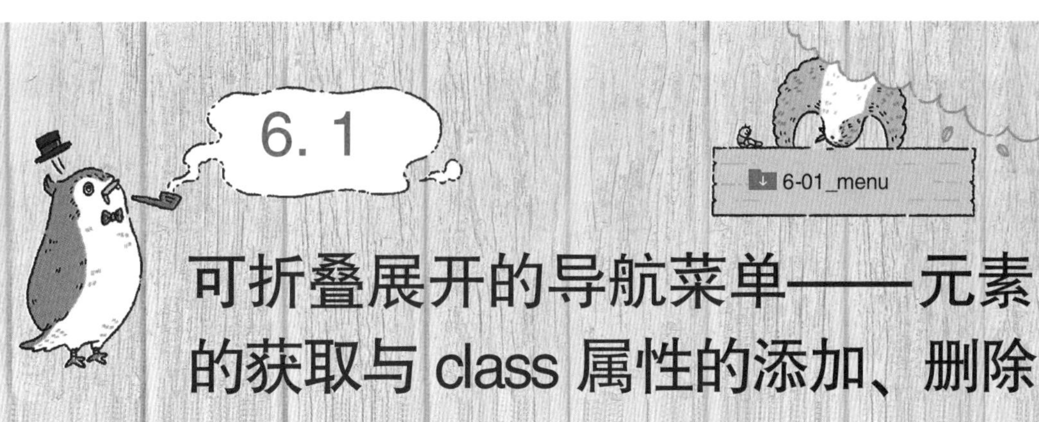

6.1 可折叠展开的导航菜单——元素的获取与 class 属性的添加、删除

jQuery 非常擅长制作网页的 UI。从 HTML 获取想要操作的元素，操作该元素的标签、属性、内容，或者操作 CSS 是 jQuery 编程的基本功能。首先，让我们体验一下 jQuery 的基本处理流程和编程模式吧。

▼本节的任务

单击“导航”菜单可打开/关闭子菜单。

Step 1 jQuery 基础

在介绍 jQuery 之前，让我们先试着用一下吧。

在本练习中，我们将制作单击“导航”菜单后能显示子菜单的 UI。像这样用 jQuery 制作简单的 UI 时，以本练习内容为例编程的流程基本如下。

1. 首先，编辑 HTML。制作子菜单被展开时的状态。
2. 然后，编辑 CSS。制作子菜单被关闭时的状态。
3. 最后，利用 jQuery 使子菜单能够被折叠和展开。

复制“_template”文件夹，重命名为“6-01_menu”。现在介绍的是编写 HTML 制作子菜单打开时的状态的步骤。需要注意的是两个<ul>标签的 class 属性都被设为“hidden”。

List 6-01_menu/step1/index.html HTML

```
<section>
 <div class="sidebar">
   <h2>支持页面</h2>
   <div class="submenu">
     <h3>1. 第一次使用的时候</h3>
     <ul class="hidden">
       <li><a href=""> - 概要</a></li>
       <li><a href=""> - 安装</a></li>
       <li><a href=""> - 注册账号</a></li>
       <li><a href=""> - 卸载</a></li>
     </ul>
   </div>
   <div class="submenu">
     <h3>2. 基本用法</h3>
     <ul class="hidden">
       <li><a href=""> - 基本操作方法</a></li>
       <li><a href=""> - 恢复原状</a></li>
       <li><a href=""> - 添加扩展程序的插件</a></li>
     </ul>
   </div>
 </div>
</section>
```

下面我们需要编辑 CSS。CSS 中的“. hidden”选择器用来表示子菜单被关闭的状态。除此之外的选择器都是关于外观的样式。

List 6-01_menu/step1/index.html HTML

```
<head>
  …省略
<style>
.submenu h3 {
 margin: 0 0 1em 0;
```

```
 font-size: 16px;
 cursor: pointer;
 color: #5e78c1;
}
.submenu h3:hover {
 color: #b04188;
 text-decoration: underline;
}
.submenu ul {
 margin: 0 0 1em 0;
 list-style-type: none;
 font-size: 14px;
}
.hidden {
 display: none;
}
</style>
</head>
```

完成了上面的编辑后，用浏览器查看 index.html 文件吧。被“. hidden”标记的两个 <ul> ~ </ul> 被隐藏了。

Fig 通过 CSS 实现子菜单的关闭状态

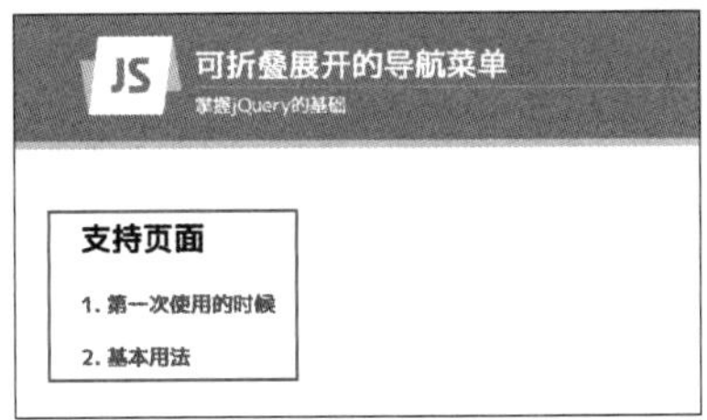

确认上图的内容后，终于可以进入 jQuery 程序的编写了。

如果使用 jQuery，需要在 HTML 中添加 <script> 标签，然后需要加载 jQuery 程序。示例数据中的“_common/scripts/”文件夹中有 jQuery 程序文件，我们需要加载这个文件。

List 6-01_menu/step1/index.html HTML

```
…省略
</footer>
<script src="../../_common/scripts/jquery-3.4.1.min.js"></script>
```

```
<script>
</script>
</body>
```

下载最新版 jQuery

如果在自己的项目中也想使用 jQuery 或者在本练习中想下载最新版 jQuery 的时候，可以从官方网站下载 jQuery 程序。首先打开下一个 URL 的页面。

URL　https：//jquery. com/download/

这个页面包含了很多 jQuery 的版本。有“production 版本的压缩包”，也有“精简版本”等，可以选择自己需要的进行下载。

通常都会下载 production 版本的压缩包。选择“Download the compressed，production jQuery x. x. x”后单击右键鼠标，选择“链接另存为”命令。Mac 的情况可以使用鼠标右键单击，也可以使用 control ＋单击实现“链接另存为”⊖。选择后，会出现保存对话框，在对话框中选择自己想要保存的地方后，下载得到的文件为“jquery-x. x. x. min. js”。

Fig　jQuery 程序的下载

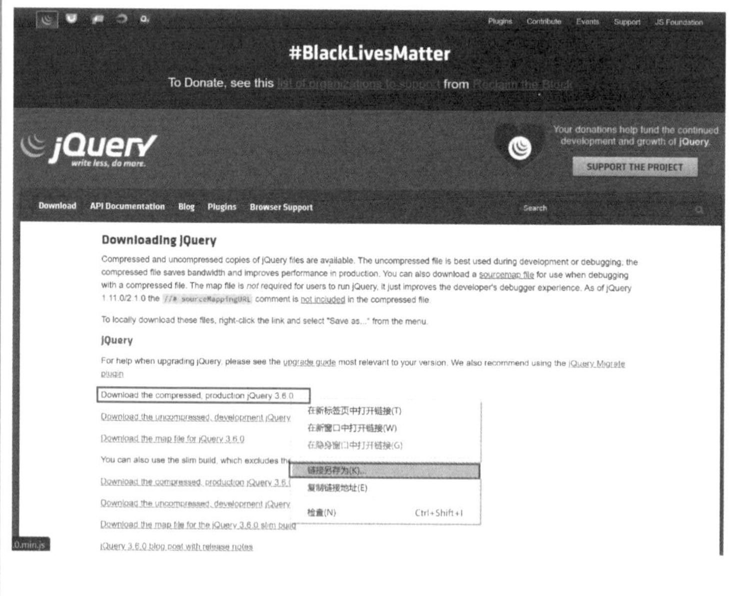

⊖ “x. x. x”表示版本号。版本号是会变化的。另外，Windows 和 Mac 操作系统在使用鼠标右键单击后，出来的菜单项目会有所不同，请选择下载链接文件内容的菜单选项。

那么就让我们在 <script> ~ </script> 之间编写程序吧。jQuery 的程序中会使用很多“)”或者“}”。为了少犯错误，首先按如下方式写好整体代码的框架。

然后在 {} 之间进行换行，书写以下内容。

6-01_menu/step1/index.html HTML

```
<script>
'use strict';

$(document).ready(function(){
  $('.submenu h3').on('click', function(){});
});
</script>
```

再在 {} 之间换行，添加一行代码就完成该练习了。

6-01_menu/step1/index.html HTML

```
<script>
'use strict';

$(document).ready(function(){
  $('.submenu h3').on('click', function(){
    $(this).next().toggleClass('hidden');
  });
});
</script>
```

现在让我们用浏览器来确认编写的内容吧。单击各个菜单会触发子菜单的折叠和展开。

Fig 单击菜单后，会触发子菜单的折叠和展开

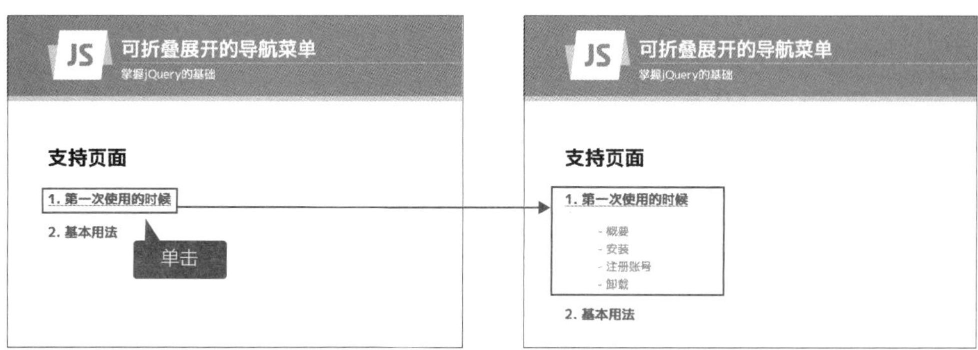

什么是 jQuery

jQuery 是 JavaScript 的开源程序库（参考 5.3 节“什么是程序库？什么是开源？”）。它极大地简化了 JavaScript 中一些通用处理的编程。

jQuery 在许多网站上都得到了广泛的使用。即使是 JavaScript 的新手，也能很容易地理解并使用它，也是适合作为新手第一个上手的程序库。

如果想进一步了解 jQuery 的功能，则可以参考官方网站。

▶ jQuery 的官方网站

URL https://jquery.com

因为 jQuery 的使用者很多，所以很多信息都会在网上公开。如果有不明白的地方，可以试着在网页上检索相关信息。

请注意版本号！

在搜索网站上查找 jQuery 的相关内容时，请确认文章或者博客中提到的 jQuery 的版本为 1.9 或更高，因为 jQuery 的规范在 1.9 版中发生了重大变化，所以使用早期版本，代码可能无法正常工作。

顺便说一句，只要是 1.9 版之后的版本，在主要的规范上是没有太大变更的。本书使用的版本为 3.x。

怎样理解 jQuery

在解说源代码之前，首先掌握使用 jQuery 编写程序的特征吧。

使用 jQuery 的大多数处理都是“DOM 操作”，例如修改 HTML 和 CSS，或在 HTML 元素中设定事件。使用 jQuery 完成这类 DOM 操作的程序大多会按照下面的步骤进行编写。

1. 获取需要设定事件的元素。

2. 设定元素的事件。

3 实现事件被触发时的处理内容。

上述的处理基本上已经模板化了。这次的程序也是按这个流程来编写的。

步骤 1 “获取需要设定事件的元素”，使用 $() 方法和 CSS 的选择器可以很轻松地完成。步骤 2 “设定元素的事件”，需要使用 jQuery 的 on 方法。到现在为止的处理都是非常模式化的，可以完全套用。

步骤 3 “实现事件被触发时的处理内容”，则都不尽相同。

用 jQuery 编程时的思考方法

以本次练习内容为例，介绍用 jQuery 编程时的思考方法。练习内容为单击菜单后触发折叠展开子菜单。将该内容以 HTML 元素的角度来分析的结果如下。

单击<h3>元素后，能够进行弟元素<ul>显示和隐藏的切换。

“显示和隐藏的切换”，可以通过设置 <ul> CSS 的 display 属性的切换来完成。display 属性为 block 时表示显示，display 属性为 none 时表示隐藏显示。

Fig 要实现子菜单的折叠和展开，只要切换 CSS 的 display 属性就可以了

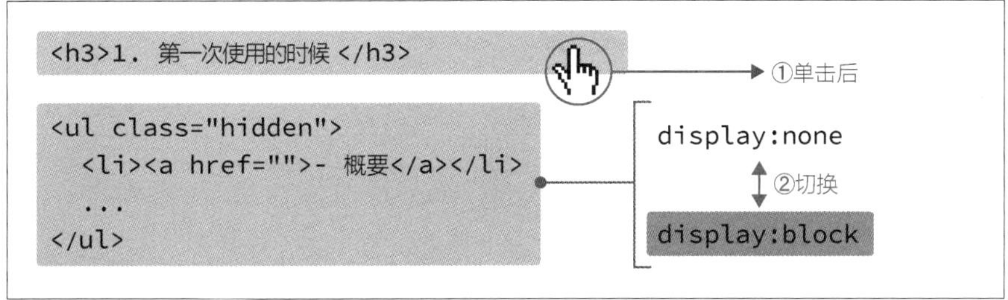

 jQuery 程序的处理流程

当然 jQuery 也仅仅是 JavaScript 的辅助工具，“jQuery” 本身并不是一种编程语言。但是用 jQuery 编写的程序可能与我们目前为止的程序有很大的区别。用 jQuery 编写的程序中，有可能出现 $美元符号。在 ( ) 中使用的函数都会出现很多} 和)，乍一看很难理解，但是冷静下来再看看源代码，并没有想象中那么难。让我们从上到下逐行看看吧。

HTML 被读取后开始执行程序

在 73 行开始的内容如下。

```
73 $(document).ready(function(){
…省略
77 });
```

这个程序表示读取 HTML 后，需要执行 function 中 { ~ } 的处理。

菜单被单击后

HTML 被读取后，程序就已经完成了对 <h3> 标签被单击时的事件函数的设定。

还记得我们在 CSS 中有“. hidden”这个选择器吗？

“. hidden”选择器的样式

```
.hidden {
 display: none;
}
```

<h3> 被单击后，只要完成显示或者隐藏 <ul> ~ </ul> 标签，就能实现子菜单的折叠和展开。

接下来看看 74 行的程序吧。首先获取 <div class = "submenu"> 中<h3> 的元素。

```
$('.submenu h3')
```

$( ) 方法的作用是，获取与在( ) 中指定的 CSS 选择器相匹配的所有 HTML 元素。

这个方法相当于 JavaScript 中的 document. querySelectorAll 方法。参考 5.4 节解说“querySelectorAll 方法与多个元素的处理”。

格式　使用 jQuery 获取元素的方法 $()

```
$('选择器')
```

$( ) 在“获取所有匹配元素”的功能和 querySelectorAll 是一样的，但是获取后的处理是不一样的。querySelectorAll 方法在匹配到选择器后，将所有的元素以数组的形式作为返回值。而 jQuery 方法则会以“jQuery 对象”的形式返回。jQuery 对象拥有方法和属性，可以对获得的元素进行操作。

在 $('. submenu h3') 后面的程序如下。作用是设定<h3> 的 click 事件。

```
$('.submenu h3').on('click', function(){
```

on 是 jQuery 设定事件的方法。

on 方法的参数有两个，第一个参数是“事件名”。关于事件名，onclick 事件可以通过 'click' 关键字来指定，与 onsubmit 事件相对应的关键字为 'submit'。

第二个参数是函数。在函数的 { ~ } 中编写的程序为事件发生时相对应的处理内容。

格式　设定获取元素的事件

```
用$()获取的元素.on('事件名', function(){
  事件发生时的处理内容
})
```

在这里需要注意的是 $('.submenu h3') 获取的是<h3>标签的元素，但是这次的 HTML 中的<h3>标签中有两个。当有多个元素的时候，jQuery 可以对 $() 获取的所有元素同时奏效（这里是对所有元素实施 on 方法）。这样就算不用 forEach 方法或者 for...of 语句，也能同时对所有<h3>进行事件。

子菜单的折叠展开

剩下要实现的就是单击 <h3>后的处理了。即 on 方法的 函数参数中 function { ~ } 内书写的内容。

开头为 $(this)。

```
$(this)
```

在 $() 中写的不是选择器，而是 this。这个 this 的含义和 5.4 节中接触到的是一样的，都是代表“事件被触发的元素”。jQuery 没有办法使用 this，所以需要使用 $() 把 this 转换成 jQuery 对象。

在 $(this) 后面继续写如下内容。

```
$(this).next()
```

意思是当事件发生后，立即获取下一个元素。这个 next 被称为“遍历”，是 jQuery 的方法，用来获取紧接的兄弟元素。在这里程序中获取的是<h3>中紧接的下一个元素<li>。

Fig 通过 next 方法获取<h3>中紧接的下一个元素 <li>

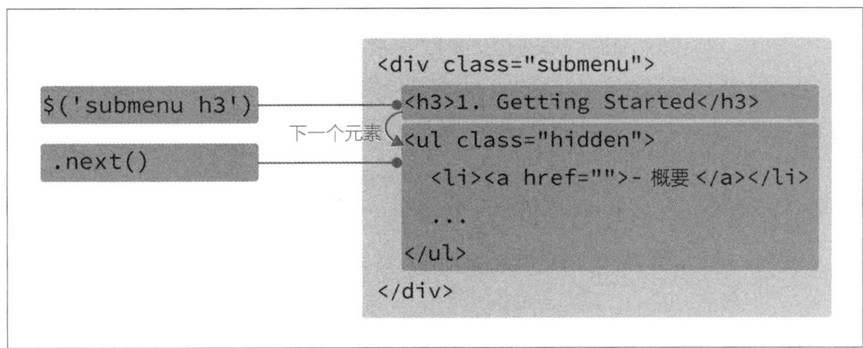

然后对<ul>执行了 toggleClass 方法。

```
$(this).next().toggleClass('hidden');
```

toggleClass 方法的作用是如果元素中没有参数中指定的类名就添加，如果已经存在指定的类就删除，可以实现指定类的添加和删除的切换。

Fig toggleClass 方法可以实现类名的添加和删除的交替操作

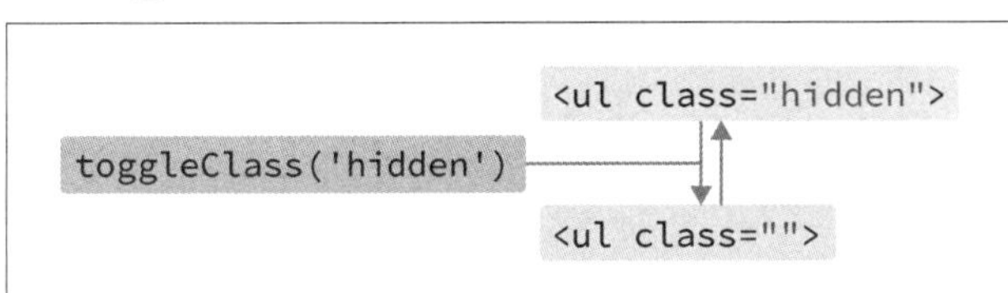

因为可以通过“toggleClass”实现添加和删除<ul>标签的 class 属性“hidden”，就可以实现 CSS 中“.hidden”定义样式的有效与否的切换了。从而可以实现对子菜单的显示或隐藏。

什么是遍历？

jQuery 的主要功能之一是“遍历”（走遍所有路径的意思）。遍历是指以 $() 获取的元素为出发点，获取例如“紧邻元素”“子元素”或者“父元素”的元素。jQuery 提供了各种遍历方法，包括 next。

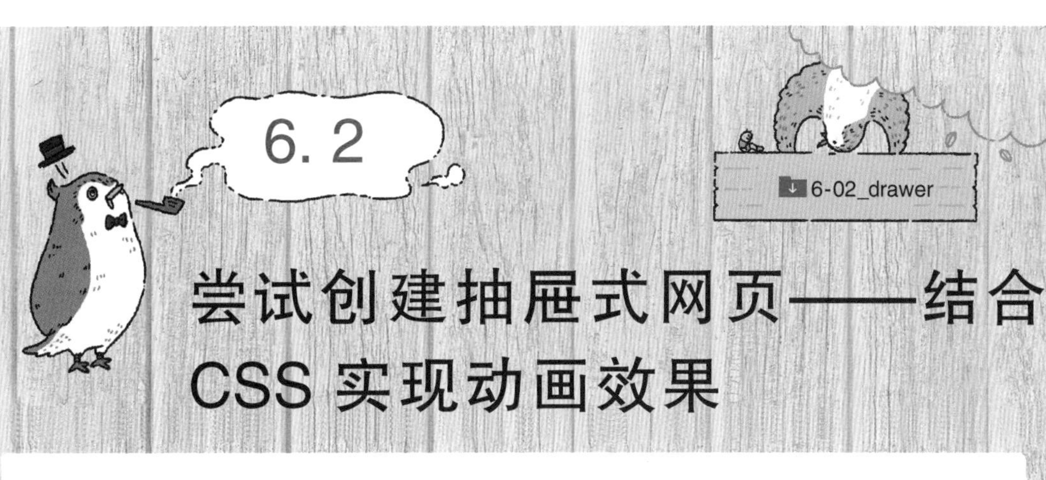

6.2 尝试创建抽屉式网页——结合 CSS 实现动画效果

在智能手机网站上经常看到抽屉式网页。抽屉式网页是指当单击（触摸）后，导航菜单从屏幕侧面出现的 UI。我们将在本节中使用 CSS 和 jQuery 完成抽屉式网页开合时的动画效果。

▼本节的任务

单击按钮后可使整个页面横向移动，并从右侧弹出菜单。

在页眉设置按钮

我们这次要写的 CSS 有点长，还有点复杂。当然，如果使用 jQuery，只用几行就可以完成了。

“咦，这不是一本 JavaScript 的书吗？”

是的。确实是这样，不过，要使 Web 页能实现动态变化，还是需要结合 CSS 和 JavaScript 才行。特别是要制作 UI，很多情况下只写 JavaScript 是无法实现某些特定效果的。如果在一定程度上掌握了 CSS 技术，JavaScript 的应用范围也会随之扩大。

这次先说明实现抽屉式网页的方针。

为了实现抽屉式导航菜单，我们需要分别制作“显示页面”和从旁边弹出来的“菜单”。

然后使用 CSS 将菜单放在页面的右侧面，并且放在浏览器窗口的外侧。在点击按钮的时候，将页面和菜单整个横向移动（如下图所示）。

Fig 页面的设计方针

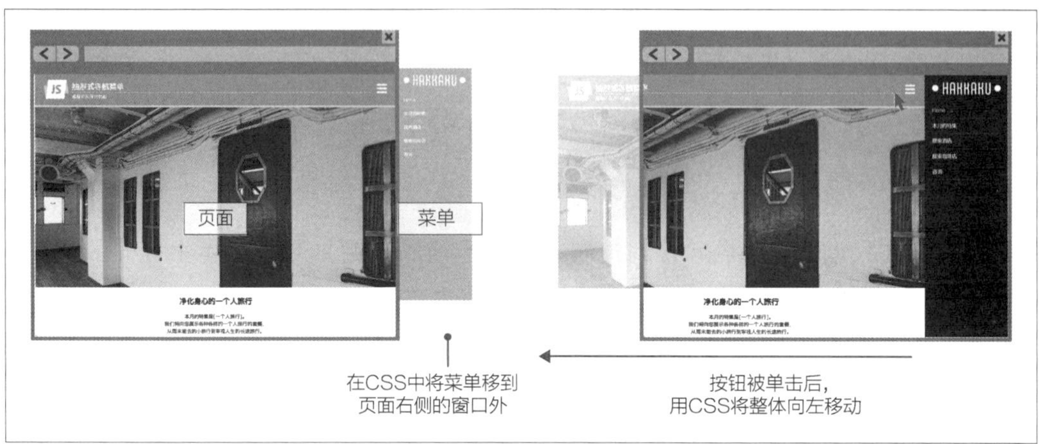

这个示例需要 3 个步骤。虽然会使用之前一直使用的模板，但由于页面和菜单是单独用<div>标签包住的，所以 HTML 的构造有点不一样。复制“template”文件夹，重命名为“6-02_drawer”。

我们一点一点来完成。完成了一小段就打开 index.html 检查内容，这样既可以让开发稳步进展，也可以很好地发现错误，是一种值得推荐的开发方式。下面就开始吧。CSS 的部分会用现成的 CSS 文件。在“6-02_drawer”文件夹中创建“css”文件夹，并在其中新建名为“special. css”的文件。同时我们还会用到很多图像，直接从示例中复制过来就可以了。

Fig 示例的文件/文件夹的构成

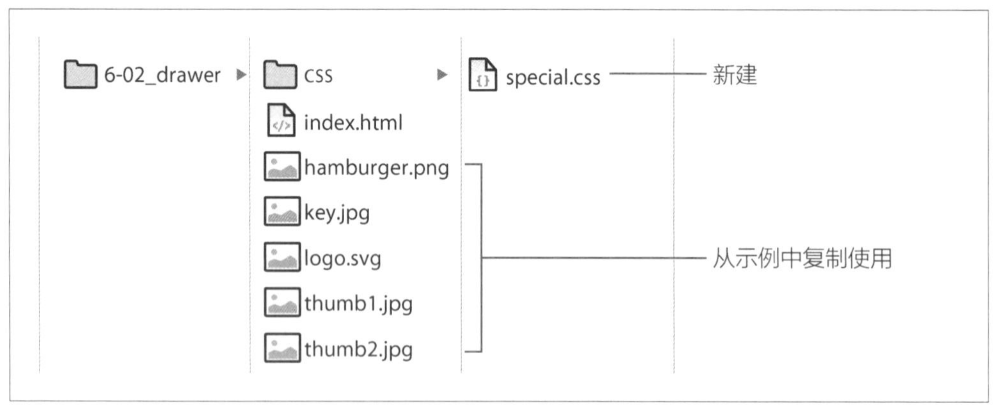

已经做好准备了，首先编辑 HTML 使其读取新建的 special. css。

6-02_drawer/step1/index.html HTML

```
<head>
  … 省略
<link href="../../_common/css/style.css" rel="stylesheet">
<link href="css/special.css" rel="stylesheet">
</head>
```

编辑 special. css 文件。在原始模板文件（_common/css/style. css）中，整个页面会扩展和收缩到1000 像素的窗口宽度，但不能超过1000 像素。我们在 special. css 中覆盖此内容，以便它始终可以拉伸页面内容，以适合窗口大小。顺便写上注释，使将要编写的 CSS 更易读。

6-02_drawer/step1/css/special.css CSS

```
@charset "UTF-8";

/* ===== style.css 的覆盖 ===== */
.container {
 max-width: 100%;
}
img {
 max-width: 100%;
}

/* ===== 实现此功能所需的 CSS ===== */

/* ===== 在页眉上设置按钮 ===== */

/* ===== 装饰性的 CSS ===== */
```

然后回到 index.html 的编辑。为了 CSS 能方便地作用到指定的 HTML 内容，将页面的全部内容用父元素（<div id="wrapper"> ~ </div>）包围起来。

在它的下面添加作为菜单的父元素存在的 <nav id=" nav" > ~ </nav>标签。

注意在各自添加的父元素的 id 属性"wrapper"和"nva"，这些 id 不仅在设置 CSS 的时候会用到，在编写 jQuery 的时候也会用到。

6-02_drawer/step1/index.html HTML

```
<body>

```

```
<div id="wrapper">
  <header>
 … 省略
  </footer>
</div>

<nav id="nav">

</nav>

</body>
```

接着将添加用于抽屉式导航进行开合的按钮，这种按钮统称为汉堡菜单按钮，添加位置为页眉。首先从 index.html 开始。

List　6-02_drawer/step1/index.html　HTML

```
<div id="wrapper">
  <header>
  <div class="container">
    <div class="title-block">
      <h1>抽屉式导航菜单</h1>
      <h2>在页眉设置按钮</h2>
    </div>
    <div class="hamburger" id="open_nav">
      <img src="hamburger.png" alt="">
    </div>
  </div><!--/.container-->
  </header>
 … 省略
</div>
```

接下来是配置汉堡菜单按钮的 CSS 内容。在这个 CSS 中，让页眉的标题和按钮并排。

List　6-02_drawer/step1/css/special.css　CSS

```
 … 省略
/* ===== 在页眉上设置按钮 ===== */
.header {
```

```
  padding: 16px 0;
}
header .container {
  display: flex;
  justify-content: space-between;
}
.title-block {
  flex: 1 1 auto;
}
.hamburger {
  flex: 0 0 32px;
  align-self: center;
  margin-left: 16px;
  text-align: center;
  color: #fff;
}

/* ===== 装饰性的 CSS ===== */
```

至此，抽屉式导航菜单基本 HTML 的构造制作和按钮的设置就结束了。先确认一下内容吧。在浏览器中打开 index.html。检查页面的窗口大小是否足够大，以及汉堡菜单按钮是否位于下图所示位置。

Fig 确认汉堡菜单按钮显示位置

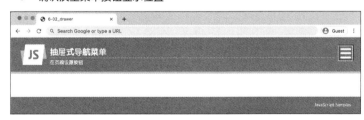

HTML 的基本构造完成后，可以制作页面内容和菜单内容了。这里会直接放上完成样品的 HTML，但是里面的内容不会影响抽屉式导航菜单的动作，所以这部分的 HTML 大家可以随意制作。页面内容在<section> ~ </section>中创建，菜单内容在<nav id="nav"> ~ </nav>中创建。

List 6-02_drawer/step1/index.html HTML

```
<div id="wrapper">
  … 省略
```

```
<section>
  <div class="key">
    <img src="key.jpg" alt="">
  </div>
  <div class="content">
    <h1>净化身心的一个人旅行</h1>
    <p>本月的专辑是[一个人旅行]。<br>
    我们将向您展示各种各样的一个人旅行的套餐,<br>
    从周末能去的小旅行到审视人生的长途旅行。</p>
  </div>
  <div class="archive">
    <h3>专辑归档</h3>
    <div class="archive-box">
      <figure>
        <img src="thumb1.jpg" alt="">
        <figcaption>怀旧街道的享受方法</figcaption>
      </figure>
      <figure>
        <img src="thumb2.jpg" alt="">
        <figcaption>建筑之旅</figcaption>
      </figure>
    </div>
  </div>
</section>
 … 省略
</div>

<nav id="nav">
 <div class="logo"><img src="logo.svg" alt=""></div>
 <ul>
   <li><a href="#">Home</a></li>
   <li><a href="#">本月的专辑</a></li>
   <li><a href="#">搜索酒店</a></li>
   <li><a href="#">搜索咖啡店</a></li>
   <li><a href="#">咨询</a></li>
 </ul>
</nav>
```

调整页面设计内容的 CSS 是 special. css 中 “/ * ==== 装饰性的 CSS ===== */” 下面的内容。这个部分和程序的动作没有直接关系，所以没有在本书中显示源代码。想确认的读者可以查看 special. css 的源代码。

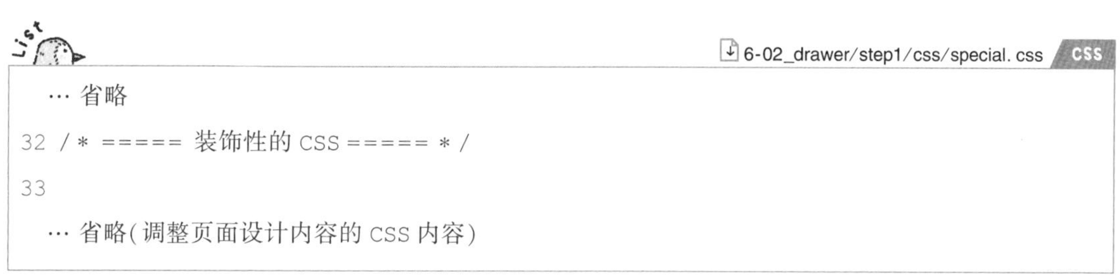

List　6-02_drawer/step1/css/special. css　CSS

```
… 省略
/ * ===== 装饰性的 CSS ===== * /

… 省略(调整页面设计内容的 CSS 内容)
```

制作完毕，在浏览器中确认后，可以看到菜单显示在页面的下方。

Fig　确认页面和菜单内容

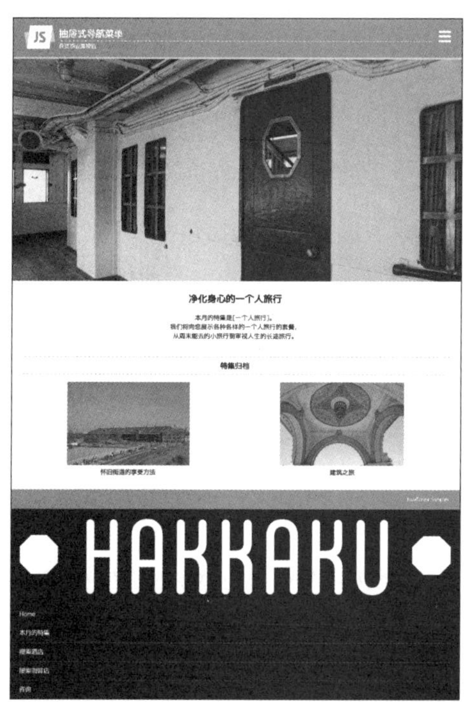

Step 2 创建菜单“打开时”的状态

接下来为实现抽屉式导航菜单的动作，我们需要调整页面的布局。现在菜单还在页面的下方，需要将其移动到页面的右侧。按以下两个步骤完成。

1. 固定菜单的宽度。
2. 将菜单布局在页面的右边。

两个都是通过编辑 CSS 来实现的。那么先固定菜单的宽度吧。示例的宽度为 270 像素，这个 270 的数值可以自由更改。

6-02_drawer/step2/css/special. css CSS

```
…省略
/* ===== 实现此功能所需的 CSS ===== */

/* 抽屉式导航菜单的样式 */
#nav {
  width: 270px;
  height: 100%;
}
…省略
```

在这里再一次确认编写的内容。可以看到菜单还是在页面的下方，但是菜单的宽度已经变窄了。

Fig 确认菜单宽度变窄

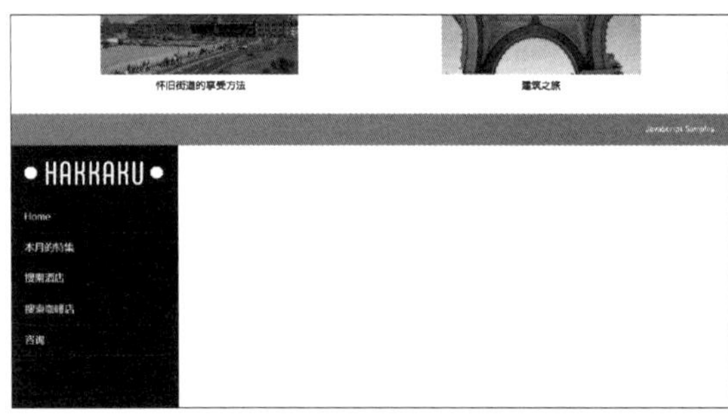

现在把这个菜单放到页面的右侧。

6-02_drawer/step2/css/special. css HTML

```
…省略
/* ===== 实现此功能所需的 CSS ===== */

/* 抽屉式导航菜单的样式 */
#nav {
  position: fixed;
  right: -270px;  ●———宽度(width)设为负值
  top: 0;
  width: 270px;
  height: 100%;
}
…省略
```

再一次用浏览器查看修改后的 index.html 时，发现菜单已经不见了。那是因为菜单被移动到了页面的右边了。

Fig 确认菜单的消失，其实是移动到了页面的右边

CSS 的美化工作渐渐成形了。还差一点就能创建菜单“打开时”的状态。

为了创建菜单打开时的状态，首先需要为整个页面的父元素（<div id = "wrapper"> ~ </div>）和菜单的父元素（<nav id = "nav"> ~ </nav>）暂时添加名为"show"的类（class = "show"）。可以在 CSS 中添加 show 类相关的样式。先从 HTML 开始。

List 6-02_drawer/step2/index. html HTML

```
<body>

<div id = "wrapper" class = "show">
  … 省略
</div>

<nav id = "nav" class = "show">
  … 省略
</nav>

</body>
```

然后添加关于 class = "show" 的 CSS。

List 6-02_drawer/step2/css/special.css HTML

```
…省略
/* ===== 实现此功能所需的 CSS ===== */
/* 抽屉式导航菜单的样式 */
#nav {
…省略
}
/* 菜单打开时的样式 */
.show {
  transform: translate3d(-270px, 0, 0);  -270px 是菜单设定的宽度(width)
}
…省略
```

在这里确认 index.html。看到页面整体向左错位了，然后菜单显示出来了。

Fig 确认页面整体向左错位了

当这个页面被确认后，可以把暂时添加的“class = "show"”删除，重新回到看不见菜单的状态了。这样 CSS 基本上就完成了。

transform 属性

CSS 的 transform 属性是用来移动、扩大、缩小、旋转元素的。当把这个属性值设置为 translate3d( ) 的时候，可以实现元素向水平、垂直和深度方向（= x 轴，y 轴，z 轴）的移动。看一下设置的格式吧。

格式 把元素向水平、垂直、深度方法移动

```
transform: translate3d(x 轴方向的移动量, y 轴方向的移动量, z 轴方向的移动量);
```

x，y，z 的移动方向⊖如下：

Fig transform：translate3d（x，y，z）

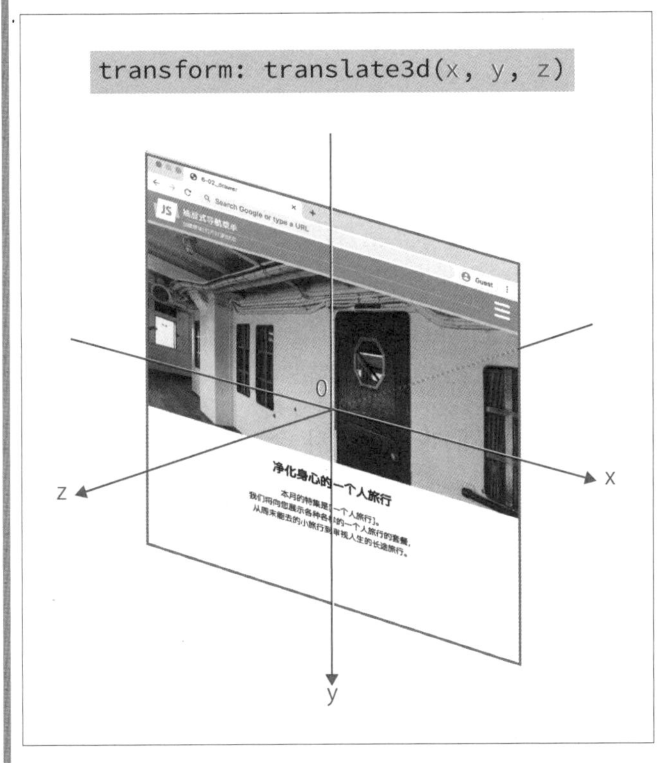

编程实现开合的功能

终于要开始编写程序了，下面就来完成抽屉式导航菜单吧。怎么写才好呢？现在是

⊖ 在这里就算是变更了 z 轴方向的数字，也看不出来。如果想看出效果，需要配合其他的属性进行变更。

不会给提示的，先自己思考一下。

汉堡菜单按钮（<div class="hamburger" id="open_nav"> ~ </div>）被单击后，给页面的父元素和抽屉式导航菜单的父元素添加名为"show"的类。再单击一次后删除"show"类就可以了。接下来让我们编写程序吧。

List 6-02_drawer/step3/index.html HTML

```
</nav>

<script src="../../_common/scripts/jquery-3.4.1.min.js"></script>
<script>
'use strict';

$(document).ready(function(){
  $('#open_nav').on('click', function(){
    $('#wrapper, #nav').toggleClass('show');
  });
});
</script>
</body>
```

用浏览器打开 index.html 确认效果。单击汉堡菜单按钮后，我们可以看到菜单像抽屉一样从右边打开，再单击后菜单就合上了。

下面加上效果动画吧，这样就能让抽屉式菜单的弹出更顺滑了。最后在 special. css 中添加如下的入场动画设置。

List 6-02_drawer/step3/css/special. css CSS

```
/* ===== 实现此功能所需的 CSS ===== */
…省略
/* 抽屉式导航菜单的样式 */
.show {
 transform: translate3d(-270px, 0, 0);
}

/* 打开和关闭的动画 */
#wrapper, #nav {
 transition: transform 0.3s;
}
```

再通过浏览器确认。这次就可以看到菜单的弹出没有那么突兀了。弹出的感觉很顺畅。

Fig　完成后，用智能手机的显示效果看最有感觉！

PC的显示效果　　智能手机的显示效果

解 说

JavaScript 和 CSS 的作用

到此已经写了很长的 HTML 和 CSS，虽然很长，但是程序功能本身是很简单的。核心功能很简单，就是“单击元素后添加类”，这个和 6.1 节中的功能基本没有变化。让我们来细看一下这个程序吧。

首先设定汉堡菜单按钮（<div class = "hamburger" id = "open_nav"> ~</div>）的事件。

```
$('#open_nav').on('click', function(){
```

function { ~ } 内写了被单击后的处理内容。在这个处理中存在两个元素。

▶ <div id = "wrapper"> ~ <<// div >

▶ <na v id = "na v"> ~ <<// na v >

对这两个元素进行处理：如果不存在"show"就添加，如果存在"show"，就删除。首先，获取这两个元素。

```
$('#wrapper, #nav')
```

选择器内容为“'#wrapper, #nav'”。这里面的逗号起到了区隔多个选择器的作用。

获取元素后，对其适用 toggleClass 方法，实现对它们添加或删除"show"类（class）的操作。

```
$('#wrapper, #nav').toggleClass('show');
```

像这样，实现网页 UI 的“开”和“合”（6.1 节的菜单的折叠展开和这次的抽屉式菜单）的基本实现方法是利用 CSS 制作“开合”的两个状态的显示内容，然后利用 JavaScript（jQuery）对 HTML 元素进行添加和删除相关类的处理。

6.3 检查空位情况——Ajax 和 JSON

6-03_ajax

本节并没有很多新功能出现，但是让我们在想象处理流程和变量状态的同时，对实现的功能进行组合吧。

▼本节的任务

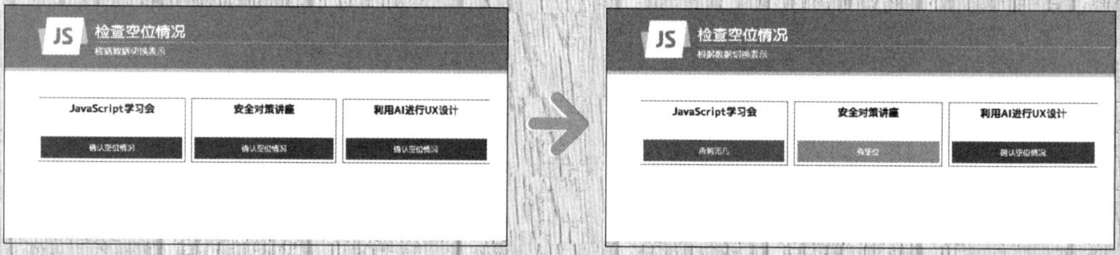

单击“确认空位情况”按钮，如果拥挤，显示“所剩无几”，如果不拥挤，显示“有空位”。

读取 JSON 文件

使用 jQuery 来挑战异步通信。听到异步通信这个词可能会觉得是一个很难的东西，但其实要做的只是“使用 JavaScript 程序进行数据的接收和发送”。

这次的示例需要两个步骤就可以完成。在 Step1 中，我们需要编辑 HTML 和 CSS，并且新建数据文件（data. json），然后利用程序读取数据文件。

复制“_template”文件夹，重命名为“6-03_ajax”。首先编辑 HTML。

6-03_ajax/step1/index. html HTML

```
<section>
  <ul class="list">
```

```
  <li class = "seminar" id = "js">
    <h2 > JavaScript 学习会</h2 >
    <p class = "check">确认空位状况</p >
  </li >
  <li class = "seminar" id = "security">
    <h2 >安全对策讲座</h2 >
    <p class = "check">确认空位状况</p >
  </li >
  <li class = "seminar" id = "aiux">
    <h2 >利用 AI 进行 UX 设计</h2 >
    <p class = "check">确认空位状况</p >
  </li >
 </ul >
</section >
```

然后是编辑 CSS。大部分都是装饰样式，但是在后半部分中出现的“. red”和“. green”是需要和 JavaScript 进行沟通所必须的内容。

List 6-03_ajax/step1/index. html HTML

```
<head >
 …省略
<style >
.list {
  overflow: hidden;
  margin: 0;
  padding: 0;
  list - style - type: none;
}
.list h2 {
  margin: 0 0 2em 0;
  font - size: 16px;
  text - align: center;
}
.seminar {
  float: left;
  margin: 10px 10px 10px 0;
  border: 1px solid #23628f;
```

```
padding: 4px;
width: 25%;
}
.check {
margin: 0;
padding: 8px;
font-size: 12px;
color: #ffffff;
background-color: #23628f;
text-align: center;
cursor: pointer;
}
.red {
background-color: #e33a6d;
}
.green {
background-color: #7bc52e;
}
</style>
</head>
```

在 HTML 和 CSS 的编辑都结束后，让我们创建数据文件吧。新建文件，写入下面的内容。结束后，保存到和 index.html 相同的位置，命名为“data. json”。和其他文件一样，保存文件时的字符编码为 UTF-8。参考 2. 2 节“将文件的字符编码设为‘UTF-8’”。

List 6-03_ajax/step1/data. json HTML

```
[
{"id":"js","crowded":"yes"},
{"id":"security","crowded":"no"},
{"id":"aiux","crowded":"no"}
]
```

最后完成编写程序的部分吧。用 JavaScript（jQuery）完成 data. json 文件的读取，为了确认读取内容，我们先把数据输出到控制台上。

List 6-03_ajax/step1/index.html HTML

```
</footer>
<script src="../../_common/scripts/jquery-3.4.1.min.js"></script>
<script>
'use strict';

$(document).ready(function(){
  //读取文件
  $.ajax({url: 'data.json', dataType: 'json'})
  .done(function(data){
    console.log(data);
  })
  .fail(function(){
    window.alert('数据读取错误');
  });
});
</script>
</body>
```

出于安全理由，很多浏览器不允许使用 Ajax 读取本地计算机上的文件。所以当双击 index.html 时，会出现 data. json 的读取错误。

如果出现这种情况，可以使用 5. 3 节中介绍的 Step1 “准备一个测试专用的简易 Web 服务器”，安装 Served，然后打开 index.html。打开控制台确认内容。如果出现 “Array” 或者 “(3)” 的字样，需要单击左侧的? 才能看到数据内容。我们可以看到 data. json 中 “{"id": ~ }” 的部分被正确显示在了控制台上。

Fig 控制台的显示结果

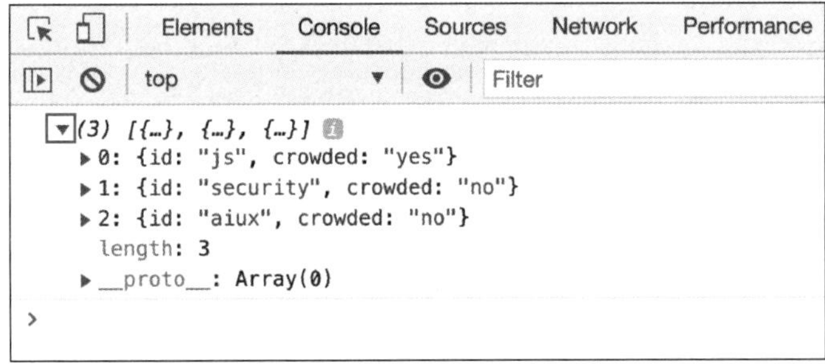

这里不做解说，继续接下来的操作吧。读取了 data. json 数据后，就会有 “{"id": ~ }” 数据显示在控制台上。把之前的程序中写的 “console. log (data);” 注释掉或者删除。

6-03_ajax/step1/index.html HTML

```
$(document).ready(function(){
  // 读取文件
  $.ajax({url: 'data.json', dataType: 'json'})
  .done(function(data){
    console.log(data);
    data.forEach(function(item, index){
      console.log(item);
    });
  })
  … 省略
});
```

再次确认 index.html 的时候，控制台上显示的已经不是“Array”或是“（3）”，而是出现了分开的 3 行数据，格式为“｛"id"：～｝”。

Fig 控制台显示 3 行｛"id"：～｝的数据

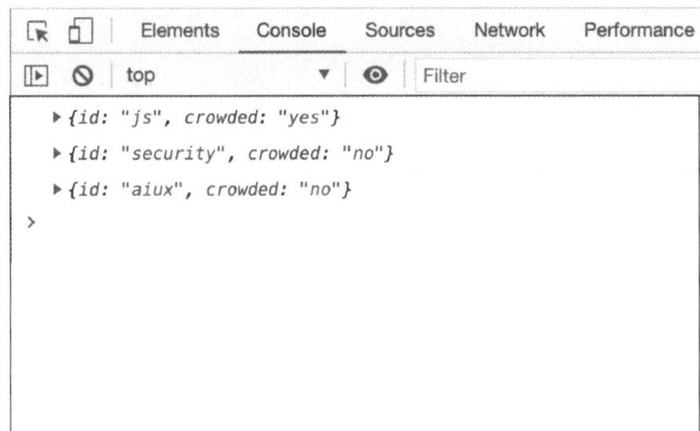

通过 Ajax 读取文件

在一般的网页中，单击页面中包含的链接或表单的发送按钮，会显示链接的页面。这个过程中，浏览器将下一页希望显示的页面的“请求”给 Web 服务器，接受请求的 Web 服务器将返回数据，即“响应（应答）”。

当浏览器发出请求时，返回的数据将完全替换现有的数据（网页）。所以显示的页面也会完全不一样。

所谓 Ajax（异步通信），是代替通常的浏览器的请求方式，从 JavaScript 向 Web 服务请求数据，返回的数据也由 JavaScript 代为接受的机制。因为新来的数据是通过 JavaScript 接受的，所以不会置换之前的数据，显示的页面也不会被完全改写。

利用页面不会被完全改写的特性，从 Web 服务器取得页面更新所需的最少数据，并根据该数据使用 JavaScript 对页面进行局部更新。通过该技术让网页可以完成更像应用程序的功能，这种技术以 SNS 为首，在很多网站上都得到了使用。

Fig 通常的数据收发和 Ajax 的区别

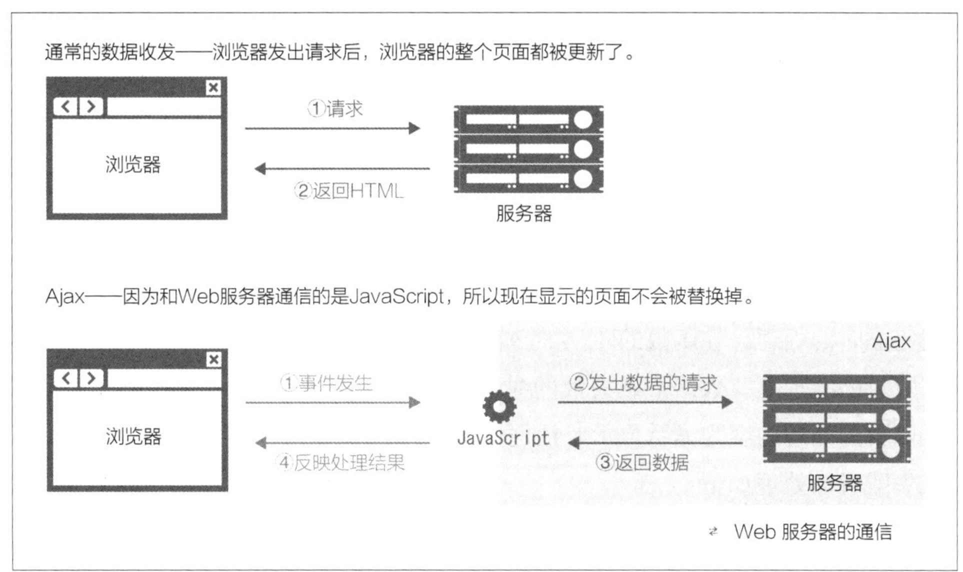

Ajax 是 JavaScript 的功能，但与其用原本的 JavaScript 来写程序，不如使用 jQuery 来的简单。在示例的程序中，以“ $. ajax” 开头的部分是 jQuery 对 Ajax 的记述。先把和 Ajax 有直接关系的部分抽出来看看吧。

Ajax 的基本形式

```
$.ajax({url: 'data.json', dataType: 'json'})
.done(function(data){
  数据被下载成功时的处理内容
})
.fail(function(){
  数据下载不成功时的处理内容
});
```

这就是使用 Ajax 的基本形式。在紧接“ $. ajax” 的( )中的参数以数据收发所需要的信息通过对象的形式整合在了一起。

格式 $.ajax 方法的参数部分

```
$.ajax({url: '数据的 URL', dataType: 'json', 其他的设定: '设定值', ...})
```

这次设定的是“url”和“dataType”。

url 是用来指定想要下载数据的 URL（data. json）的。dataType 是用来指定下载数据的类型的。因为 data. json 是用 JSON 的形式来书写的，所以这里指定的数据类型为'json'。

希望下载的数据类型会根据 Web 服务器而变化。想知道更多详细内容，可以参考 jQuery 的官方文档。

▶ jQuery. ajax 方法的官方参考

URL https://api.jquery.com/jQuery.ajax/

如果 $. ajax 方法被执行后，就会按照设定的参数下载数据。如果数据下载成功，就会执行下面一行“. done()”的()中函数定义的处理内容。这个函数接收下载的数据为参数。这次的示例中，参数名为“data”。

下载的数据被赋值给函数的参数变量 data。

```
.done(function(data){
```

数据下载完成时的处理，在函数的{ ~ }中被定义，在看具体内容之前，我们先看看如果下载失败时的处理吧。数据下载失败的时候，就会执行“. fail()”中()内的处理内容。失败时函数的处理内容为显示提示对话框。

数据下载失败时的处理如下：

```
.fail(function(){
  window.alert('数据读取错误');
});
```

Fig 下载数据失败的时候会显示提示框

什么是 JSON?

下面来看看 data. json 中的数据。

```
[
 {"id":"js","crowded":"yes"},
 {"id":"security","crowded":"no"},
 {"id":"aiux","crowded":"no"}
]
```

可能有人已经发现了。整体被 [~] 括了起来。这个部分和 JavaScript 的数组很类似。

这也是理所当然的，JSON 是几乎完全采用 JavaScript 的数组和对象格式的数据形式㊀。数据的内容容易解读，格式也简单，所以经常用于 Ajax 收发数据等。

现在，让我们解密一下 data. json 中写的内容。首先，可以看到该数据是一个数组，因为整个都包含在 [~] 中。还可以说它是一个对象，因为数组中的每个项目都包含在 { ~ } 中。

另外，每个对象都有两个属性，“id” 和 “crowded”。换句话说，该数据是有 3 个项目的数组，每个项目都是具有两个属性的对象。

请注意，与 JavaScript 数组和对象不同的是，JSON 有两个需要值得注意的地方。一个是不仅值必须用双引号括起来，属性名也必须用双引号括起来。另一个是属性名和值必须用双引号而不是单引号括起来。除了这两点，JavaScript 数组和对象的形式是完全相同的。

 data. json 被下载后的处理

现在，让我们看一下下载 data. json 之后的处理，即 “. done( )” 的( )中包含的函数的内容。首先请记住，已下载的 data. json 数据作为参数传递给此函数，并存储在 “data” 中。如前所述，存储在 “data” 中的数据内容是 3 个项目的数组，每个项目都是具有两个属性的对象。

需要一个一个地读取 data. json 中的数据时，可以使用 forEach 方法和 for... of 语句。这里使用了 forEach。相关内容可以参考 5. 4 节 “图像的切换”；3. 10 节 “以列表形式显示项目数组”。

在数据下载完成后，就执行函数 { ~ } 里面的处理。该处理将保存在参数 data 中的数据逐个读取出来，然后输出到控制台。

㊀ 关于数组可以参考 3. 10 节 “以列表形式显示项目数组”。关于对象，可以参考 3. 11 节 “显示商品的价格和库存对象”。结合了数组和对象的思考方式可以参考 3. 11 节 “该选哪一个!? 数组 vs 对象”。

```
data.forEach(function(item,
  index){ console.log(item);
});
```

Fig 在控制台中输出 item 内容

```
Elements  Console  Sources  Network  Performance
top  ▾  Filter
▸{id: "js", crowded: "yes"}          第1次循环时返回的 item
▸{id: "security", crowded: "no"}     第2次循环时返回的 item
▸{id: "aiux", crowded: "no"}         第3次循环时返回的 item
>
```

Step 2 根据数据切换显示

那么让我们利用获取的数据来实现显示效果的切换吧。

在页面上有 3 个“学习会”。每一个都有“确认空位情况”的按钮，单击按钮后我们可以查看还有多少空缺席位。根据实际席位的空缺情况，单击后会显示“所剩无几”和“有空位”。另外还会根据空位情况更换按钮的显示颜色。

为了实现这个动作，将使用 data. json 里的数据。在读取的数据中，如果关于各个“学习会”的 crowed 属性的属性值为"yes"，我们就给相对应的“学习会”添加属性为“crowded”的类。

之后会通过检查按钮元素中是否已经存在 crowded 类，实现按钮颜色和文本的变更。

既然有了思绪，那么就让我们来修改 index.html 吧。首先添加 data. json 下载后的处理。在 Step1 中编写的 console. log( ) 的输出内容已经不需要了，可以把它删除或者注释掉。

List 6-03_ajax/step2/index. html HTML

```
$(document).ready(function(){
 //读取文件
 $.ajax({url: 'data.json', dataType: 'json'})
 .done(function(data){
   data.forEach(function(item, index){
     if(item.crowded === 'yes') {
       const idName = '#' + item.id;
       $(idName).find('.check').addClass('crowded');
     }
```

```
        });
    })
    .fail(function(){
     window.alert('数据读取错误');
    });
 });
```

下面我们来设定按钮被单击后的事件。设定事件的元素为 HTML 中的 <p class = "check"> 确认空位情况</p>。

List　6-03_ajax/step2/index.html　HTML

```
$(document).ready(function(){
  … 省略
  });

  // 单击后显示空位情况
  $('.check').on('click', function(){
    if($(this).hasClass('crowded')) {
        $(this).text('所剩无几').addClass('red');
      } else {
        $(this).text('有空位').addClass('green');
      }
  });
});
```

终于完成了，在浏览器中打开 index.html 确认添加的内容和功能。只有单击“JavaScript 学习会”后显示的座位情况为“所剩无几”。

Fig　根据 data. json 的内容切换显示

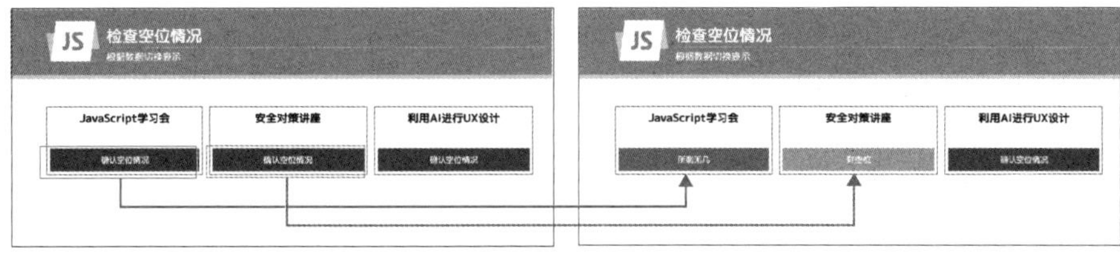

根据 data. json 数据给元素添加 class 属性

这次的程序大致分为两个部分。一个是在加载 data. json 之后进行处理的部分，另一个是在“确认空位情况”按钮上设定事件的部分。首先，让我们看一下 data. json 加载后的部分。

回想起 forEach 方法中执行的函数的第一个参数“item”。参考解说“data. json 被下载后的处理”。为了方便阅读，这里对数据进行了换行。

保存在 item 中的例子如下：

```
{
  id: "js",
  crowded: "yes"
}
```

看看这次写的 if 语句吧。如果 item. crowded 的值为“yes”，条件表达式结果为 true，接着执行 { ~ } 内的处理。

```
if(item.crowded === 'yes') {
```

条件表达式为 true 的时候，创建常量 idName 并把“#id + item. id”的字符串赋值给它。

以上面显示的 item 例子来说，条件表达式结果为 true，赋值给常量 idName 的字符串为“#js”。

```
$(idName)
```

然后通过 idName 在获取的元素中寻找与“. check”选择器相匹配的元素，并添加“crowded”类到匹配的元素中。

```
$(idName).find('.check').addClass('crowded');
```

find 方法将在 $( ) 获取的元素中检索，获取与选择器相匹配的元素。这里的选择器为“. check”，所以最终获得的元素为 <p class = "check"> ~ </p>。

addClass 方法用( )内获得的参数字符串作为类名，给元素添加类。两个都是 jQuery 的方法。

格式 在“选择器 1”获取的元素中寻找与“选择器 2”相匹配的元素

```
$('选择器 1').find('选择器 2')
```

格式 给匹配的元素添加类

```
获取的元素.addClass('类名');
```

当 item. crowded 的值为“yes”的时候，HTML 会发生如下变化。

Fig 用 jQuery 的方法获取的元素和类被追加的位置

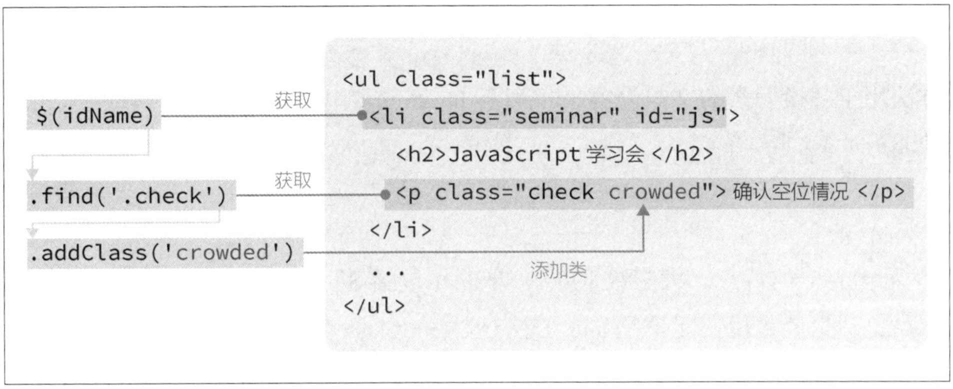

```
$(idName) ——获取——> <ul class="list">
                      <li class="seminar" id="js">
                        <h2>JavaScript 学习会 </h2>
.find('.check') ——获取——> <p class="check crowded"> 确认空位情况 </p>
                      </li>
.addClass('crowded') ——添加类——↑
                      ...
                    </ul>
```

<p class = " check" > 被单击后的处理

首先来看一下“确认空位情况”按钮的事件设定吧。元素 <p class = "check"> ~</p> 被单击后[⊖]，会执行函数 { ~ } 中的处理内容。

```
$('.check').on('click', function(){
```

在 { ~ } 的处理内容中，首先调查被单击的元素 <p class = "check"> ~ </p> 中是否存在“crowded”类……

```
  if($(this).hasClass('crowded')) {
```

如果有“crowded 类”，就把那个元素的文本改成“所剩无几”，并且添加 red 类。

```
  if($(this).hasClass('crowded')) {
      $(this).text('所剩无几').addClass('red');
```

如果没有“crowded 类”，就把文本替换成“有空位”，添加 green 类。

```
  } else {
      $(this).text('有空位').addClass('green');
  }
```

通过添加 red 类或 green 类，可以对特定 HTML 元素适用 CSS 的样式。由于样式的适用，“所剩无几”按钮的颜色是红色，“有空位”按钮的颜色是绿色。

这个程序中，出现了一些以前没用过的 jQuery 方法。首先是 hasClass 方法。如果在 hasClass ( ) 中指定的类存在，就返回 true，不存在就返回 false。

⊖ <a> 所有的元素都可以设定单击事件

格式　调查获取的元素是否存在某个类

```
$('选择器').hasClass('类名')
```

text 的方法用于替换元素的文本内容。相当于 JavaScript 中的 textContent 属性。

格式　替换获取的元素文本内容

```
$('选择器').text('替换后的文本内容')
```

最后说一下 jQuery 的特点。大多数 jQuery 方法（包括 $）都会返回“相关元素修改后的 jQuery 对象”。也就是说，无论是 text 方法还是 addClass 方法，执行后都会返回相对应的 jeQuery 对象。也就是说，只要执行了 jQuery 的方法，就会获得一种持续“获取最新元素”的状态。所以一旦使用 $( ) 获得元素后，可以不断地用“.”链接 jQuery 的各种方法来执行一连串的处理。

尝试修改 data. json

编辑 data. json，修改各个“学习会”的空位情况，或者增减项目的数目。除了可以加深下载数据和 HTML 显示情况对应关系的理解，也可以熟悉 JSON 的书写格式。

Ajax 的注意点和应用

这次为了练习 Ajax，把要读取的数据文件做成了普通的文本文件。但是在实际的网站上，很多情况下都是通过服务器端的程序来生成这个数据的。

例如本次练习的数据。如果能实际把握活动的混乱状况，使用 PHP 等程序在服务器上生成并跟进相关数据，无论什么时候都可以向用户提供最新的信息了。如果把服务器端的程序和 Ajax 进行组合，应用场景就更多了。

虽然 Ajax 很方便，但是有需要注意的地方。处于网络安全的考虑，原则上只能在同一 origin 内进行数据的收发。例如 data. json 如果是保存在另一个 origin 的数据，那么就无法被下载并读取。要下载不在同一个 origin 内的数据，需要在提供数据的 Web 服务器端做特殊的设定。这个设定没有办法在浏览器中完成，所以 Ajax 只能下载 Web 服务器允许下载的数据。

- 什么是域，什么是 origin?

如果需要了解 origin 是什么，则必须先了解什么是“域（domain）”。

域是 URL 的一部分，用于标识 Internet 上服务器的地址。例如当存在 URL "http://www.sbcr.jp/index.html" 时，"sbcr.jp" 对应的就是域（请参见下图）。

那么 origin 又是什么呢？origin 包含了域和子域，也包含了请求协议（http://和 https://部分）和端口号[⊖]的部分。换句话说，"相同 orisin" 是指具有相同域、子域、请求协议和端口号的 URL。

Fig URL 的各个部分的名称和 origin

jQuery 的方法

jQuery 除了本书介绍的方法外，还有许多其他方法。下一页的表列出了常用的 jQuery 方法。

Table 经常使用的方法列表

方法	概要
核心功能	
$('选择器')	获取与选择器匹配的元素
$(数组或者对象)	获取数组的所有数据或者对象的所有属性
$.ajax()	异步通信
遍历	
next()	获取下一个兄弟元素

⊖ 端口号就像"房间号"。对于 http，Web 服务器端口号通常为 80；对于 https，Web 服务器端口号通常为 443。只要将 Web 服务器端口号设置好，就不需要在 URL 中写入端口号了。事实上我们也很少在网站的 URL 中写入端口号。

（续）

方法	概要
find（'选择器'）	在后代元素获取与选择器相匹配的所有元素
children（'选择器'）	获取所有的子元素。如果有选择器的参数，则获取与选择器相匹配的所有子元素
each（function(){...}）	对获取的所有元素或者数组数据执行{...}内的处理内容
parent（'选择器'）	获取父元素。如果有选择器的参数，则获取与选择器相匹配的所有父元素
siblings()	获取所有的兄弟元素
prev()	获取上一个兄弟元素
操作（HTML 和 CSS 操作相关的功能）	
addClass（'类'）	添加类
removeClass（'类'）	删除类
toggleClass（'类'）	获取的元素中包含指定的类就删除，否则就添加
text（'文本'）	设置文本内容（替换）
text()	读取文本内容
hasClass（'类'）	调查获取的元素中是否存在指定的类
prepend（元素）	对获取的元素向前插子元素
append（元素）	对获取的元素向后插子元素
attr（'属性名'，'值'）	设定元素的属性的值
attr（'属性名'）	读取元素的属性的值
remove()	删除元素
事件	
on（'事件'，function(){...}）	设定事件
event.preventDefault()	取消事件默认动作

第 7 章　挑战活用外部数据的应用程序

本章将挑战利用位置信息和外部数据制作 Web 应用程序。具体做法是，首先通过 JavaScript 获取位置信息，通过第 6 章提到的 Ajax 获取外部数据。然后将获取的两个数据组合起来，制作显示现在所在地未来 5 天天气预报的网页应用程序。

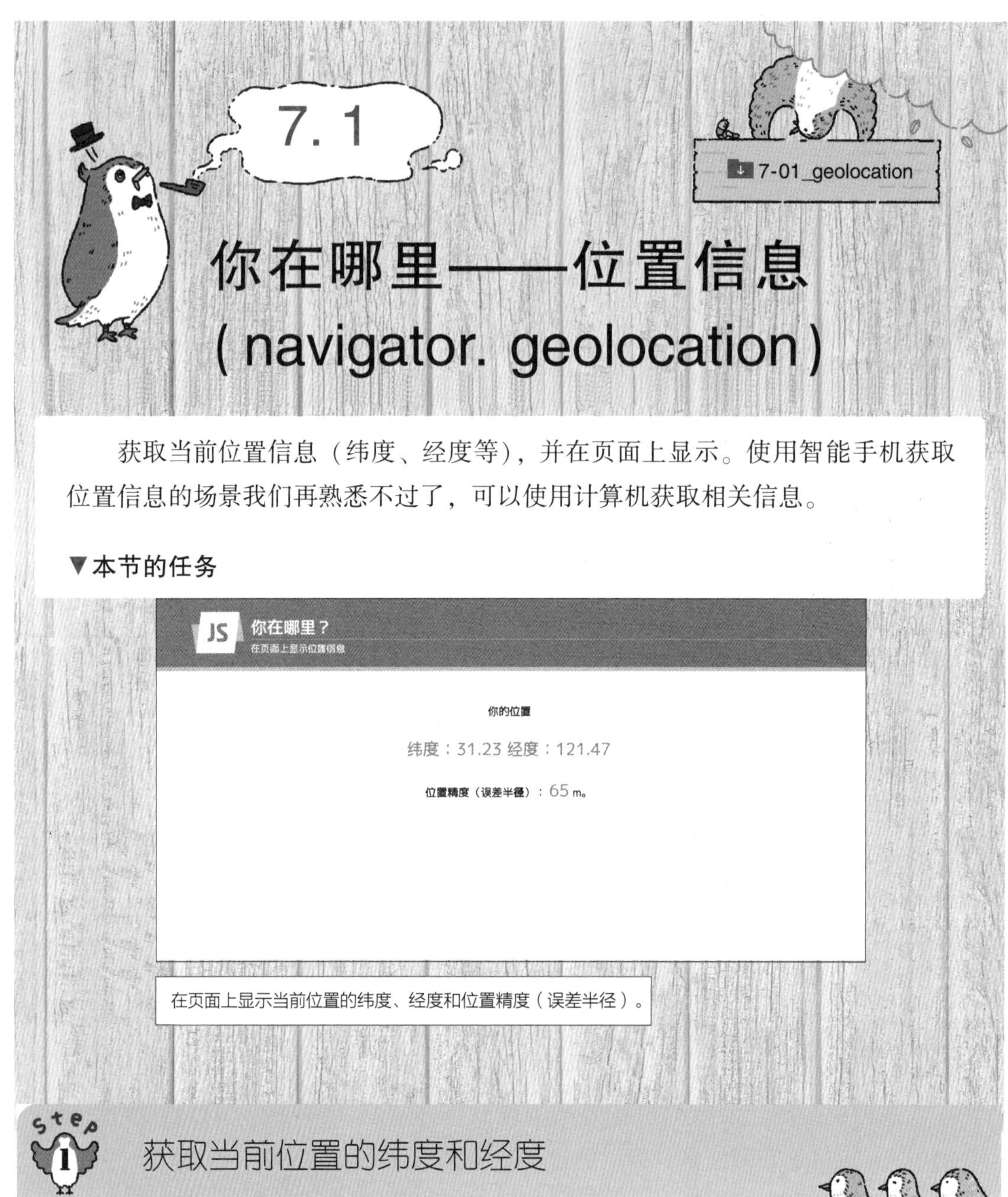

7.1 你在哪里——位置信息（navigator. geolocation）

获取当前位置信息（纬度、经度等），并在页面上显示。使用智能手机获取位置信息的场景我们再熟悉不过了，可以使用计算机获取相关信息。

▼本节的任务

在页面上显示当前位置的纬度、经度和位置精度（误差半径）。

Step 1 获取当前位置的纬度和经度

这个示例有两个步骤。为了掌握基本的程序功能，我们在这个步骤中，将当前位置的纬度和经度输出到控制台上。

乍一听，纬度和经度的获取方法好像很复杂，实际上只要几行代码就可以完成了。

位置信息就是“你所在的地方”，它是有关隐秘性很高的个人信息。为了不让重要的信息泄露给第三方，只有在如下两种情况下才能获取位置信息。

▶ URL以“https：//”开头，也就是说通信处于加密状态（在“http：//”中无法获取位置信息）。

▶ 没有联网的情况下双击 HTML 文件。

在 5.3 节安装了本地 Web 服务器 “Served” 来操作 cookie，由于 Served 使用 “http://” 进行通信，所以不能用于获取位置信息的示例（7.1 节和 7.2 节）。在开发或测试的时候，请直接双击 HTML 文件在浏览器进行确认。

那么就让我们开始练习吧。复制 “_template” 文件夹，重命名为 “7-01_geolocation”。

List 7-01_geolocation/step1/index.html HTML

```
<script>
'use strict';

function success(pos) {
  console.log(pos);
}

function fail(error) {
  alert('获取位置信息失败。错误代码:' + error.code);
}

navigator.geolocation.getCurrentPosition(success, fail);
</script>
</body>
```

用浏览器打开 index.html 确认内容，会弹出获取位置信息的对话框，单击 “允许获取位置” 按钮。

Fig 出现对话框后，单击 “允许获取位置” 按钮

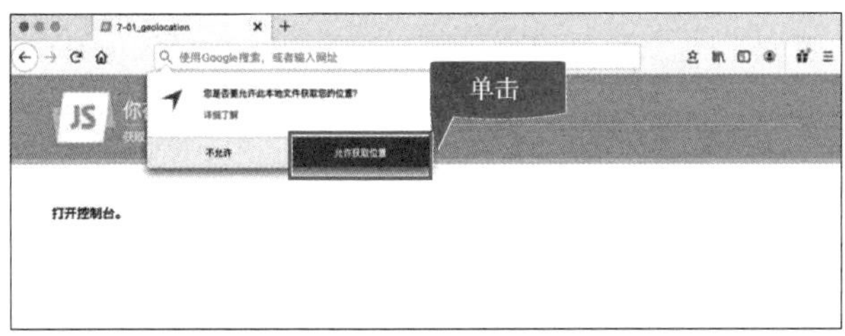

打开控制台。单击 “GeolocationPosition⊖” 旁边的▶后，将显示写有 “coords:” 的行（coords 属性）。该属性的值是一个对象，其中还包括一些其他属性。我们需要的属性是纬度 “latitude”，经度 “longitude”。

⊖ 有的浏览器也会显示 “Geoposition”。

Fig coords 属性的 latitude 属性是纬度，longitude 属性是经度

```
Elements  Console  Sources  Network  Performance
top  Filter
▼Position
  ▼coords: Coordinates
     accuracy: 27
     altitude: null
     altitudeAccuracy: null
     heading: null
     latitude: 35.7
     longitude: 139.7
     speed: null
   ▶__proto__: Coordinates
  timestamp: 1564733116259
 ▶__proto__: Position
>
```

解说

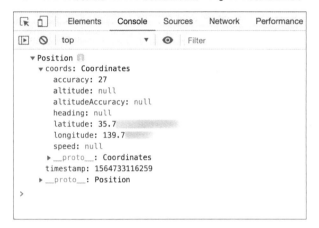

获取位置信息的方法

要在浏览器中获取位置信息，请使用 navigator 对象的 geolocation 对象的 getCurrentPosition 方法。此方法的( )中包含两个参数。第一个参数指定当获得位置信息成功时调用的函数名，第二个参数指定当获取失败时调用的函数名。来看看源代码吧。

```
navigator.geolocation.getCurrentPosition(success, fail);
```

本次的示例在取得位置信息成功时调用函数 success，失败时会调用函数 fail。函数 success 内容如下。

```
function success(pos) {
 console.log(pos);
}
```

调用该函数时，参数为保存所获取位置信息的对象 pos。然后把该对象（pos）输出到了控制台。

在传递的对象中，纬度、经度、位置精度（误差半径）等信息被保存为属性。

对象 pos 的内容如下：

```
{
  coords: {
    latitude: 纬度,
    longitude: 经度,
```

```
    accuracy: 位置精度(误差半径)
  }
}
```

此对象具有 coords 属性，其 coords 属性值又是 1 个对象。对象中有 3 个属性。各个属性值如下所示。

- coords 属性的 latitude 属性的值为纬度。
- coords 属性的 longitude 属性的值为经度。
- coords 属性的 accuracy 属性的值为位置精度（误差半径）。

其中 accuracy 属性显示的数值为获取位置的精度。获取的经纬度数值并不是 100% 准确，它是有误差的，所以我们用一个圆来表示它的误差范围。该误差范围的圆心是我们获取的经纬度，误差范围的半径是位置精度，单位是米。如果 accuracy 的值是 65，那么表示我们的计算机有可能在误差范围内的任何地方，而该误差范围是一个以获取经纬度的位置为圆心，半径为 65 米的圆。

获得 coords 属性的 latitude 和 longitude 等个别属性值的方法在下一步的 Step2 中提出，确认在获取位置信息失败时调用的功能。这次的示例在获取位置信息失败时会调用函数 fail。

```
function fail(error) {
  alert('获取位置信息失败。错误代码:' + error.code);
}
```

调用该函数时，包含错误内容的对象将作为参数被传递。这个对象（error）包含了几个属性，但是重要的是 code 这个属性。该属性中保存了“错误代码”，读取时采用如下格式。

```
error.code
```

错误代码有 1、2、3，它们的含义如下。

Table 错误代码和它们的含义

错误代码	说明
1	不允许获取位置信息 例：显示页面时，在第一个对话框中单击“不允许”
2	发生了某些错误，无法获取位置信息 例：通信未加密（请求协议不是 https：//而是 http：//）
3	超时。在限制时间内无法获取位置信息

在示例的对话框中显示错误代码。

Fig 发生错误时的对话框示例

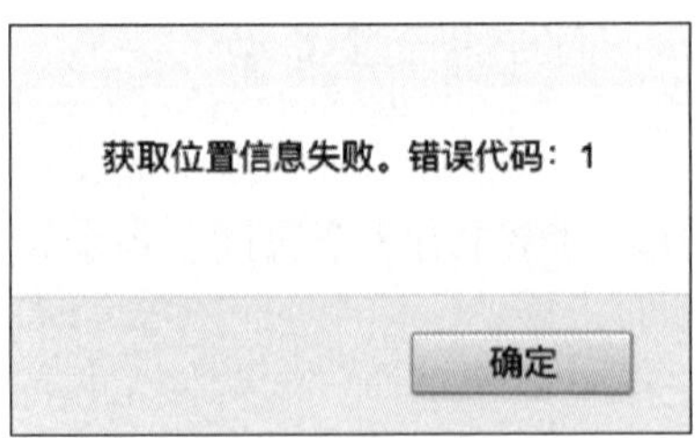

在页面上显示位置信息

在页面上显示获取的纬度、经度和位置精度（误差半径）。在 Step2 中，我们将使用 jQuery 获取和操作 HTML 元素。首先从 HTML 开始编辑吧。

我们将通过模板字符串把纬度和经度的信息输出到 HTML（ <p id = "loc" class = "position"></p>）中。同时，把位置精度（误差半径）输出到 <span id = " accuracy" class = " position" ></span> 中。id 属性分别是"loc"和"accuracy"，我们需要利用这个 id 名获取元素。HTML 里面也有 class 属性，这是为了适用 CSS 样式而添加的⊖。

7-01_geolocation/step2/index.html HTML

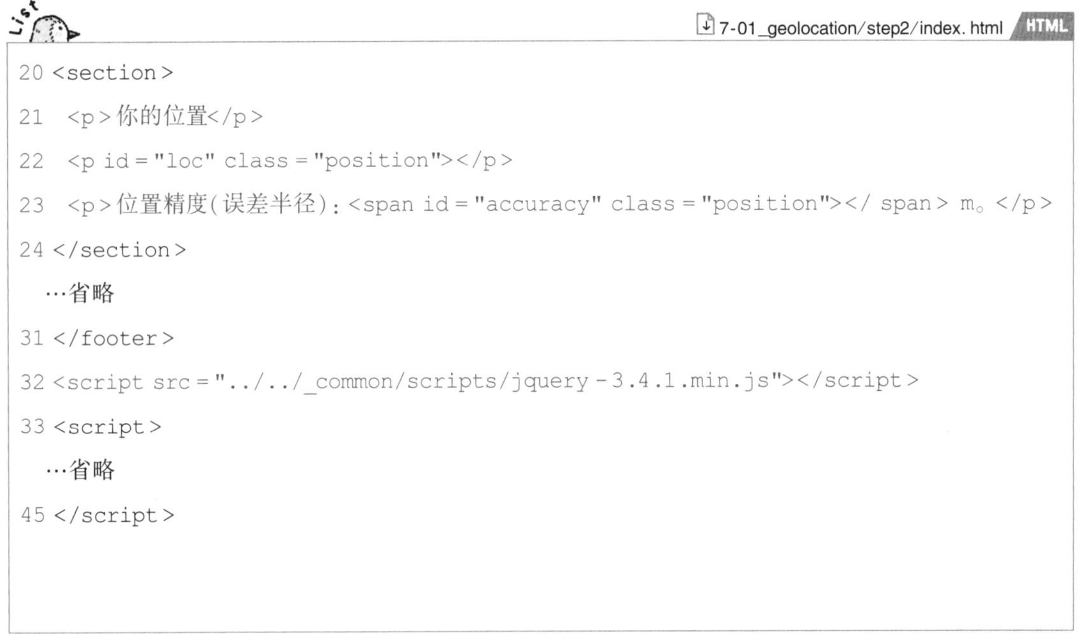

```
<section>
  <p>你的位置</p>
  <p id="loc" class="position"></p>
  <p>位置精度(误差半径):<span id="accuracy" class="position"></ span> m。</p>
</section>
 …省略
</footer>
<script src="../../_common/scripts/jquery-3.4.1.min.js"></script>
<script>
 …省略
</script>
```

接下来添加 JavaScript 程序。因为在 Step1 写的 success 函数中的 console. log 已经不需要了，所以先删除或者注释掉。

⊖ 这个示例的 CSS 不重要，所以没有登载源代码。想作为参考的时候请看完成示例。

List 7-01_geolocation/step2/index. html HTML

```
<script>
'use strict';

function success(pos) {
  const lat = pos.coords.latitude;
  const lng = pos.coords.longitude;
  const accuracy = pos.coords.accuracy;

  $('#loc').text(`纬度: ${lat} 经度: ${lng}`);
  $('#accuracy').text(accuracy);
}

function fail(error) {
  alert('获取位置信息失败。错误代码:' + error.code);
}

navigator.geolocation.getCurrentPosition(success, fail);
</script>
```

在浏览器中打开 index.html 并确认。在对话框中，如果允许获取位置信息，则在页面上显示纬度、经度和位置精度（误差半径）。

Fig 显示所获取的纬度、经度和位置精度（误差半径）

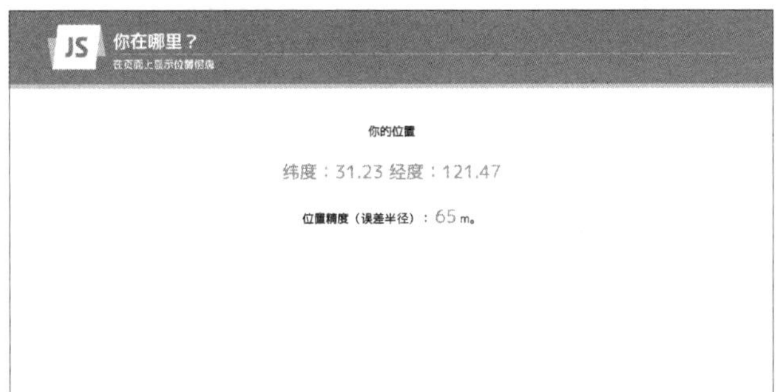

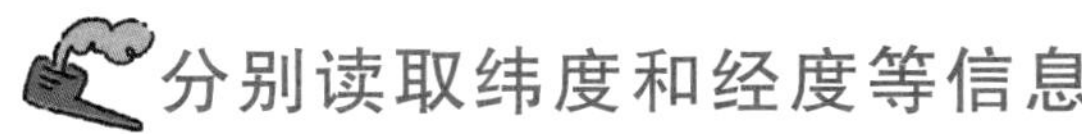

分别读取纬度和经度等信息

此次练习我们添加了获取位置信息取得成功时被调用的 success 函数，这是一个将纬度和经度等信息输出到 HTML 的函数。让我们详细看看添加的程序内容吧。

在 Step1 的解说中也提到了，在调用 success 函数时，保存有位置信息的对象作为参数被传递。因为对象被保存在参数“pos”中，所以纬度属性的数据所在位置如下所示。

▶ pos 参数（保存的对象）的 coords 属性的 latitude 属性。

用程序表达如下。

```
pos.coords.latitude
```

经度和位置精度（误差半径）也可以用同样的方法读取。然后将读取的数据保存在常数 lat、lng、accuracy 中。

```
const lat = pos.coords.latitude;
const lng = pos.coords.longitude;
const accuracy = pos.coords.accuracy;
```

只需要把这些数据输出到 HTML 就可以了。首先，需要把纬度和经度输出到 <p id="loc" class="position"> ~ </p>，所以需要先使用 id 属性 loc 获取元素，然后修改该内容的文本。text 方法()中包含的参数，就是想要输出的文本。使用模板字符串可以对位置信息进行整合，形成输出文本。

```
$('#loc').text(`纬度:${lat} 经度:${lng}`);
```

同样也可以输出位置精度（误差半径）。想输出到 <span id="accuracy" class="position"> ~ </span>的时候，源代码如下。

```
$('#accuracy').text(accuracy);
```

获取位置信息和读取数据没那么难。但是在页面上显示获取位置信息没什么意义。这时候我们会想再花点心思制作一点实用的东西。

接下来的 7.2 节终于接近本书的尾声。将实现利用位置信息和 Web API 来显示当前所在地的天气预报的功能。

加密通信的“https://”，不加密的“http://”

当浏览网站并发送表单等输入内容的时候，数据通过互联网在浏览器和 Web 服务器之间收发。

发送和接收网站上处理的数据的通信方式有两种。一种是将通信中的数据进行加密的“https”协议；另一种是不加密的“http”协议。通信被加密的情况下，URL 的开头变为“https：//”，仔细观察会发现浏览器的地址栏上有一个锁的图标。如果没有，URL的开头就是“http：//”。

由于“https”发送和接收的数据被加密，即使通信中的数据被第三方监听，其内容被解读的可能性也是极低的。为了能够更安全地通信，在发送和接收密码等隐秘性高的信息时，必须使用https进行加密通信。但是要使用https这个协议，Web网站的运营商需要取得被称为“SSL证明书”的数字证明书。

现在，不管收发信息重要还是不重要，不加密通信的http在渐渐被淘汰。

7.2 尝试使用 Web API 进行天气预报

本届任务是在页面上显示当前位置未来5天的天气预报。将位置信息和Web API组合起来获取天气预报数据，然后将处理后的结果输出到HTML。我们还将学习使用公开的Web API、解读复杂数据、将获得的数据处理成HTML元素。本节将作为本书的总结，在这里会挑战各种各样的技巧。

▼本节的任务

显示当前位置未来5天每隔3小时的天气预报

注册使用 API

在练习中，我们将使用英国Open Weather公司的Web API（https://openweathermap.org，服务名称Open WeatherMap）获取当前位置的天气预报数据，可以通过Web获得该信息并显示在页面上。Open WeatherMap公开了许多API，但是这次我们将使用可以获取当前位置未来5天每3小时一次的天气预报数据的API。该API的适用是免费的。

要使用 Open WeatherMap 的 API，需要事先进行用户注册。但在注册前，先确认 Web API 的基本知识。

什么是 Web API?

一些网站和 Web 服务将其拥有的数据和功能公开给其他开发人员使用。例如许多公司和政府机构都会在 Web 上发布包括 Google Maps 的地图数据和 Twitter 文章在内的数据。我们可以使用此类公共数据来开发新的网站和 Web 应用程序。获取这些数据需要用到数据提供方的 Web API。

Fig 利用 Web API 获取公开数据的机制

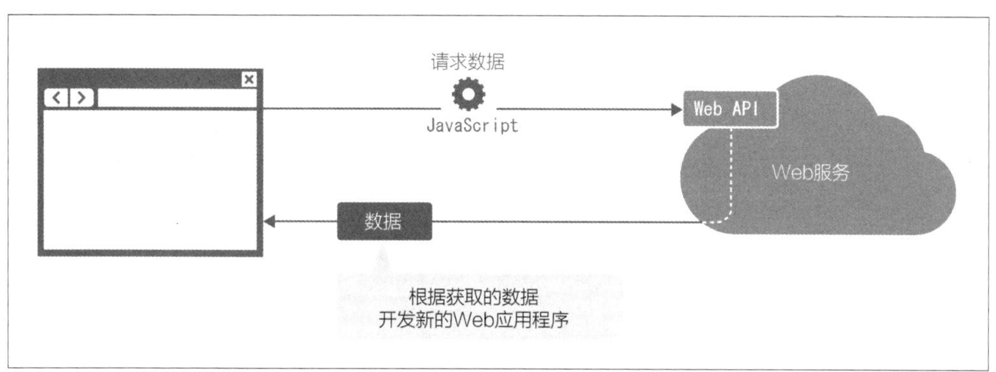

Web API（应用程序编程接口）是一种“机制”，它以编程方式使用网站提供某些功能，例如获取特定数据或上传图像。

在 Web API 中会为每个功能准备一个专用的 URL。要使用该功能，需要使用 JavaScript Ajax 访问（请求）该 URL。

在这次使用的 Open WeatherMap 中，为可以获取的每种数据准备了不同的 URL，例如获取“特定位置的天气预报”“过去的天气”和“卫星图像”这些不同的数据时，需要对不同的 URL 发送请求。对 URL 的请求可以通过 JavaScript Ajax 实现。

用户注册

现在让我们在 Open WeatherMap 上注册用户吧。当注册为用户时，我们将得到使用 API 所需的“API 密钥”。在这里将介绍用户注册到获取 API 密钥的流程。

用浏览器打开如下 URL。进入 Open WeatherMap 的网页。

▶ Open WeatherMap

URL https://openweathermap.org/

单击页面上方的“Sign Up”按钮。如果只有“Sign In”按钮，那么单击“Sign In”按钮，然后在出现的对话框的下方会有“Create an Account.”按钮，并单击它。

Fig 单击 “Sign Up”

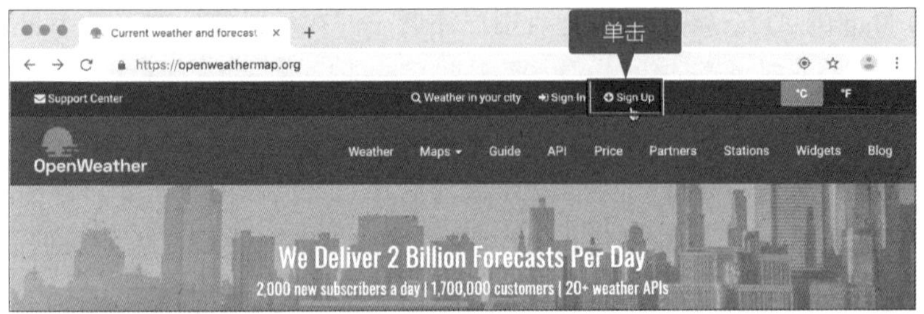

在“Create New Account”页面上输入用户名、电子邮件地址、密码等。选中“I'm not a robot”，然后单击“Create Account”按钮。

Fig 输入所需的信息以创建一个账户

在下一页中显示对话框。输入“API的使用目的、使用场景”。本书的使用目的是学习，组织名可以留白，从使用目的的下拉菜单中选择“Weather widget for web”或者“Other”就可以了[⊖]。最后单击“Save”按钮。

⊖ 使用目的无论选择哪个功能都不会发生变化，所以没有必要担心。

Fig 创建用户账户后的对话框

单击“Save”按钮关闭对话框。Open WeatherMap 将发行 API Key。单击页面上方的“API keys”。

Fig 对话框关闭后，单击“API keys”

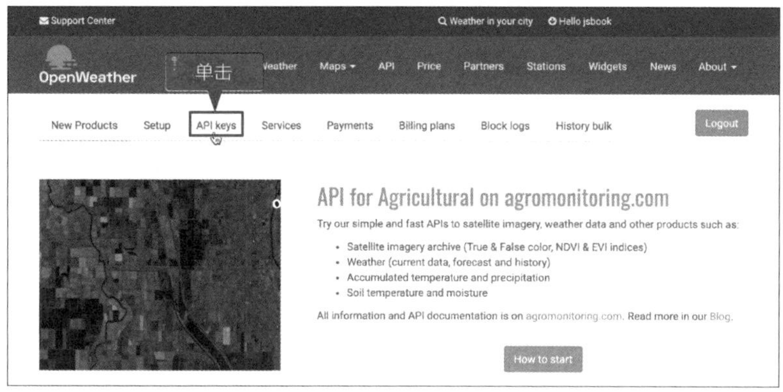

打开已发行 API Key 的页面。复制此页面中的“Key”栏中的一连串文本，粘贴到文本编辑器或记事本中并保存。

Fig 复制并保存 API Key

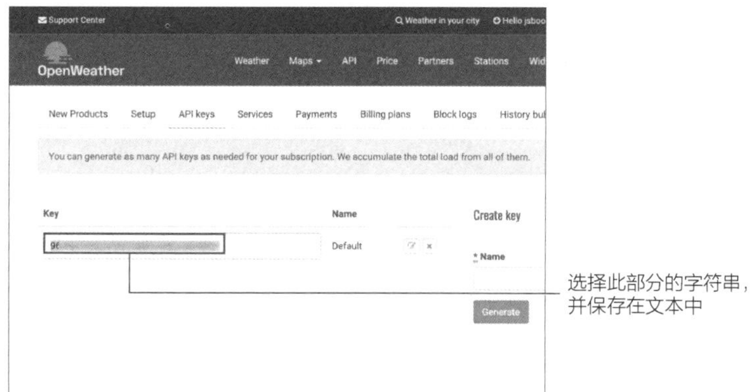

确认 API 的使用方法

获得“API Key”后，在写程序之前确认使用方法。单击页面上方的导航菜单中的“API”，列出可用的 API。

Fig 单击“API”

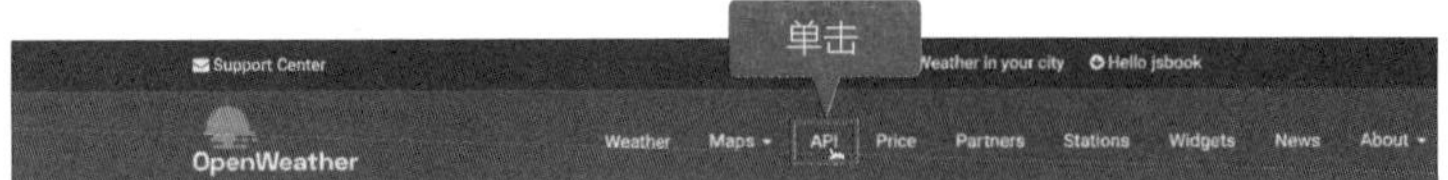

单击这次使用的 API 中的“5 day / 3 hour forecast”⊖。打开介绍 API 使用示例的页面。

这个 API 可以根据城市名、城市 ID、邮政编码或位置信息，获取对应地点的将来 5 天内，每隔 3 小时的天气预报。本次练习将通过位置信息获取数据。

稍微滚动页面，查看“By geographic coordinates”栏吧。那个栏特别重要的是“API call”和“Parameters”的部分。

Fig API doc 页的“By geographic coordinates”栏

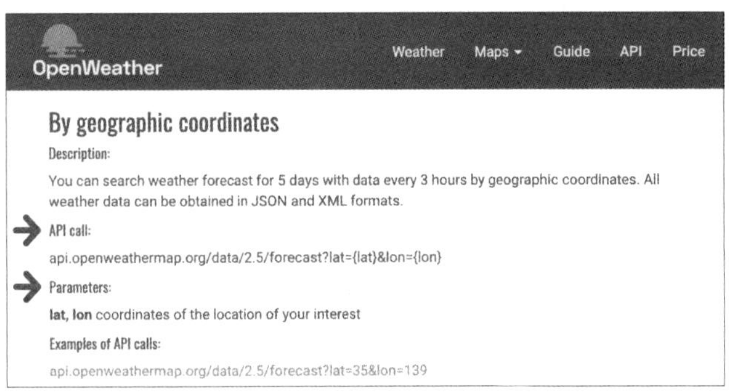

“API call”包含要获取数据所需的请求 URL。要获取信息，可以对此 URL 发出请求（但是我们不打算使用 URL 中“?”之后的部分，将以其他方式指定。详细信息将在 Step2 中介绍）。

此外，“Parameters”中包含发出请求时应附带的信息。页面中说“需要两个参数：lat（纬度），lon（经度）”。

尽管此处未详细说明，但在此页面上，可以看到在请求时除了发送的纬度和经度以外，还可以发送接收到的数据格式等。可以在“Other features”中查看其他请求选项，关于数据格式，可以在“Weather parameters in API response”中查看。

如上所述，除了需要查看官方文档以确认对 API 的请求方法、响应（Response）的数据格式等，使用方法和其他 API 是一样的。

根据位置信息获取数据

根据当前位置信息，获取天气预报的数据。首先，让我们将获取的天气预报数据输

⊖ “为什么要使用这个 API?”，因为它是免费的。Open WeatherMap 中还有几个免费的 API，但是练习中使用的 API 是作者认为几个免费 API 中最有趣的。

出控制台。

获取位置信息和 7.1 节“你在哪里？位置信息（navigator. geolocation）”差不多。在这次的练习中，会调用发送请求（Request）的函数。

那就开始练习吧。复制“_template”文件夹，重命名为“7-02_api”。

由于程序很长，因此该练习会将 JavaScript 程序放在单独的文件中。首先，在与 index.html 相同的位置创建一个“script.js”文件，然后编辑 index.html。在 index.html 中加载 jQuery 和外部文件“script.js”。

List 7-02_api/step2/index. html HTML

```
…省略
</footer>
<script src="../../_common/scripts/jquery-3.4.1.min.js"></script>
<script src="script.js"></script>
</body>
</html>
```

编辑 HTML 之后，在 script.js 中编写以下程序。常量 appId 的值是在 Step1 中复制并保存的 API 密钥。

List 7-02_api/step2/script. js JavaScript

```
'use strict';

// geolocation
function success(pos) {
  ajaxRequest(pos.coords.latitude, pos.coords.longitude);
}

function fail(error) {
  alert('获取位置信息失败。错误代码：' + error.code);
}

navigator.geolocation.getCurrentPosition(success, fail);

// 获取数据
function ajaxRequest(lat, long) {
```

```
const url = 'https://api.openweathermap.org/data/2.5/forecast';
const appId = '保存的 API KEY';

 $.ajax({
   url: url,
   data: {
     appid: appId,
     lat: lat,
     lon: long,
     units: 'metric',
     lang: 'zh_cn'
   }
 })
 .done(function(data) {
   console.log(data);
 })
 .fail(function() {
   console.log('$.ajax failed!');
 })
}
```

在浏览器中打开 index.html，在对话框中允许获取位置信息，并打开控制台。获取位置信息成功后，天气预报的数据会被输出到控制台。天气预报的数据类型是 JSON 形式 6.3 节“检查空位情况 Ajax 和 JSON”。

Fig 天气预报的数据显示在控制台上

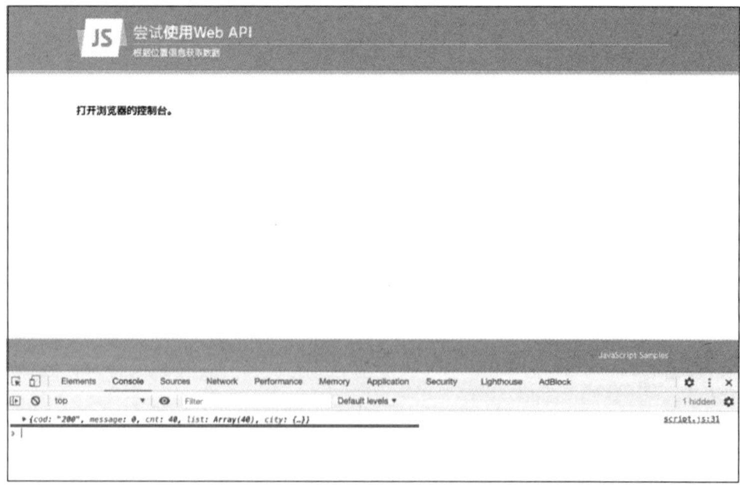

双击打开 index. html

这次的示例为了获取位置信息，需要双击 index. html。参考 7. 1 节 “你在哪里?” 位置信息 (navigator. geolocation)。

获取天气预报的数据

本次的程序中，也使用了 7. 1 节的解说 “获取位置信息的方法” 中也介绍了 geolocation 对象，获取了所在地的纬度和经度。如果获取位置信息成功了，就会调用 ajaxRequest 函数。调用 ajaxRequest 函数时，将获取的纬度、经度数据作为参数。

Fig　获取位置信息成功后调用 ajaxRequest 函数

获取位置信息成功后调用ajaxRequest函数

```
function success(pos) {
  ajaxRequest(pos.coords.latitude, pos.coords.longitude);
}
```

纬度　经度　调用

```
function ajaxRequest(lat, long) {
  ...
}
```

请求数据的函数

ajaxRequest 函数的作用是请求天气预报数据。在该函数中，首先定义常量 URL 和常量 appId，并分别分配请求目标的 URL 和用户注册时获得的 API 密钥。因为在实际请求中会使用到这些常量。

```
const url = 'https://api.openweathermap.org/data/2.5/forecast';
const appId = '保存的 API KEY';
```

使用 jQuery 的 $. ajax 方法向 API 请求数据。$. ajax 方法还用于 6. 3 节的 “检查空位情况——Ajax 和 JSON”，但是这一次需要在发出请求时，将一些附带信息从 JavaScript 程序发送到 API。提交请求时，需要附带的数据为 data 属性，作为 $. ajax 方法的参数。让我们看看具体的程序是怎么写的吧。

```
$.ajax({
  url: url,
  data: {
    appid: appId,
    lat: lat,
    lon: long,
    units: 'metric',
    lang: 'zh_cn'
  }
})
```

data 属性的值应该是一个对象。换句话说，需要将数据包含在 {?} 中，并以“data：值”的形式包含在发送信息中。这里我们将发送以下 5 个信息。

▶ appid — API Key。

▶ lat ——— 纬度。

▶ lon ——— 经度。

▶ units —— 数据的单位。值设为'metric'时，将获取以米（m）和摄氏度（°C）作为计量单位的数据。

▶ lang —— 设定显示语言。值设为'zh_cn'⊖时，当获取的数据中有能用中文显示的部分会用中文显示。

其中，applid 的值指定为常量 apppId，lat 和 lon 的值指定为 ajaxRequest 函数调用时传递的参数。关于其他属性 units 和 lang，是根据 Step1 中介绍的 Open WeatherMap 的官方文档的内容来设定的。

向 API 请求数据的设置到此结束。接下来是接收数据后的处理。这个练习中把得到的数据全部输出到了控制台上。传递的数据保存在函数参数“data”中。

```
.done(function(data){
  console.log(data);
})
```

当获取数据失败的时候，会在控制台中输出“$. ajax failed!”的文本。

```
. fail(function(){
  console.log('$.ajax failed!');
})
```

⊖ zh_cn 是中文的语言代码。参考 5.2 节“使用下拉菜单跳转到指定页面——URL 的操作、真伪值属性的设定”。

在下一步的 Step3 中，对程序进行改造，从参数“data”的内容中获取必要的数据，并在控制台上逐一显示。

读取必要的数据

如 Step2 中提到的那样，我们将在 Step3 中提取需要的数据并将其输出到控制台上。

在编写程序之前，看看完整的数据以及制作网页所需的数据，从而知道需要提取哪些数据。

数据以 JSON 的形式从 API 返回。数据内容很多、很长，需要耐心看。将本次编程所需的数据整理如下。

Fig　显示页面所需的数据

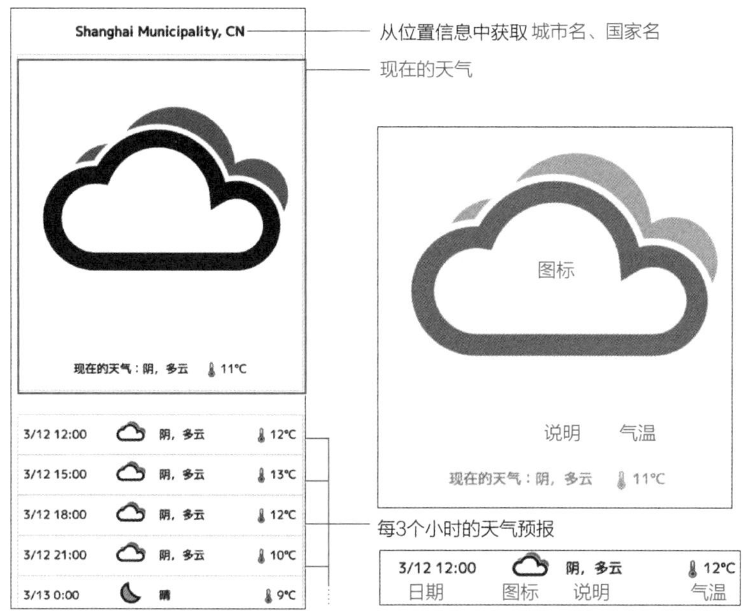

要获取 JSON 中包含的各个数据，需要使用读取对象或数组数据的方法。首先，我们来看看如何从纬度和经度中选出城市名和国家名。

城市名和国家名都可以在获取的对象的 city 属性中获得。在 city 属性中，如果需要获取城市名，则读取 name 属性，如果需要获取国家名，则读取 country 属性。读取示意图如下所示。

Fig　读取城市名和国家名的属性位置和代码

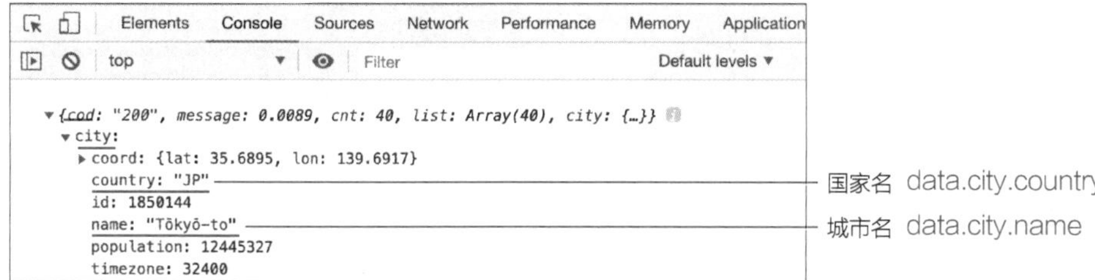

接下来确认现在以及未来5天内每隔3小时的天气预报数据。所有天气预报数据都包含在list属性中。这个list属性的值是数组，各项目是每隔3小时的天气预报数据。数组数据有40项，每一项代表每隔3小时的天气预报数据：

- 3小时×40个项目 = 120小时。
- 120小时÷24小时=5日。

计算后我们可以发现，包含的确实是未来5天的数据。

Fig list属性的内容，数组有40个项目

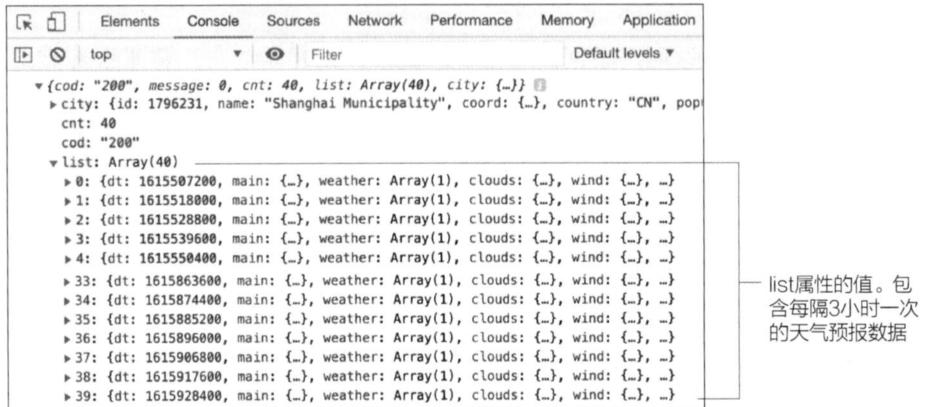

再仔细看看吧。每个数组项目都是一个对象，包含日期时刻、天气描述、气温、图标路径等数据。下面的图是list属性的索引号为0的值（当前天气）。

Fig list属性中索引号为0的数据和用于读取的代码

但是天气数据中有不能直接用来显示在页面上的数据。比如日期时刻（dt），接收的数据中没有以“○月△日×时□分”的形式显现出来，需要处理。在这次编写的程序中，将各自的数据进行如下调整。稍后会详细说明，在这里只需要掌握处理的概要即可。

- ▶ 日期时刻：UNIX UTC 格式，需要把它转换成 JavaScript 中处理的毫秒后，再抽取出月、日、时、分等数据。
- ▶ 气温：有两位小数点，四舍五入到整数。
- ▶ 天气描述：直接使用。
- ▶ 图标路径：整理图标路径，放入<img>标签的 src 属性。

下面就来编写程序吧。在所请求的数据获取成功后执行的“.done（function（data）{ ~ }”这部分 { ~ } 中的程序。此外，还需要还创建用于将表示日期和时间的数据转换成毫秒的函数“utcToJSTime”。

3 小时一次的天气预报数据，可以使用 forEach 方法来实现循环语句，并在循环处理中对其进行获取。因此，上图所示各属性的取得方法和实际程序中写的代码多少有些不同。请一边仔细看程序，一边思考着为什么要这样写。

List 7-02_api/step3/script.js JavaScript

```
 …省略
// 把 UTC 时间转换成毫秒
function utcToJSTime(utcTime) {
  return utcTime * 1000;
}

// 获取数据
function ajaxRequest(lat, long) {
 …省略
  .done(function(data){
    console.log(data);

    // 城市名,国家名
    console.log('城市名:' + data.city.name);
    console.log('国家名:' +
    data.city.country);

    // 天气预报数据
    data.list.forEach(function(forecast, index){
      const dateTime = new Date(utcToJSTime(forecast.dt));
      const month = dateTime.getMonth() + 1;
      const date = dateTime.getDate();
      const hours = dateTime.getHours();
```

```
        const min = String(dateTime.getMinutes()).padStart(2, '0');
        const temperature = Math.round(forecast.main.temp);
        const description = forecast.weather[0].description;
        const iconPath = 'images/${forecast.weather[0].icon}.svg';

        console.log('日期时刻:' + '${month}/${date} ${hours}:${min}');
        console.log('气温:' + temperature);
        console.log('天气:' + description);
        console.log('图标路径:' + iconPath);
      });
    })
  …省略
}
```

在浏览器中打开 index.html，在对话框中允许获取位置信息，并显示控制台。可以看到在城市名和国家名之后，重复显示每3小时天气数据中的日期时刻、气温、天气描述和图标路径。

Fig　获取的数据显示在控制台上

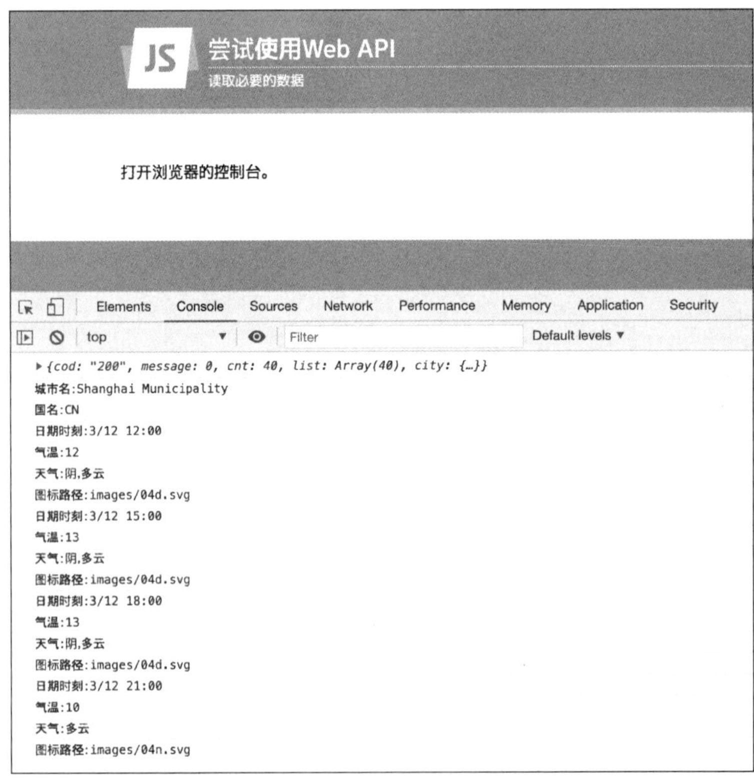

各种数据获取的方法

将从 API 传来的数据中进行提取、处理并输出到控制台。让我们来详细看看各种数据的提取和处理的方法吧。

首先是城市名和国家名。这两个数据的获取很简单，也不需要额外的处理，所以很容易理解。

```
console.log('城市名:' + data.city.name);
console.log('国家名:' + data.city.country);
```

然后取得天气预报数据。天气预报的数据包含在 data. list 属性中的数组中。使用 forEach 方法反复读取数组的项目，参考 5. 4 节的解说“数组的另一种循环方式：forEach”。

```
data.list.forEach(function(forecast, index){
…省略
};
```

使用 forEach 方法在循环中进行处理时，list 属性的各项目都会保存在参数 forecast 中。然后在｛～｝的处理会从该参数中提取需要的数据。保存的数据的情况参考前面的“list 属性中索引号为 0 的数据和用于读取的代码”。

从该数据中提取日期时刻、气温、天气描述和图标路径。从简单的东西开始确认吧。首先从天气描述开始。因为天气描述的获取不需要对数据进行处理，所以只要把获取的数据赋值给常量 description 即可。

```
const description = forecast.weather[0].description;
```

下面看看气温吧。气温数据包含在参数 forecast 中，是 main 属性的 temp 属性的值。获取此值后，将对小数位进行四舍五入，然后赋值给常量 temperature。参考 4. 3 节的解说“Math 对象”。

```
const temperature = Math.round(forecast.main.temp);
```

接下来是图标图像。数据是 forecast 的 weather 属性的索引号为 0（weather 属性的值是数组的）时 icon 属性的值。该 icon 属性中保存了“01d”（晴天，白天）和“01n”（晴天，夜晚）这样的数值，我们将该数值作为图标图像的文件名使用[㊀]。

这次的练习，将各种图标保存在 images 文件夹中。为了使用准备好的 SVG 格式的

㊀ 图标图像文件名的说明在这个链接中可以找到。https：//openweathermap. org/weather-conditions。

文件，需要指定的路径如下。

图标图像路径（icon 属性值为 01d 时）如下：

```
images/01d.svg
```

利用模板字符串来形成路径，然后赋值给常量 iconPath。

```
const iconPath = 'images/${forecast.weather[0].icon}.svg';
```

城市名、国家名、每 3 小时天气预报的说明、气温、图标路径都已经准备好，就剩下一个时间了。让我们来看看时间的生成吧。日期时刻数据保存在 forecast 的 dt 属性中。首先根据这个数据创建 Date 对象。参考 4.2 节“以简易的方式显示日期和时间”。

在 5.1 节“Step3 应用示例：尝试改变显示方法”中，我们在初始化特定日期和时间的 Date 对象时，指定了年、月、日。

使用年、月、日初始化 Date 对象（5-01 countdown/step 3/index.html）

```
const goal = new Date(2025, 4, 3);
```

我们可以使用特定日期和时间初始化 Date 对象，当然指定从 1970 年 1 月 1 日 0 点开始的“经过毫秒书”也是可以的。例如 2025 年 5 月 3 日经过的毫秒是 1746198000000，使用这个数值初始化 Date 对象，如下所示。

使用毫秒初始化 Date 对象的示例如下：

```
const date = new Date(1746198000000);
```

使用指定毫秒创建 Date 对象的方式后，我们就可以使用 forecast.dt 作为参数了，但是该属性的值不能直接使用。因为 forecast.dt 是“UNIX UTC 时间”的形式。

“UNIX UTC 时间”是从 1970 年 1 月 1 日 0 点开始经过的“秒数”。需要传给创建 Date 对象时的参数是毫秒，因此必须从秒转换为毫秒。

怎么办才好呢？计算 UNIX UTC 时间的 1000 倍就可以了。这个处理可以通过函数“utcToJSTime”来实现。该函数将作为参数的数值（UNIX UTC 时间）乘以 1000 后并返回。

```
function utcToJSTime(utcTime) {
  return utcTime * 1000;
}
```

使用制作的 utcToJSTime 函数对 forecast.dt 的数据进行处理后，用于初始化 Date 对象，我们将处理后得到的日期时刻数据赋值给常量 dateTime。从那个常量 datetime 中可以获取月、日、时、分，然后分别代入常量 month、date、hours、min。另外，代入常量 month 时需要加 1，代入常量 min 时使用 padStart 方法，将其形成两位数的字符串。参考 5.1 节

“Step3 应用示例：尝试改变显示方法”。

```
const dateTime = new Date(utcToJSTime(forecast.dt));
const month = dateTime.getMonth() + 1;
const date = dateTime.getDate();
const hours = dateTime.getHours();
const min = String(dateTime.getMinutes()).padStart(2, '0');
```

这样我们已经完成对要获取的数据处理了。最后要做的就是将这些数据输出到控制台。

```
console.log('日期时刻:' + `${month}/${date} ${hours}:${min}`);
console.log('气温:' + temperature);
console.log('天气:' + description);
console.log('图标路径:' + iconPath);
```

在 Step4 中，我们将使用处理过的数据来显示天气预报的页面。只剩最后一步了！

在页面上显示

在上一步中已经完成了数据的获取。下面终于要在页面上显示取得的数据了。

正如 Step3 中说明的那样，天气预报的数据存储在 data. list 属性中。data. list 属性的值是数组，各自的项目为每隔 3 小时的天气预报。使用 forEach 方法一个一个地取出该项目，从中提取出描述天气的文本和图标图像的路径等数据，并进行处理。同时我们也需要制作在页面上显示的 HTML。

data. list 项目中的第一个数据（索引号为 0 的数据）表示当前天气。之后是每隔 3 小时的天气预报。页面将当前天气放大显示，之后的天气预报将使用表格显示。

顺便说一下，关于这次使用表示天气的图标图像，我们可以复制示例成品的“7-02_api/step4”文件夹中的“images”文件夹到 index.html 相同位置。

另外，页面的布局将采用“css”文件夹中的“special. css”。该文件可以从示例成品的“7-02_api/step4”文件夹中的 css 文件夹中取得。

Fig 从示例代码中复制 images 文件夹和 css 文件夹

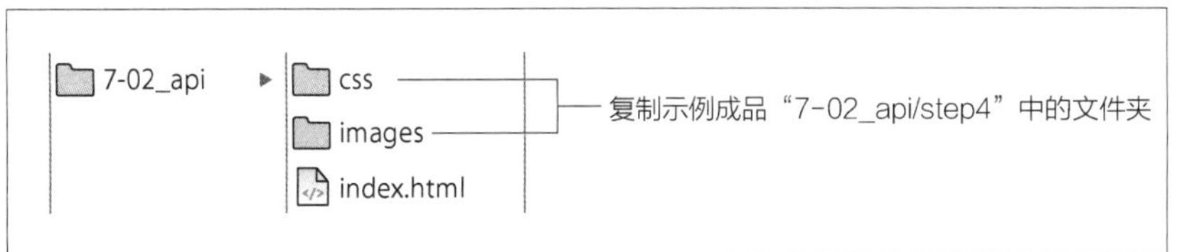

文件夹复制完成后开始写程序吧。首先从 HTML 开始。当前天气在<div id = " weath-

er"></div>中输出，预报在<table id = "forecast"></table>中输出。

List 7-02_api/step4/index.html HTML

```
…省略
<head>
…省略
<link href="../../_common/css/style.css" rel="stylesheet">
<link href="css/special.css" rel="stylesheet">
</head>
…省略
<section>
  <h3 id="place"></h3>
  <div id="now">
    <div id="weather">
    </div>
  </div>
  <table id="forecast">
  </table>
</section>
```

接下来编写JavaScript程序。在Step3中写的console.log已经不需要了，可以删除或者注释掉。

List 7-02_api/step4/script.js JavaScript

```
…省略
// 获取数据
function ajaxRequest(lat, long) {
…省略
  .done(function(data){
    // 城市名,国家名
    $('#place').text(data.city.name + ', ' + data.city.country);

    // 天气预报数据
    data.list.forEach(function(forecast, index) {
      const dateTime = new Date(utcToJSTime(forecast.dt));
      const month = dateTime.getMonth() + 1;
```

```
      const date = dateTime.getDate();
      const hours = dateTime.getHours();
      const min = String(dateTime.getMinutes()).padStart(2, '0');
      const temperature = Math.round(forecast.main.temp);
      const description = forecast.weather[0].description;
      const iconPath = `images/${forecast.weather[0].icon}.svg`;

      // 输出现在的天气和其他内容
      if(index === 0) {
        const currentWeather = `
        <div class="icon"><img src="${iconPath}"></div>
        <div class="info">
          <p>
            <spanclass="description">现在的天气：${description}</span>
            <span class="temp">${temperature}</span>°C
          </p>
        </div>`;
        $('#weather').html(currentWeather);
      } else {
        const tableRow = `
        <tr>
          <td class="info">
            ${month}/${date} ${hours}:${min}
          </td>
          <td class="icon"><img src="${iconPath}"></td>
          <td><span class="description">${description}</span></td>
          <td><span class="temp">${temperature}°C</span></td>
        </tr>`;
        $('#forecast').append(tableRow);
      }
    });
  })
…省略
}
```

在浏览器中打开 index.html。在弹出的对话框中单击，允许获取位置信息后，将显示从位置信息中获取的城市和国家、当前天气以及之后 5 天的天气预报。

Fig 显示天气预报

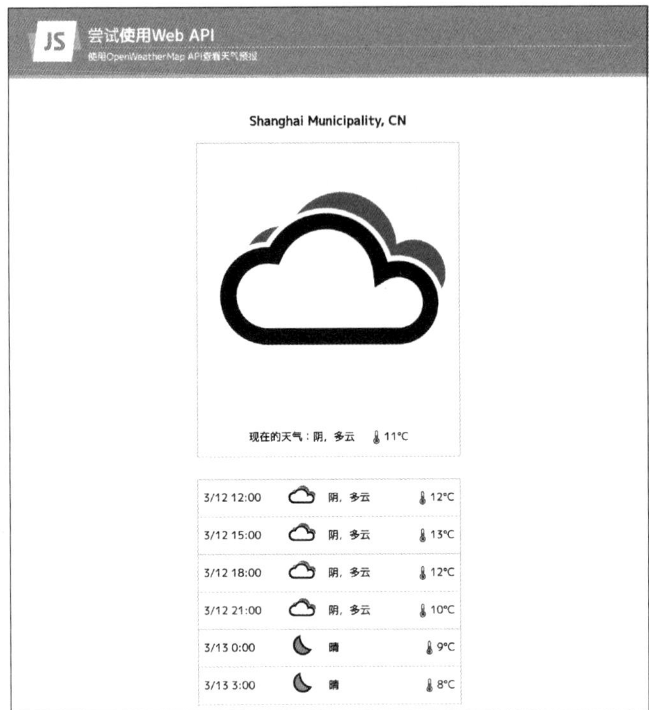

解说

根据当前天气和预报切换显示

这次的练习到这里就完成了。从获取位置信息到 API 的请求、数据显示，我们做了很多工作。

这次追加的程序在从 API 获取数据后，在页面上显示城市名和国家名。这些文本将输出到 HTML 的<h3id = "place"></h3 >中。

```
$('#place').text(data.city.name + ',' + data.city.country);
```

天气预报的显示在 forEach 方法的处理中进行。首先取出必要的数据保存到常量后，根据现在的天气或预报的天气来切换要输出的 HTML。现在的天气为数组 data. list 中的第一个数据。也就是说，数组的索引编号为 0。

回想一下 forEach 方法的第二个参数（参数名称是 index）。参考 5.4 节的解释“数组另一种循环方式 forEach”。index 保存了数组项目的索引号码。也就是说，如果在第二参数 index 的值为 0 和非 0 时分配处理，则可以根据当前天气和预报的天气来切换显示的 HTML 了。

```
// 输出现在的天气和其他内容
if(index === 0) {
  显示现在天气时的处理
} else {
  显示天气预报时的处理
}
```

那么让我们来看看在页面上显示的处理吧。创建使用模板字符串显示现在的天气和天气预报的 HTML。在显示当前天气的处理中，我们将要插入的 HTML 赋值给常量 currentWeather，并将常量插入到<div class = " weather"></div > 中。

```
const currentWeather = `
 <div class = "icon"><img src = " ${iconPath}"></div>
 <div class = "info">
  <p>
    <span class = "description"> 现在的天气 ${description}</span>
    <span class = "temp"> ${temperature}</span>°C
  </p>
 </div>`;
 $('#weather').html(currentWeather);
```

在插入 HTML 的处理中，我们使用 jQuery 方法。html 方法将获取元素（ <div class = " weather"></div > ）的内容，并用( )中指定的参数替换该内容。

格式　修改获取的 HTML 元素内容

```
$('选择器').html(替换的 HTML)
```

处理结束后的最终 HTML 如下所示。

Fig　输出现在天气的 HTML

```
被插入（替换）的部分
<div id="weather">
  <div class="icon"><img src="images/01d.svg"></div>      ${iconPath}
  <div class="info">
    <p>
      <span class="description"> 现在的天气: 晴 </span>   ${description}
      <span class="temp">26</span>℃                       ${temperature}
    </p>
  </div>
</div>
```

天气预报输出的处理也大致相同。首先使用模板字符串制作输出的 HTML，将其代入常量 tableRow。将 HTML 插入<table id = "forecast"></table>中。

```
const tableRow = `
 <tr>
  <td class = "info">
    ${month}/${date} ${hours}:${min}
  </td>
  <td class = "icon"><img src = "${iconPath}"></td>
  <td><span class = "description"> ${description}</span></td>
  <td><span class = "temp"> ${temperature}°C</span></td>
 </tr>`;
 $('#forecast').append(tableRow);
```

但是天气预报是以表格形式输出的，这个部分与输出现在的天气时的处理不一样。

在天气预报的输出处理中，每次 forEach 方法循环，都会制作一行表格的 HTML。每次将 HTML 插入到<table id = "forecast"></table>中。也就是说，循环一次；第 2 次，第 3 次，表格就会一行一行地增加。

插入表格行的 HTML 的处理也用 jQuery 方法进行。append 方法在获得的元素中插入( )内指定的 HTML。如果所获得的元素中已经存在子元素，该方法则将其插入子元素的下方。

格式　在获取的元素中插入 HTML

```
$('选择器').append(需要插入的 HTML)
```

处理结束后的 HTML 如下所示。

Fig　天气预报 HTML 输出示例

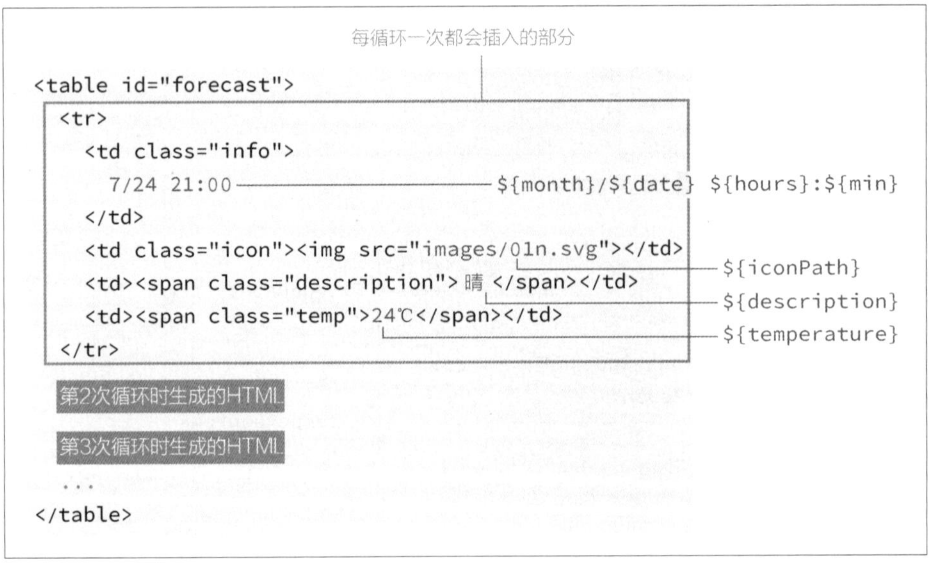

每循环一次都会插入的部分

```
<table id="forecast">
  <tr>
    <td class="info">
      7/24 21:00        ——— ${month}/${date} ${hours}:${min}
    </td>
    <td class="icon"><img src="images/01n.svg"></td>   ——— ${iconPath}
    <td><span class="description">晴 </span></td>     ——— ${description}
    <td><span class="temp">24℃</span></td>            ——— ${temperature}
  </tr>
  第2次循环时生成的HTML
  第3次循环时生成的HTML
  ...
</table>
```

添加加载标志

因为 Web API 使用外部服务器，所以获取数据需要花费时间。这次的样品如果数据获取不完成，页面上什么也不会显示。如果数据获取需要时间，页面上什么都不显示，用户看到白色页面也许会不知所措。

Fig loading. gif 动画

因此，在最后的一个步骤里，我们试着加上有旋转效果的“加载标志”吧。如果使用 GIF 动画来显示加载标志，只需记述 CSS 就可以了，没有必要编写程序，可以简单地追加这个功能。

在 Step4 中编写程序之前，复制“images”文件夹中的“loading. gif”。让我们将此图像用作显示当前天气的<div id ="weather"> </ div>的背景图像。

在“css”文件夹中的“special. css”中添加 CSS，以显示加载标志。

List 7-02_api/extra/css/special. css CSS

```
…省略
/* 加载标志 */
#now {
  background-image: url(../images/loading.gif);
  background-repeat: no-repeat;
  background-position: center center;
}
```

这样就追加了加载标志，很简单。

Fig 在数据获取完成之前，将显示加载标志

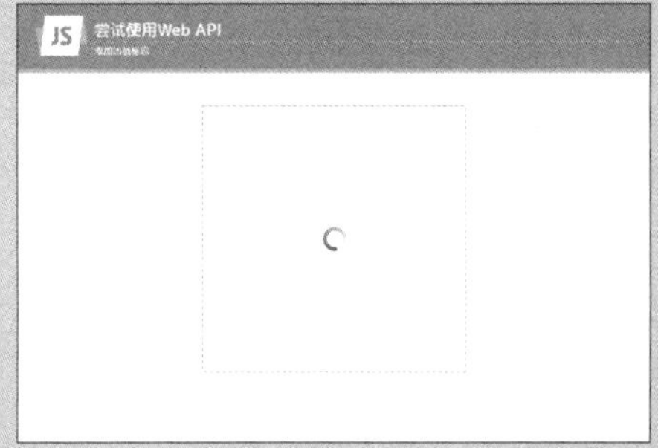

接下来该做些什么

本书从 JavaScript 的基础开始，涉及 DOM 操作、jQuery、Ajax 等概念和用法。这样，编写程序的工具已经齐全了，剩下的只有实际去编写了。

关于网页的制作，一开始可能会觉得“不知道做什么好”。这时候，要看各种各样的网页，试着模仿那些帅气并且觉得自己也能实现的网页。

在本书的最后，将向大家传达今后如何提高相关能力的提示和建议。

- 试着制作网站的 UI

很多人都是抱着“想建立网站”的想法开始用 JavaScript。我们推荐先从简单的网站 UI 组件的制作开始。

只需通过第 6 章中介绍的“修改类属性”，就可以创建许多 UI 部件。

可以尝试挑战例如包含导航菜单的下拉菜单、单击标题时显示详细内容的手风琴菜单、智能手机的汉堡菜单，以及在特定时间段内切换图像的幻灯片等。

Fig　UI 部件的示例。从左往右分别为下拉菜单、手风琴菜单、汉堡菜单

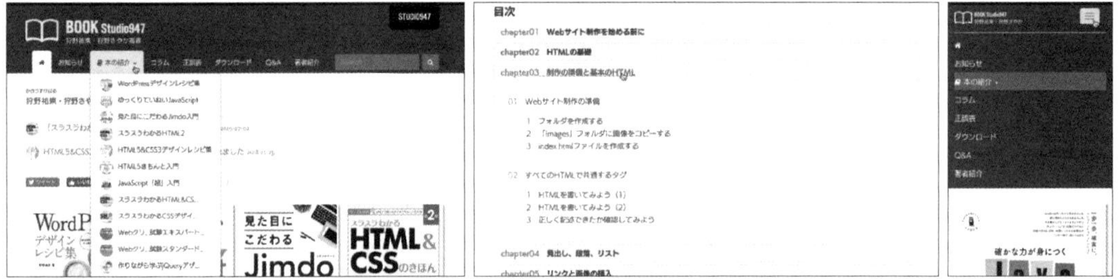

UI 部件的制作需要充分利用 jQuery 的功能，现在我们除了“修改类”之外，并没有接触到 jQuery 的其他功能。在 jQuery 里还准备了关于操作动画的方法，但是现在不需要使用，也不需要花时间学习。

因为现在的浏览器高度优化了在页面上显示 CSS 的处理，比使用 JavaScript（jQuery）的动画性能更好。使用 CSS 可以让动画效果更顺畅，更高效，耗电也少（需要考虑智能手机电池的使用情况）。在开发中尽量使用 CSS 去实现动画效果比较好。

因此，除了 JavaScript，也要加深对 CSS 的理解。用于选择元素的选择器很重要。为了给 UI 增加动画效果，最好知道 CSS 的属性。特别是 transition 属性、transform 属性，还有可以实现更高级动画的@ keyframe 规则。

- 想学习高阶编程的人

对于想要深入学习的人，在这里介绍一些本书没有提到的知识点。

这里列举的都是重要的知识点，但是没有必要立刻掌握。在需要编写更复杂的程序的时候，可以把相关列表放在身边随时查看。掌握了这些，就相当于进入了高阶编程的门了。

- addEventListener 方法。
- 类和面向对象的编程。
- 与面向对象编程相关的模块、导入、导出。
- 箭头函数。
- 闭包（closure）。

建议各位读者首先创建自己的网站。这个网站可以是学生或者求职者的自我介绍网站（刊登一些自己的作品）。也可以是自己的博客网站。制作过程中一定会出现需要用 JavaScript 编程的场景。如果网站的构筑使用 WordPress（有名的网站更新系统），Ajax 的功能也是可以使用的。如果是自己的网站，可以尝试各种各样的事情。

如果出现了不明白的地方，就去 Firefox 的开发商 Mozilla 公开的“Mozilla Web Docs”查询一下吧。不仅仅是 JavaScript，HTML 和 CSS 的文档也很充实。这是一个忠实于官方范式的文档，也是一个可靠的信息来源。

Mozilla Web Docs-Mozilla Developer Network

URL https：//developer. mozilla. org/zh-CN/